高真实感虚实融合的光影计算

刘艳丽 邢冠宇 袁霞 著

清华大学出版社
北京

内容简介

本书主要介绍高真实感虚实融合光影计算的核心技术原理和算法。全书共7章,包括虚实融合概述、光影计算的相关工作、室内场景的光照计算、室外场景的光照计算、本征图像分解与图像重光照、室外场景的阴影检测与阴影去除、室外场景虚实景物的阴影相互投射与融合。本书不仅全面介绍虚实融合光影计算领域的基本概念和相关知识,还阐述了光影计算技术的发展现状和核心算法,力求涵盖各相关领域的核心技术。

本书既可作为高等院校计算机专业本科生或研究生的参考书,也可为广大从事增强现实、扩展现实、元宇宙技术与系统开发的研发人员提供重要技术参考。

图书在版编目(CIP)数据

高真实感虚实融合的光影计算 / 刘艳丽,邢冠宇,袁霞著. -- 北京:清华大学出版社,2025. 6. -- ISBN 978-7-302-69360-4

Ⅰ. TP391.98

中国国家版本馆 CIP 数据核字第 20250XD126 号

责任编辑:安　妮
封面设计:刘　键
责任校对:郝美丽
责任印制:刘海龙

出版发行:清华大学出版社
网　　址:https://www.tup.com.cn,https://www.wqxuetang.com
地　　址:北京清华大学学研大厦A座　　**邮　　编**:100084
社 总 机:010-83470000　　**邮　　购**:010-62786544
投稿与读者服务:010-62776969,c-service@tup.tsinghua.edu.cn
质量反馈:010-62772015,zhiliang@tup.tsinghua.edu.cn
课件下载:https://www.tup.com.cn,010-83470236
印 装 者:涿州汇美亿浓印刷有限公司
经　　销:全国新华书店
开　　本:185mm×260mm　　**印　　张**:14.25　　**字　　数**:346千字
版　　次:2025年8月第1版　　**印　　次**:2025年8月第1次印刷
定　　价:89.00元

产品编号:101528-01

前 言

虚实融合技术旨在将虚拟世界中的数字信息与现实世界中的物理环境相互融合，以实现对现实世界的信息增强与扩充，是元宇宙、增强现实、混合现实、扩展现实等领域的共性关键技术。借助于计算机图形图像处理、计算机视觉、认知科学等理论与技术，虚实融合技术可实现虚拟物体与现实环境的自动注册与融合，营造出虚拟世界与真实环境共享同一空间的沉浸式体验，使科幻片中的场景成为可能。在现实生活中，外科医生借助虚实融合的手术导航指引，显著提高了手术的精准性和安全性；各大博物馆纷纷推出了增强现实讲解应用，帮助游客更为生动、形象地了解每件藏品背后所蕴藏的故事和文化；利用虚实融合技术制作出的绚丽的舞台效果通过电视屏幕呈现在千家万户面前。可以看到，虚实融合技术已经走入人们的现实生活，并影响着现代社会。

虚实融合的终极目标是使虚拟景物与真实场景之间的融合毫无破绽。为了实现这一目标，虚实融合系统需要满足几何一致性、光影一致性和交互一致性。其中，几何一致性指虚拟物体与真实场景必须具有一致的几何关系，包括与真实相机一致的位置姿态、协调的透视效果、正确的几何遮挡等，虚拟物体注册与相机跟踪等技术是解决几何一致性的主要手段；光影一致性则需要保证虚拟物体与真实场景共享同一个光影环境，这要求虚拟物体的外观应与它们所处的真实场景一致，例如，虚拟物体应与真实环境具有协调的亮度与颜色，同时还需要正确模拟虚、实场景之间的阴影投射效果及其他观影效果，为了模拟上述效果，需要通过光照计算和阴影计算技术对真实场景的光影环境进行建模，其中光照计算技术主要用于恢复场景的光照分布，阴影计算技术则主要解决真实阴影检测与去除，以及虚实阴影相互投射与融合等问题；交互一致性则要求虚实物体间的交互必须符合客观规律，接受现实环境的约束。

我国对于虚实融合技术的研究始于20世纪90年代末。2009—2013年，浙江大学CAD&CG国家重点实验室承担的“混合现实的理论与方法”研究课题获得国家重点基础研究计划(973计划)立项资助，重点对混合现实的基础理论与方法展开研究。虚实融合技术是这个项目的关键研究问题之一。本书作者在浙江大学攻读硕士和博士学位时有幸参与了这个项目，重点研究虚实融合中的光影一致性问题，先后提出了若干真实场景的光影环境重建方法。参加工作后又得到四川省重点研发计划“沉浸式文化旅游体验关键技术研发及应用示范”的资助，进一步在该领域开展了深入、系统的研究，提出了虚实阴影交互及更为复杂的光影效果的模拟方法等，形成了光影计算理论与技术，所获成果发表在IEEE TVCG、IEEE MM、CGF、ACM MM等重要学术期刊和会议上。

当前，学术研究对虚实融合的三个一致性大多集中于几何一致性研究。因为相机跟踪等技术较为成熟，所以常用的增强现实软件平台(如苹果ARKit、谷歌ARCore等)均配备了较为稳定的相机定位跟踪及地图构建功能。但是在光影一致性方面，仅有少数平台具有简单的光照计算功能，大多数平台并不具备任何光照处理功能。随着虚实融合的应用日益深入，人们对融合的外观品质的要求越来越高，虚实融合中的光影分析和处理日益重要。但迄今为止，鲜有虚实融合光影一致性分析与处理的专业书籍出版，影响了虚实融合沉浸式技术的发展，限制了虚实融合技术在多行业多场景的落地应用。本书围绕高真实感虚实融合中的光影计算这一主题，结合作者过去十余年的研究成果和国内外前沿进展，根据虚实融合技术的核心研究内容撰写而成。书中汇集了虚实融合光影计算的前沿核心算法，不仅介绍了相关技术的基本概念和算法，还较为详细地阐述了虚实融合关键技术的算法原理和实现，为广大从事增强现实、扩展现实、元宇宙技术与系统开发的研发人员提供了重要技术参考。

本书共7章。第1章为虚实融合概述，带领读者认识虚实融合的一致性条件、虚实融合的基本流程及虚实融合与增强现实/混合现实/扩展现实/元宇宙等研究的关系，并对虚实融合的主要应用领域进行了阐述；第2章针对虚实融合中的光影一致性问题，介绍光影计算的相关工作，包括自然场景的光影特点分析、光照计算的概念与流程、光照计算的已有方法；第3章对室内场景的光照计算方法进行细化讲解，包括空间变化的单幅图像室内光照自动重建方法、室内场景动态光照的在线采集与计算方法及基于光照变化预测的深度室内动态光照计算方法；第4章重点说明室外场景的光照计算方法，包括基于交互的室外场景光照计算、基于统计学习的室外场景实时光照计算、基于基图像分解的室外场景实时光照计算、无阴影的室外场景实时光照计算、基于完备天空光模型/球面调和函数的实时光照计算及移动视点下基于特征点跟踪的实时光照计算；第5章介绍本征图像分解与图像重光照技术，详细阐述两种本征图像分解技术、一种针对室外场景的重光照方法和一种针对人脸图像的光照归一化技术；第6章讲解室外场景的阴影检测与阴影去除技术，以便为后续虚实阴影的交互模拟奠定基础，具体内容包括两种对于单幅图像的阴影检测方法、一种基于边缘跟踪的在线视频阴影检测技术和针对单幅图像的阴影去除方法；第7章阐述室外场景虚实景物的阴影相互投射与融合方法，包括虚拟景物在真实景物表面的阴影投射方法和两种分别基于阴影体和阴影纹理来实现虚实阴影交互的方法。

全书由刘艳丽、邢冠宇和袁霞定稿。刘艳丽制定编写大纲并撰写了第1～4章的大部分内容，邢冠宇和袁霞合作撰写了第5～7章的内容，袁霞还参与了第3章部分内容的撰写工作。魏后胜、张琦、杨雨泓、郭子昊、王振、刘桐源、邱汇迪、吴沂桓、汪志恒、张林成、李宏等研究生参与了材料的整理工作。

由于作者水平有限，书中疏漏之处在所难免，敬请读者批评指正。

作　者

2025年5月

目　录

第1章 虚实融合概述

虚实融合旨在通过实时、在线、无缝地融合虚拟世界中的数字信息与现实世界中的物理环境，使用户获得超越现实的感官体验，增强人们探索与改造世界的能力。其中的虚拟物体既可以是文字、数字、数据等抽象信息，也可以是计算机模拟的3D物体、人和环境，但是它们都必须以可见、可听或者可触摸等能够直接为人类感知的形式来呈现。虚实融合是增强现实（Augmented Reality，AR）、混合现实（Mixed Reality，MR）、扩展现实（Extended Reality，XR）、元宇宙（Metaverse）的共性关键技术，与计算机图形学、计算机视觉、图像处理、认知科学等学科有着密切的关系。

通过虚实融合技术，观察者将感知虚拟物体在现实场景中的一体化共存，包括对融合后的场景的观察、触摸及交互的体验。理论上说，如果这种存在感完美符合人类所有的知觉体验，包括视觉、听觉、触觉、嗅觉、味觉等，那么人类单凭自己的感官无法分辨虚拟物体是否真实存在。从这个意义上说，通过虚实融合，人类的感官知觉可以自然地延伸到计算机世界。

1.1节介绍虚实融合的一致性条件，1.2节介绍虚实融合的基本流程，1.3节介绍虚实融合与AR/MR/XR/元宇宙之间的关系，1.4节介绍虚实融合的主要应用领域。

1.1 虚实融合的一致性条件

在虚实融合应用中，为了将虚拟物体正确、协调地融入真实场景，必须使虚拟物体与真实场景同时满足几何一致性、光影一致性与交互一致性3个条件。本节将通过对虚实融合中的一致性条件与流程的介绍，阐述虚实融合一致性相关的基本概念。

几何一致性指虚拟物体与真实场景必须具有一致的透视关系，绘制虚拟物体时所使用的视点和虚拟物体的尺寸、深度等信息要与观察到的真实场景中的情形相匹配。解决虚实场景融合的几何一致性的主要技术包括虚拟物体注册与相机跟踪等。其中，虚拟物体注册（3D registration）技术确定虚拟物体在现实场景中的空间关系，包括位置、姿态、尺度等，使绘制的虚拟物体能准确嵌入真实场景中；相机跟踪技术确定了真实相机的运动轨迹，可以在观察者移动位置时使虚拟物体在视频画面中同周围真实环境始终保持一致。几何一致性的涵盖范围还不止于此，在真实世界中位于前面的物体会遮挡其后的物体。虚实融合的遮挡处理如图1.1所示，虚拟树木应当位于石狮子的后方，当未考虑虚实景物间的遮挡关系时，将生成如图1.1(b)所示的错误的融合结果，而正确的融合结果应如图1.1(c)所示。显然，正确处理虚实物体间的遮挡关系也是几何一致性需要解决的问题。

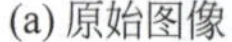

(a) 原始图像

(b) 错误的虚实融合结果

(c) 正确的虚实融合结果

图 1.1 虚实融合的遮挡处理

在 AR 画面中，为了使添加的虚拟物体同真实场景能够无缝融合，还需要保证虚拟物体与真实场景共享同一个光照环境，即满足虚实环境的光影一致性。光影一致性主要体现在以下 3 方面。

(1) 虚拟物体的外观(如亮度、颜色等)应与它们置身于真实场景时的外观一致。

(2) 需要正确模拟虚、实场景之间的阴影投射效果。

(3) 若虚、实场景中存在镜面物体或透明物体，则还需在这些物体表面绘制出正确的镜面反射和透射。特别地，当真实场景的光照条件发生改变时，虚拟物体的光影要随之实时地改变。

从图 1.2 可以看出，当不采用和真实场景一致的光照方向、色调、强度绘制虚拟物体时，添加的汽车外观同周围景物不协调，而考虑了光影一致性将能得到更为真实的虚实融合结果。虚实场景融合光影一致性的关键在于准确重建真实场景的光照环境。

(a) 红色轿车直接与背景图合成

(b) 用现实光照环境绘制后再合成

(c) 另一个视角下的合成图像

图 1.2 虚实场景融合的光影一致性

虚拟物体在加入真实场景后会不可避免地与真实场景中的人与物产生交互。这种交互必须符合客观规律，接受现实环境的约束，并且需要在线、实时地产生效果，即满足交互一致性。交互一致性主要分为符合基本物理规律和符合社会与心理规范两类。符合基本物理规律指嵌入真实场景中的虚拟物体需要满足物理定律的约束。例如，虚拟物体不能穿墙而过，虚拟物体受物理力的作用后运动状态会发生改变等。为满足物理约束，需要对真实场景物理属性(如几何形状、材料属性、运动状态等)进行建模，同时还需要使用特定的交互设备来传递用户与场景中虚拟物体的交互效果。符合社会与伦理规范则要求虚拟物体能够按照特定社会准则或用户的预期在真实场景中进行运动、变化等。例如，虚拟汽车要按照交通标志指示在马路上行驶，虚拟人需要理解用户或场景中真实行人的行为从而做出合理的反应。显然，这需要理解真实场景的高层语义信息，因此对虚实融合系统的智能水平提出了更高的要求。

1.2 虚实融合的基本流程

在 AR 中，虚实融合的基本流程如图 1.3 所示，具体如下。

(1) 通过传感器(如摄像机、激光雷达、惯性导航器等)捕获真实数据，然后根据这些数据建立虚实融合过程中不同空间之间的变换关系，如虚拟空间与真实空间的关系、视点空间与真实空间的关系等。利用这些虚实空间变换关系将创建好的虚拟物体嵌入真实空间，这个过程就是对虚拟物体进行空间注册。

(2) 根据传感器捕获的真实数据对场景中的部分区域进行有限 3D 重建。重建的场景 3D 模型可为计算机获取更多场景信息(如光照、材质、语义信息等)提供依据，是虚拟物体与真实场景产生正确交互的关键。

(3) 重建拍摄时真实场景的光影环境。

(4) 判断场景中与虚拟物体邻近的真实物体的运动状态，依此对虚拟物体的行为做出相应的调整。例如，在广场上的虚拟人需根据周围真实行人的运动状态对自身下一步的行为进行建模，以避免与周围人发生碰撞。

(5) 对虚拟物体进行虚实融合绘制并显示。

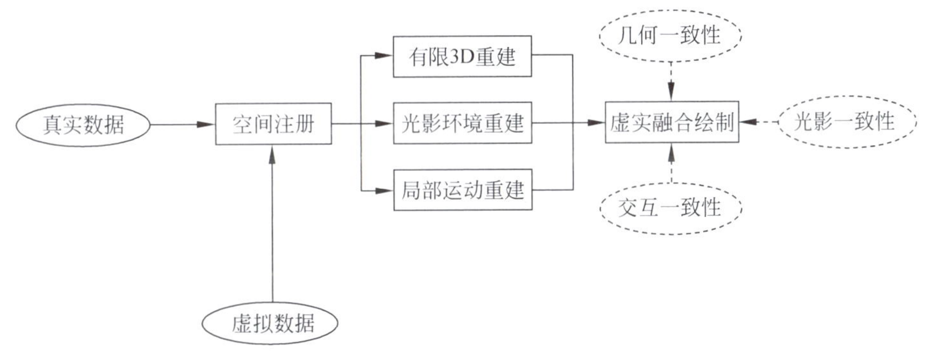

图 1.3 虚实融合的基本流程

在上述流程中，步骤(1)、步骤(2)所涉及的空间注册与场景重建的具体方法本书不再具体阐述。需要补充这部分知识的读者请参阅《增强现实算法基础》《增强现实：原理、算法与应用》；步骤(3)是实现光影一致性的关键，需要对真实场景的光影环境进行采集或计算，这是本书的主要内容。步骤(4)主要为了实现虚实场景的交互一致性；步骤(5)则根据之前获取的虚实场景信息生成最终的虚实融合画面。

1.3 虚实融合与增强现实/混合现实/扩展现实/元宇宙

AR 是将计算机产生的数字信息与现实场景叠加在一起，即在现实环境的基础上利用数字信息对现实进行增强，使人类的感官产生虚拟物体与现实场景一体化共存的知觉体验的技术。图 1.4 展示了两个基于 AR 的应用。

AR 环境具备 3 个特性，即虚实共存、实时交互和 3D 注册，称为 AR 三要素。虚实共存

(a) 利用AR办公的示例

(b) AR界面的设计示例

图 1.4　两个基于 AR 的应用

是将虚拟物体融入真实场景从而让虚实物体共存于同一空间。实时交互是在 3D 注册的前提下，用户与虚拟物体之间及虚拟物体与现实场景之间发生的信息交流和反馈。在这 3 个要素中，困难在于如何使观察者感受到虚实共享同一空间。在虚实场景之间实现实时 3D 注册并能够自然交互是观察者感受到虚拟物体在现实场景中存在的重要属性。从更宏观的视角来看，VR 是一种新的人机交互平台，它直接通过人类自然的知觉系统来实现人类与计算机之间的交互。AR 无疑也是这种人机交互平台的发展，不仅与 VR 一样建立了虚拟与现实之间的交互性，还同时保持与现实世界的紧密联系。

在 AR 中，实现虚实融合的所有感官体验仍然是非常困难的，如逼真的嗅觉、触觉等。视觉是人类最为重要的感知通道，因此 AR 以满足人类视觉上的虚实融合体验为目标，并在营造这种视觉体验的技术上取得了巨大进展。在视觉以外的知觉形式中，听觉上的 AR 也较为成功，如虚拟乒乓球落在现实地面上反弹的声音。但是，在触觉、味觉、嗅觉感知器官的模拟方面，尽管人们经历了长期的努力，但进展仍然有限。

MR 指的是合并物理现实和虚拟世界后产生的新的可视化环境，在这种环境中物理对象和数字对象共存，并实时互动。MR 在数字化现实空间即空间计算的基础上，在现实环境里融入虚拟物体，并实现虚拟与现实之间的自由切换，既能在虚拟中保留现实，也能将现实转化成虚拟。Apple Vision Pro 是一个 MR 应用的示例，如图 1.5 所示。相较于 AR 着重实现将虚拟物体叠加显示在现实环境中，MR 对虚实融合的真实感要求更高。只有实现无缝的虚实融合，才能使用户获得虚拟与现实完全混合在一起的体验。

图 1.5　Apple Vision Pro

1994 年，P. Milgram 等人提出了现实与虚拟的连续统概念，阐述了 AR、VR 及相关概念的区别和联系。现实-虚拟连续统如图 1.6 所示，现实环境和虚拟环境位于两端，中间是一个连续过渡的区间，既包含现实也包含虚拟。完全在虚拟环境下的就是 VR，即用电子信息完全代替现实环境，用户所能感受到的完全是由计算机模拟出来的虚拟环境。而在区间中，靠近现实环境一侧的概念是 AR，代表了在现实的基础上加入虚拟元素来对现实进行增强。靠近虚拟环境一侧的概念是增强虚拟(Augmented Virtual，AV)，这实际上是在 VR 与 AR 之间的一个过渡概念，指的是将真实环境中的特性加在虚拟环境中。例如，手机中的赛车游戏与射击游戏通过重力传感器、陀螺仪等设备的重力感应和磁力感应来调整方向和方位，从而将真实世界中的“重力”“磁力”等特性加到虚拟世界中。而 MR 则将上述这些结合了起来，将现实环境和虚拟环境混合在一起来产生新的可视化环境，环境中同时包含了物理实体与虚拟信息。

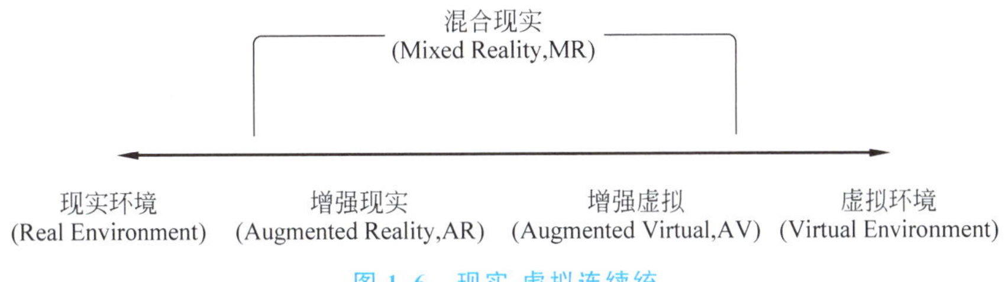

图 1.6 现实-虚拟连续统

在虚实融合过程中，现实场景中存在的有些物体并不需要，因此出现了将现实场景中某些特定物体予以消除的技术，称为消除现实(Diminished Reality，DR)。它看起来是 AR 的相反概念，但是消除一个物体的技术其实是在原来的场景中添加了一个新的景象，就是原来的物体消失以后的景象，因此它与 AR、MR 技术是同源的。

XR 是 AR、VR、MR 等多种技术的统称。XR 利用硬件设备结合多种手段，通过融合这些视觉交互技术，将处于不同地域的真实环境、虚拟内容结合在一起，扩展了用户的体验范围和能力。例如，2021 年春晚的创意表演《牛起来》首次采用 AR 技术和 XR 技术制造了强烈的空间感。《牛起来》北京现场用的是 AR 技术，身在香港的刘德华的表演视频被传输到现场后使用 XR 技术与现场影像进行了合成。AR 技术有两个功能，第一个功能是用虚拟画面补充、拓展大屏的空间，例如，开场大屏是一个四合院，AR 补充的就是一个四合院的院落，把 AR 和大屏结合在了一起。第二个功能是连接刘德华所处的空间和现场空间，刘德华从虚拟过渡到现实都是用 AR 过渡的。该节目的一个精彩之处是刘德华与虚拟牛的互动。这种新兴技术使演员突破了传统舞台空间的呈现形态，根据屏幕画面，让演员与身边的虚拟元素进行沉浸式互动，打破了传统虚拟制作抠像技术的限制。虚拟空间与现实世界的无缝衔接实现了“异地”同台的效果，使得演员可以远程移植到现场，最后，刘德华“空降”春晚，与北京现场的演员同台表演。

元宇宙一词最早诞生于 1992 年的科幻小说《雪崩》。目前，广义的元宇宙概念是一个人类运用数字技术构建的、由现实世界映射或超越现实世界、可实现超现实交互的虚拟世界。元宇宙是整合 5G、云计算、人工智能、VR、AR、区块链等多种新技术而产生的新型虚实相融的互联网应用和社会形态。元宇宙基于 XR 技术提供沉浸式体验，基于数字孪生技术生成现实世界的镜像，基于区块链技术搭建经济体系，将虚拟世界与现实世界在经济系统、社交系统、身份系统上密切融合，并且允许每个用户进行内容生产和世界编辑。

元宇宙和虚实融合之间存在着紧密的关系，具体如下。

(1) 元宇宙作为一个包含无数虚拟世界的综合性空间，需要借助虚实融合技术来实现与现实世界的交互。通过虚实融合技术，用户可以在元宇宙中与现实世界进行实时互动，感知和操控实际物体，提高交互体验的真实感。

(2) 虚实融合技术为元宇宙的发展提供了基础和支撑。在元宇宙中，虚实融合技术可以将物理实体数字化，并通过传感器、设备等手段实时捕捉现实世界的数据，然后将其反映到虚拟世界中。虚实融合技术也可以将虚拟世界的数字实体映射到现实世界中，让现实世界的用户能够感知和参与虚拟世界的活动。

(3) 元宇宙和虚实融合的发展相互促进。元宇宙的发展需要虚实融合技术的支持，而虚实融合技术的发展也受到元宇宙需求的推动。两者之间的不断融合和创新将进一步推动VR、AR等技术的发展，实现更加丰富、真实的虚拟体验，以及更加无缝、自然的虚实融合。

1.4 虚实融合的主要应用领域

虚实融合是AR、MR、XR和元宇宙的共性关键技术，可激发数字技术的赋能、叠加、延深作用，是提升数字空间和物理世界的新生产力。经过多年的发展，虚实融合技术逐渐从专业应用发展到大规模的、普及的、大众参与的技术，已应用于军事、工业制造、医疗、教育、文旅、娱乐游戏等领域，并取得了初步成功。未来，虚实融合技术将会进一步延深至各行各业，具有广阔的应用前景。下面简述虚实融合技术目前的主要应用领域。

1.4.1 军事

在国防军事领域中，真实战场上的局势瞬息万变。谁有能力掌控不同渠道的现场信息，并具有最快的反应速度，谁就赢得了时间并能够掌控局面。虚实融合技术把虚拟数字对象引入现实环境，对战场信息进行增强呈现和态势感知可以有效提升行动人员的判断能力与行动能力，从而占据战场的主动地位，全方位地提升军事实力，降低人员伤亡。因此，开发AR技术支撑下的军事行为能力是当前军事发展的重要方向。

集成视觉增强系统(Integrated Visual Augmentation System，IVAS)是虚实融合在军事领域具体落地的应用。IVAS系统如图1.7所示。整个系统基于MR技术开发，在带给士兵更强大夜视功能的同时，还将数据投影至士兵的视野中，增强士兵感知态势的能力。IVAS系统集成了多种优点，使士兵能够在黑暗环境下更好地观察周围环境，同时获得更多的实时数据支持，以便更好地进行决策。此外，IVAS系统还可以根据士兵的生理参数和环境因素自动调整显示内容，以提高士兵的作战效率和生存能力。该系统衍生自Hololens AR头显，但是又超越了仅能在用户视野范围内生成2D数据的基本功能。作为一款军事设备，它还叠加了可背负计算机、交互系统、可穿戴电池等。在功能上，它具备可以显示实时位置、数字3D地图、激光扫描战场等多种技术，摄像机收集的信息还能实时上传到指挥部。这与在复杂地形中依靠传统无线电作战的手段相比，更有效、更安全、更富有视觉冲击力，完全可以展现战场中的真实场景。作为一种基于AR技术的战场高科技，IVAS系统体现了未来数字战争中个体对于追求战场整体情形感知、提升单兵作战能力的迫切需求。此外，如图1.8所示，XR可以融入飞行员头戴显示器，以提高飞行员的环境感知和武器瞄准能力。

图 1.7　IVAS 系统

图 1.8　XR 可以融入飞行员头戴显示器

1.4.2　智能制造

制造业是社会的重要经济支柱。AR 技术将抽象的数字信息形象化地呈现在生产线上,因此是智能制造时代的重要工具,可为工业 4.0 的智能制造提供重要的技术支持。国际上著名的航空公司如波音和空客,均采用了 AR 技术来解决生产环节的各种问题。AR 在航空领域的部件装配、钻孔、维护、质量检测等方面都有重要的应用,它不仅可以提高机械师的工作效率,还提高了操作的精度。波音公司的技术人员研发了世界上第一个 AR 系统,用来辅助技术人员铺设管线。图 1.9 展示了空客生产线利用"智能增强现实工具"(Smart Augmented Reality Tool,SART)辅助进行超过 6 万个管线定位托架的安装和质量管理。操作人员利用 SART 访问飞机 3D 模型并将操作和安装结果与原始数字设计进行对比,以检查是否有缺失、错误定位或托架损坏。

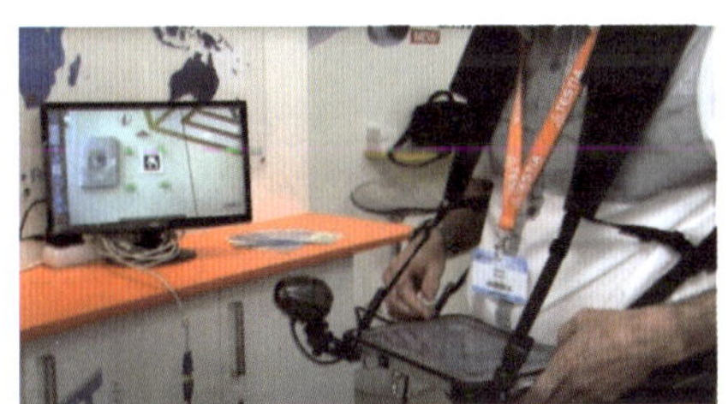

(a) 具体操作展示

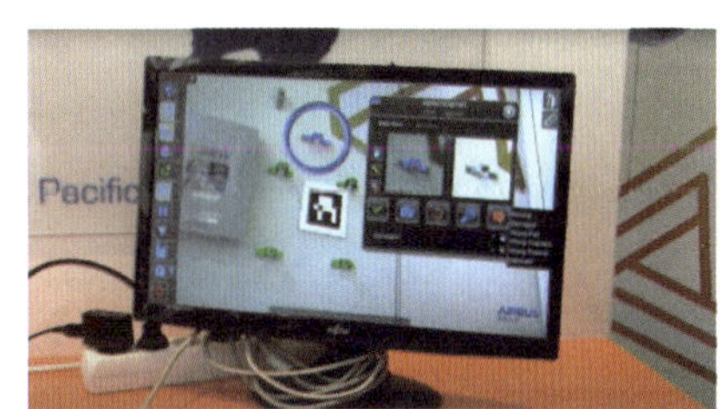

(b) 具体界面展示

图 1.9　利用 SART 辅助进行定位托架的安装和质量管理

随着消费者对车辆安全和驾驶功能的需求日益增加,越来越多的汽车制造商在 AR 和 VR 技术上投入大量资金,期望通过这些技术来提升未来汽车的功能和开发效率。例如,图 1.10 展示了福特公司利用 AR 技术进行汽车设计来建立更强大的消费者群体,从而在汽车行业的竞争中保持领先地位。该技术能让设计师和工程师无缝合作,快速创建新的汽车设计。汽车的整体概念设计仍然使用油泥模型来完成,随后设计师可以将 3D 元素叠加到油泥模型上,以添加和更改设计细节,从而快速创建与评估新的设计方案。这种方式简化了设计反馈的流程并提供了更多创造力。

如今,越来越多的电动汽车正通过引入多平面 AR 图像生成系统使车辆的显示屏相较传统的屏幕实现更多的功能。其中,车载增强现实抬头显示(AR Head-up-Display,AR-HUD)是一个典型代表。AR-HUD 通过将车辆信息如速度、油量、音频和气候等显示在平视显示

图 1.10　福特公司利用 AR 技术进行汽车设计

屏上允许驾驶员在视线不离开路面的情况下看到各种信息。AR-HUD 还可结合现实路况信息，实时出现一些虚拟箭头来直观地引导用户前进，从而避免在驾驶中出现开过路口和分散驾驶员注意力的情况，进一步提高驾驶安全性。

未来，AR 技术将在自动驾驶汽车、智能家居等领域发挥更大作用，使人们的生活更加便捷。

1.4.3　医疗

在医药和医疗保健领域，AR 技术有助于从医疗服务提供商和患者两个角度提高安全性和效率。AR 技术已经促进了微创手术、医学教育、诊断、药物服用依从性和疾病检测等领域的变化。AR 技术在手术导航中的应用正在世界各地蓬勃发展。AR 辅助手术技术对于术前规划、术中引导和术后康复都有重要的意义。

在医学领域，病理专家、放射科医生和其他阅读医学图像的专业人员面临的一项挑战是：他们必须查看一系列 2D 电子胶片，然后将多个图像整合到他们的脑海中，以实现器官、肿瘤或胶片上其他图像的 3D 现实可视化。新的 AR 应用提供的最大突破之一在于它们能够使用来自传统 2D 医学成像技术（如超声波、X 射线和磁共振成像）的数据来完整呈现患者的 3D 全息交互式图像。例如，医生可以通过智能眼镜查看 3D 形式的 CT、MRI 和超声波扫描图像，如图 1.11 所示。由于人体本身是 3D 对象，因此能够查看患者身体、器官或其他内部结构的 3D 全息再现图像对于诊断和治疗而言是一项重大飞跃。这不仅有助于专业执业人员完成工作，还在对成像技术人员进行培训以学习如何从一开始进行诊断方面也很有用。在一项关于 AR＋超声的研究中，超声波专业领域的学生使用了基于平板电脑的 AR 系统来实现患者心脏的可视化。研究发现，通过使用该系统，即使学生们尚未充分掌握解读诊断图像的能力，也能够快速了解正在查看的解剖结构，从而可以帮助缩短长达数年的培训。

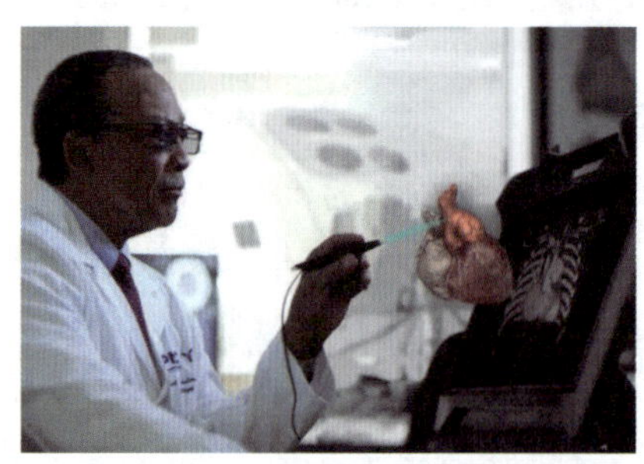

图 1.11　通过智能眼镜查看 3D 形式的 CT、MRI 和超声波扫描图像

随着 AR 技术的不断发展和与手术导航系统的整合，图 1.12 展示的基于 AR 的手术导航系统正日益成为外科手术中的硬核科技。著名商业杂志《福布斯》在 2023 年刊文指出，

AR技术已成为外科导航领域游戏规则的改变者，彻底改变了复杂手术的操作方式，并显著改善了患者的预后。基于AR的手术导航系统的基本工作原理是：利用计算机断层扫描(Computed Tomography，CT)或MRI断层成像中解剖结构之间的颜色区别、纹理区别及血管造影，在计算机中完成皮肤表面下目标器官的3D重建。在现场手术时，AR导航系统利用AR眼镜或MR头盔等硬件设备的定位功能和显示功能，将患者个体器官的3D重建结果与患者身体进行配准融合，并将全息图像、注解说明、测量和虚拟器械直接叠加到患者身体上。增强的空间意识、改进的精确性和减轻的认知负荷使外科医生在手术过程能够专注于手术部位，从而显著提高手术的精度和效果。例如，2022年，纽约特种外科医院成功进行了纽约首例由AR引导的脊柱手术。该手术使用了美国食品药品监督管理局(Food and Drug Administration，FDA)批准用于脊柱手术导航的首个AR导航系统，对一名28岁男性患者成功进行了脊柱减压和融合手术。AR脊柱手术导航系统将患者的脊柱解剖结构3D图像叠加到外科医生的手术视野中，使医生能够在手术过程中直接观察到患者的3D脊柱解剖结构，准确引导器械并放置手术植入物，可以直接看着患者而不是计算机屏幕，实现了更精确、更高效、更安全的手术。

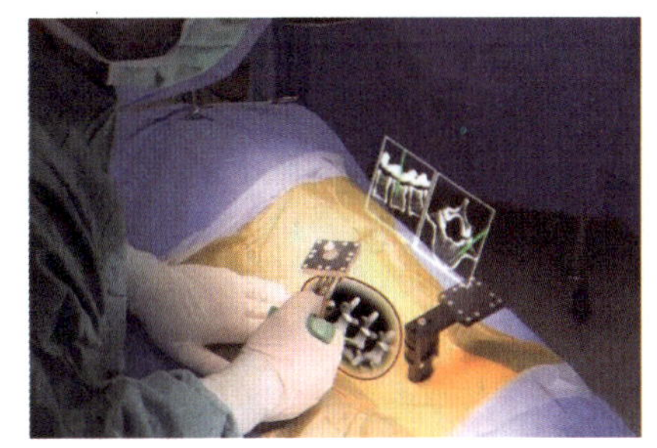
图1.12 基于AR的手术导航系统

可以预见的是，在图像引导手术时代，AR技术代表了将引导系统融入手术工作流程的下一个前沿。随着显示技术和交互技术的快速发展，在现代外科手术室中，AR的作用将会越来越大。

1.4.4 教育

文化教育的内容主要通过人类的知觉系统进入大脑来理解和认知。基于虚实融合的AR教育可扩展书本、课堂和博物馆的学习内容，使以文字呈现的学习内容以更为生动直观的图像、视频等方式进入学习者的知觉系统，从而加深学习者对所学知识的理解。例如，边远地区的学校可能缺乏观察生物细胞结构的高分辨率显微镜，如果采用AR技术则可让每个学生操作一台模拟的显微镜，显微镜上所有的调节旋钮都与真实显微镜的相同，从目镜中应观察到的画面则通过虚拟方式呈现。这种方式既可培养学生的实验操作能力，又能让其观察到科学的结果。图1.13展示了科学家使用虚拟显微镜探索3D细胞结构。

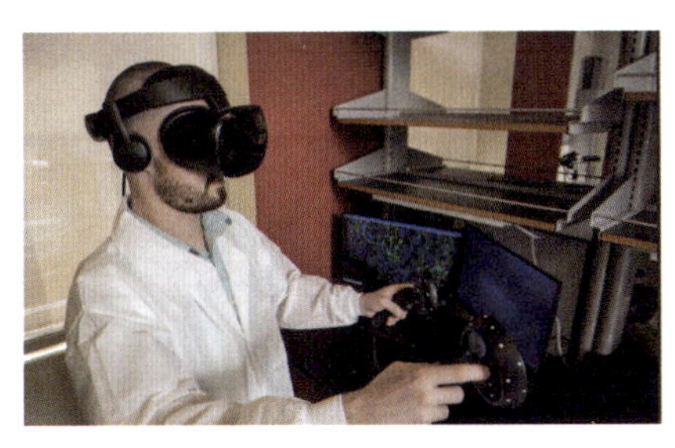
图1.13 科学家使用虚拟显微镜探索3D细胞结构

长期以来，博物馆以一种单向模式向观众传播文物知识，缺乏与观众之间的互动体验。观众在博物馆参观展览时，文物的美丽外观或者细腻质感能够引起观众本能的愉悦感，进而让观众产生想要把玩的冲动，但是文物和观众之间往往被玻璃阻隔，出于保护文物的考虑不允许观众触摸文物，从而导致展览互动水平不高。

图 1.14　故宫博物院利用 VR/AR 技术

由于虚实融合技术具有很强的交互性，因此可将该技术运用于博物馆展览中，通过触控、手势识别等技术，以虚拟的方式满足观众把玩展品的需求，实现展览与观众的良好互动，使观众在虚实融合的环境中获得丰富的互动体验。图 1.14 是故宫博物院利用 VR/AR 技术让“国宝活起来”，学生更近距离地感受到国宝的魅力及其背后的传统故事。

AR 也可应用于延展书籍或者图画的内容。尽管教科书、教具已经比较丰富，但是这些技术都不会比 AR 呈现的效果更为逼真和直接、更符合人类天然的认知方式。AR 直接从视觉上进行刺激，能极大提高用户学习的效果与效率。图 1.15 是用于学生教育的 AR 应用，当小朋友在桌面上用玩具字符拼写了英文 car 时，AR 系统会根据对平面的检测，识别出小朋友的拼写结果。如果拼写正确，系统会在桌面右上方给出一个对应的图案，生成一个小汽车的图形。图 1.16 是一个 AR 应用于图画的例子。当小朋友画好图画之后，AR 系统对其进行检测，然后生成图像对应的 3D 模型。当用手机对准画好后的小鳄鱼时，就会呈现所画小鳄鱼的 3D 模型。

图 1.15　用于学生教育的 AR 应用

图 1.16　AR 应用于图画

1.4.5　文化旅游

随着近年来 VR/AR 技术的兴起，旅游行业正在经历着变革。在 AR 技术的加持下，信息呈现维度得到了空前的提高，所见即所得的沉浸感是以往传统媒介都难以比拟的。在这种条件下，文旅行业引来了新的发展机遇。

图 1.17 展示了瑞士日内瓦大学开发的基于 AR 的庞贝古城游览系统。庞贝古城始建于公元前 6 世纪，公元 79 年毁于维苏威火山大爆发。但由于被火山灰掩埋，因此街道房屋保存得比较完整。从 1748 年起，考古发掘持续至 2022 年，它为了解古罗马社会生活和文化艺术

图 1.17　基于 AR 的庞贝古城游览系统

提供了重要资料。2016 年 6 月，庞贝古城被评为世界十大古墓稀世珍宝之一。基于 AR 的庞贝古城游览系统利用数字动画、AR 等数字技术，对代表欧洲文化的庞贝古城的相关活态传统文化、文化事项进行数字化的视觉呈现，主要包括 3D 角色、3D 动画、虚拟古建筑场景、关键活态事件的可视化、情境化与体现当时特色文化的服饰、发型等的重建与再现。该系统还将这些虚拟的数字文化内容信息叠加在现实的庞贝古城文化遗迹环境中，使用户能在真实的文化遗迹现场环境中体验到遗迹背后的历史情境。

2023 年 5 月，素有"人间瑶池"美誉的四川阿坝黄龙景区将 AR 融入黄龙景观，通过综合数字导览、互动游戏、智慧讲解等机制，让游客穿梭在虚实之间。四川黄龙景区 AR 效果示例如图 1.18 所示。游客通过小程序可以随时随地进行导航定位、查看景点信息、制定游览路线等，大大提高了在景区中的自主性和舒适度。完成各景点 AR 体验后，游客还可查看景点故事，解锁黄龙的真实历史故事，以趣味互动的方式了解文化信息，丰富体验。

图 1.18　四川阿坝黄龙景区 AR 效果示例

1.4.6　娱乐与游戏

娱乐和游戏是虚实融合应用的重要领域之一。由于数字娱乐和游戏不会造成实体的损失，只有体验的优劣之分，而且游戏常常兼具培训和教学的功能，因此是 AR 技术最早进入应用阶段的领域之一。由于 AR 兼具了现实场景的真实体验和 VR 的酷炫感受，因此在娱乐和游戏中大受欢迎。Pokémon GO 就是一款曾风靡世界的 AR 游戏，通过在世界各地预设一些精灵，玩家可以通过游戏找到这些精灵，并能看到小精灵在现场的影像呈现在智能手机上的效果。

娱乐和游戏的关键部分在于体感交互。随着体感设备的不断发展，微软的 Kinect、HoloLens、英特尔的 RealSense 等设备兼具视频摄像头和深度摄像头的功能，极大地提高了自然交互的可靠性和鲁棒性。很多必须要有特殊设备才能玩的游戏，很可能在家庭中就可以玩了。这将改写家庭娱乐和游戏的方式。

Warp Runner 是一款使用 AR 技术的游戏，它允许玩家自行选择图案作为游戏中的地图。在游戏开始后，玩家会被提示添加图案，应用会推荐玩家拍摄一张杂志封面。玩家需要将图案放在方框之内，方框变绿即可开始拍摄。成功识别后，游戏会开始构建地图，构建地图的动画非常华丽，就像科幻电影中的立体互动一样。地图的显示方式是实时的，玩家可以通过改变不同的视角来端详整个游戏建模。这款游戏的主要内容非常简单，玩家需要操控小人收集能量块和钥匙，能量块提供的能量可改变地形，从而让玩家到达更多的地方；钥匙能打开传送点，玩家收集到所有物品并成功到达传送点就能进入下一关。每一关都有不同的地形，成功解决难题所带来的满足感是玩这款游戏的主要动力，而有趣的操作和酷炫的画面则让这款游戏更加独特，这也是AR技术和虚实融合技术在游戏领域能够大展风采的要点。

第2章 光影计算的相关工作

光影是大自然的瑰宝。正是因为光影的存在，人们才能看到五彩斑斓的世界。尽管空间配准确定了虚拟物体与现实场景之间的空间关系，据此可以生成一些简单的 AR 应用，但是对于产品设计、景观评价、电子商务等注重外观的应用来说，这还远远不能满足要求。这是因为对于观察者而言，虚实融合画面中的虚拟物体还需要呈现出与现实场景光照相一致的逼真的外观，呈现出与周围物体之间的阴影投射和正确的几何遮挡，并能进行合理的交互。简而言之，虚拟物体需要与所融入的现实场景共享几何空间和光影空间，并且产生正确的交互，才能实现虚实交融的效果。在虚实融合中，实现虚拟物体与真实场景光影一致的关键是准确地计算出真实场景的光照分布，并模拟出虚实阴影的正确交互效果。这两个过程分别被称为光照计算和阴影计算。

2.1 节对自然场景的光影特点进行分析，2.2 节介绍光照计算的概念与流程，2.3 节介绍光照计算的已有方法。

2.1 自然场景的光影特点分析

在虚实融合过程中，当在真实场景中加入虚拟物体时，需要计算虚拟物体表面受场景光照后进入人眼的光亮度，还要获得显示画面上相关像素对应的可见点的亮度值。由于物体表面亮度值由物体几何、表面材质反射属性和场景光照三者共同决定，因此，从给定的图像或视频中重建光照环境本质上是一个逆向问题，从中解耦光照时不仅需要关注光照本身的特点，还需要注意场景几何及景物材质的制约和影响。下面将从光照特点、场景几何、景物材质 3 个方面分析室外与室内场景光照重建的特点。

白天，室外场景中唯一的直射光源是太阳光。太阳光在穿过大气时由于受到大气层中各种粒子的散射和吸收，在地球上空形成天空光。直射日光和天空光经地面反射及地面和天空之间多次反射使地面照度和天空亮度有所增加，人们一般将这部分光称为地面反射光，有时也称为环境光。夜晚，户外光源则更多的为灯光照明，它与室内光照更为相似。本节着重分析室外白天的光影特点。

2.1.1 室外场景

1. 光影特点

1）太阳光

太阳光是太阳上的核反应“燃烧”发出的巨大能量。太阳光是最重要的自然光源，对场景照明起着决定性作用。当太阳光线随时间的推移及天气发生变化时，物体的视觉外观直接受到影响。

由于地球与太阳相距甚远，对于地面上的任一点，太阳光是一个具有微小立体角的面光源，因此涉及光照的室外场景分析算法一般都将太阳光模拟为平行光源。太阳光的入射方向由太阳的位置决定，太阳的位置一般采用高度角和方位角表示。实际上，任一地理位置在任一时刻下的太阳高度角和方位角可根据所在地的经纬度与时刻通过公式计算出来。对给定的地理位置 P，一天中太阳在天空中出现的位置处在一个平面上。随着季节的推移，太阳的高度角和方位角也逐渐发生变化。对于 P，一年中太阳在天空中出现的区域是一个带状区域，且每年太阳在天空中的出现区域是相同的。图 2.1 给出了中国台湾省太阳运行的示意图，其中标记为 1 和 2 的两条曲线分别是该地区冬至日和夏至日一天中太阳的轨迹，两条线所夹的区域是一年中太阳在天空中出现的区域。

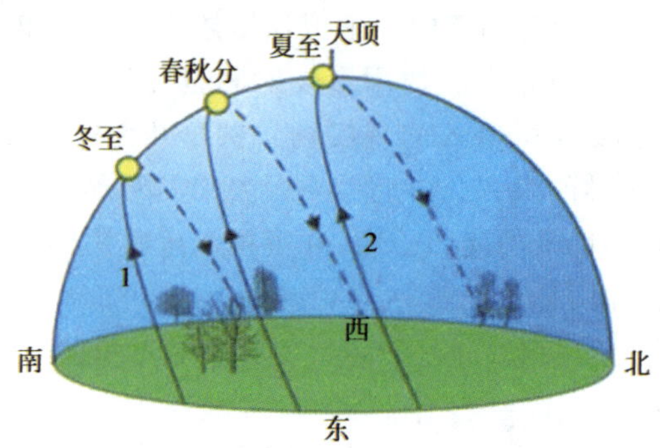

图 2.1 中国台湾省太阳运行示意图

由于太阳光在进入大气层以后会通过粒子的散射衰减一部分能量，因此真正决定局部场景照明的是衰减以后进入地球表面的太阳光亮度。重建室外场景光照时要恢复的是穿过大气层后入射到地面的太阳光强度。

2）天空光

由于地球表面被大气包围，因此当太阳光进入大气后，空气分子、尘埃和水蒸气等微粒会将太阳光向四周散射。英国物理学家 Rayleigh 提出了著名的瑞利散射定律：如果混浊介质的悬浮微粒线度为波长的十分之一，则散射光强度与光波长的四次方成反比。根据这个理论，蓝光(400nm)的散射量是红光(700nm)的 10 倍之多，这解释了为什么看到的天空是蓝色的。由于太阳光谱中波长较短的紫、蓝、青等颜色的光波容易被散射掉，因此太阳光一般看起来偏黄色或橘黄，尤其是当其高度角较低时，太阳光线所经过大气层的距离逐渐变长，更多的蓝色光线被低层大气分子和微粒所散射。

天空光形成的示意图如图 2.2 所示，由于太阳光经粒子散射后的光在地球上空形成天空光，因此天空光是一个面光源。虽然一般来说天空光在整个色调是偏蓝色的，但是由于不同粒子散射不同波长的光波，实际上天空光的色调非常丰富。由于气溶胶粒子对光波有强烈的前向散射作用，因此天空上各点的天空光亮度与其和太阳的远近有关，最亮处在太阳附近，离太阳越远，亮度越低。

在室外场景绘制中，一个关键的问题是室外光照的模拟。与太阳光的模拟相比，天空光的模拟和绘制要困难得多。迄今为止，物理学家与图形学研究者已经在天空光的建模和绘制方面做出了大量的努力。为了简单而有效地模拟天空，人们提出了天空光的解析模型。早在 1929 年，I. G. Pokrowski 就根据理论和实际测量结果提出了一个计算天空光亮度

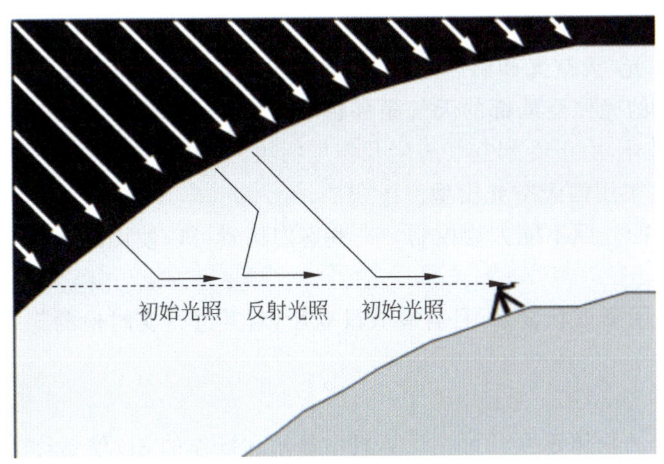

图 2.2　天空光形成的示意图

值的公式。1994 年，国际照明委员会进一步改进了这个公式，并将其作为标准天空光模型。但是，这些模型模拟的都是纯净天空的亮度和颜色，在现实世界中，受到云层、雾霭及空气污染的影响，天空光的分布非常复杂，对其准确建模十分困难。

3）阴影特点

阴影是十分常见的自然现象。根据形成原因，一般阴影可分为两类：自遮挡阴影与投射阴影。其中，自遮挡阴影是指由于物体某些表面背对光源所产生的阴影，而投射阴影则是指由于光源被某些物体遮挡而在位于其后的物体表面产生的阴影。

对于室外场景，阴影主要是因为太阳光被遮挡而产生的。由于太阳光具有较强的方向性，因此室外场景物体的阴影十分接近平行光产生的阴影。不过，太阳本身具有很小的立体角，这造成了部分阴影区域仍会受到一部分太阳光的照射，从而形成软影。一般来说，软影的宽度由遮挡点 X 同阴影平面之间的距离决定。室外阴影形成原理如图 2.3 所示，X 点的高度 h 决定了 X 对应阴影处的软影的宽度 l，l 的值随 X 点的增高而变大，这解释了为什么现实生活中大楼比汽车具有更宽的软影。太阳光完全被遮挡的区域称为本影。

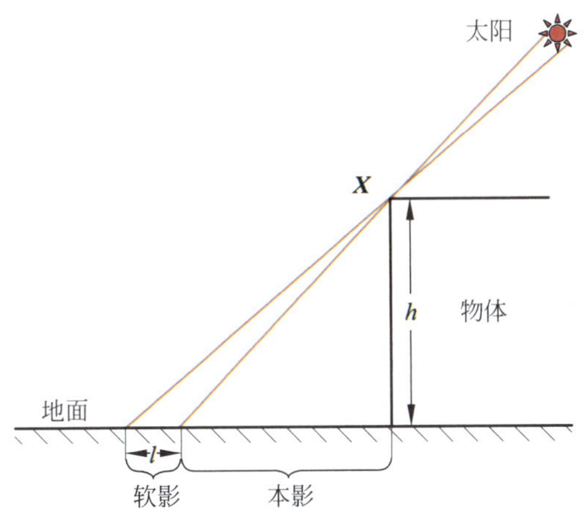

图 2.3　室外阴影形成原理示意

室外场景含有大量的自然景物，如树木、石头等，这些自然景物形状复杂，所产生的阴影也是奇形怪状，给室外阴影的处理带来了很大的难度。室外阴影的特点可总结为：接近平行光产生的阴影、具有软边缘且形状复杂。

根据上述太阳光、天空光和阴影的特点，室外场景光照计算面临以下困难。

(1) 室外场景的光照受局部的天气条件影响较大，不同时刻太阳光和天空光的亮度和色度变化很大。另外，由于受到空气云层及空气污染的影响，天空光的分布也非常复杂，目前仍缺乏精度高且实用的天空光模型。

(2) 室外场景的光照不能人为控制。一些室内场景可以使用的光照估计方法不能直接推广到室外场景。

(3) 室外场景阴影形状复杂，且含有大量软影，对其进行实时检测等处理较为困难。

2. 场景几何

对真实世界中的物体建立其可在计算机中显示和操作的 3D 模型称为 3D 重建。3D 重建在城市规划、文物保护、地形勘测、数字娱乐等领域都有重要的作用，一直以来都是计算机图形学、计算机视觉等领域的热门研究领域。在过去的几十年中，人们开展了大量有关 3D 重建的研究，感兴趣的读者可参考相关 3D 重建的资料。本节将从 3D 重建的角度出发，介绍室外场景的几何特点。

在室外大规模场景 3D 重建方面，较为成熟的技术是使用功能强大的车载激光扫描仪对场景进行扫描，由于能够获得丰富的信息，因此可以建立精确的几何模型。但是使用车载激光扫描仪进行大规模场景重建目前存在若干问题，具体如下。

(1) 所用设备昂贵，采集过程烦琐，每次扫描获取到的 3D 点的数量可能达到百万级，数据存储量大。

(2) 使用激光扫描仪扫描室外场景时经常会捕捉到过多的场景细节，不能实时处理，而这些细节往往是不必要的。

(3) 由于室外场景既包含大规模的轮廓信息，又包含许多的细节信息，因此需要对扫描系统中的扫描视点及扫描仪分辨率的优化选取进行更多的研究。

(4) 为了得到完整的场景几何，一般需要使用多个视点，不同视点下获得的深度数据之间的统一、融合和网格划分等问题尚未完全解决。

(5) 在将 GPS 数据、GIS 数据及扫描数据等多种数据结合时，如何对这些数据综合利用等仍需要进一步研究。

倾斜摄影技术是近十几年摄影测量领域发展起来的一项新技术。该技术通过从一个垂直视角和 4 个倾斜视角共 5 个视角同步采集影像，来获取丰富的建筑物顶面及侧视的高分辨率纹理。倾斜摄影不仅能够真实地反映地面物体情况，高精度地获取地面物体的纹理信息，还可通过先进的定位、融合、建模等技术，生成真实的 3D 城市模型，现已经广泛应用于应急指挥、国土安全、城市管理等行业。

在进行倾斜摄影操作时，由于多种因素的影响，因此所获得的 3D 模型存在一定的几何精度偏差，具体因素如下。

(1) 倾斜角度的选择对几何精度偏差有重要影响。倾斜摄影的原理是通过改变相机的拍摄角度来获取不同方位的影像信息，进而重建出 3D 模型。当选择的倾斜角度过小时，相机与目标物体之间的视差较小，可能造成图像中的重叠部分不足以提供足够的特征点，从而降低了 3D 模型的几何精度。而当选择的倾斜角度过大时，相机与目标物体之间的视差过大,可能导致图像中的特征点无法匹配,甚至出现遮挡等问题,也会对 3D 模型的几何精度产生负面影响。

(2) 摄影设备的性能和校准情况也是影响几何精度的重要因素。摄影设备的像素分辨率、镜头畸变、光学系统的准确性等都会对图像的质量产生影响。如果摄影设备的性能不稳定或者校准不准确,就会导致图像中的特征点位置存在误差,从而进一步影响 3D 模型的几何精度。

(3) 地面控制点的布设和测量精度也是影响几何精度的重要因素之一。地面控制点指在拍摄过程中预先布置好的地面标志物,用于进行图像与现实世界坐标系之间的映射。如果地面控制点的布设不合理或者测量精度不高,就会导致图像与实际坐标之间存在偏差,从而影响 3D 模型的几何精度。

(4) 图像处理算法的选择和参数设置也会对几何精度产生影响。在进行倾斜摄影数据处理时,通常需要进行图像配准、特征提取、匹配等一系列的操作。不同的算法和参数设置会对处理结果产生影响,从而影响最终的 3D 模型几何精度。

综合室外场景 3D 重建的相关工作,可以发现最新的重建技术和商业软件仍然不能满足复杂形体和大规模场景的重建需要。现有的室外场景 3D 重建工作仍面临以下技术挑战。

(1) 现有的室外场景建模工作大多集中在建筑物和其他具有规则形状的物体,对于室外场景中的自然景物如树木、花草等形态多变且遮挡关系复杂的物体,仍然缺乏高效统一的重建算法。

(2) 室外场景中物体的材质非常丰富,现有的扫描技术难以准确地对具有高镜面反射率的复杂材质物体进行重建。

(3) 无论是基于立体匹配,还是基于扫描的重建方法都受到室外场景中复杂多变的光照条件的影响,变化的光照环境降低了许多算法如特征检测等的性能,进一步加大了模型重建的难度。

(4) 现有的重建方法特别是大规模场景扫描重建和倾斜摄影技术,在重建过程中的重要信息的选取及后期的处理往往离不开用户的参与和交互。全自动的室外场景重建仍然面临诸多挑战。

(5) AR 需要实时、在线重建虚拟物体所处的场景,但是目前在重建大规模室外场景的实时性和在线方式上仍面临一些挑战。

综上所述,时至今日,室外场景的模型实时获取仍具有相当大的挑战。考虑到实用性和实时性,一般在虚实融合中进行有限重建。这主要是基于以下两点考虑。

(1) 虚拟物体与现实场景有接触的部分需要重建。例如,要将虚拟人合成到场景中,那么视频场景中的道路、阶梯、广场、建筑物等行人频繁出现的静态场景部分就需要较高精度的重建,以获得虚拟人群行为建模需要的路标。其次,随着相对位置的变化,虚实物体的遮挡关系及阴影投射等也会发生变化。对场景的相关部分进行精确的 3D 重建可以比较精准地确定被遮挡的区域,呈现正确的遮挡关系和阴影。因此,现实场景中与虚拟物体产生相互作用的场景有必要进行重建,而重建的精度需求与 AR 的效果相关联。

(2) 在 AR 环境中,虚实物体间的相互影响和遮挡关系的建立都发生在局部空间,因此并不需要对现实环境进行完整的重建。当虚拟杯子放置在现实的桌面上、虚拟行人行走在现实场景的道路上时，一般仅需要重构桌面和路面就可以了。通常情况下，虚拟物体都是放置在水平面或者挂在垂直于地面的墙面上。总而言之，在 AR 系统中，不仅需要局部地重构场景表面，有时还需要检测其中的水平伞面和垂直伞面，进而通过平面约束条件准确地获得平面方程。

3. 景物材质

自然场景中的景物丰富，种类繁多。由于室外场景的规模大、光源远，因此现有室外场景的光照分布估计方法大多采用漫反射或镜面反射来近似模拟室外景物的材质。

根据计算机图形学中的绘制方程可知物体表面亮度值是由物体几何、表面材质反射属性和场景光照三者共同决定的。从给定的观测图像中重建物体几何、表面材质反射属性和场景光照是一个欠约束的逆向求解问题。因此，传统的重建方法往往在重建三者之一时将其余的两者进行简化处理。例如，多视角立体(Multi-View Stereo，MVS)和飞行时间(Time-of-Flight，ToF)方法通常基于漫反射材质的假设，只侧重于恢复物体的几何形状。在计算摄影学中，经典的材质重建方法通常假定待重建材质物体的几何已知或局限于简单的几何形状如平面，然后使用特殊的光照控制设备，采集不同光照下的物体图像。最后，根据成像模型和材质模型，从观测到的图像中拟合物体的材质参数。

最近，随着深度神经网络的发展，从物体的 2D 图像中联合重建物体几何、表面材质和场景光照正成为新的研究热点。例如，神经辐射场(Neural Radiance Field，NeRF)将物体的外观编码到多层感知器(Multilayer Perceptron，MLP)中，并通过可变体射线追踪将不同视图的渲染误差降到最低，从而优化网络。另外，一些方法通过符号距离函数计算密度场实现了高质量的联合重建。但是，由于基于 MLP 的神经渲染计算成本较高，因此大多数研究只考虑了无遮挡的直接光照或使用了固定的阴影贴图。最近，Wang 等人针对大型城市场景提出了一种新颖的逆向渲染框架，能够从一组具有相机姿态信息和深度信息的 RGB 图像中联合重建场景几何、空间变化的材质和光照。该项研究结合了 NeRF 和显式(网格)表示法的优势，提出了一种用于大型城市场景反向渲染的新型混合渲染管道。具体来说，使用 NeRF 表示场景的内在属性，并通过体积渲染估算主光线。为了对产生高阶照明效果(如镜面高光和投射阴影)的次级光线进行建模，需要将 NeRF 转换为显式表示，并预先执行基于物理的渲染。底层 NeRF 能够表现高分辨率细节，而使用显式网格对次级光线进行光线追踪则降低了计算复杂度。一些较新的方法使用了混合球形高斯或预过滤近似对光照进行建模，并使用球形高斯或低维潜码对材质反射进行约束，以提高重建质量。

虽然 NeRF 的出现为逆向渲染提供了一条新思路，提高了物体或场景光照、材质和几何重建的准确度，但是一般来说，高质量的神经辐射场重建往往需要大量视角中不同的图像作为输入，同时 NeRF 网络的场景泛化性较差，而且训练过程往往比较耗时。这些问题降低了基于 NeRF 的逆向渲染算法在虚实融合中的实用性。

2.1.2 室内场景

与室外光源相比，室内光源的情况较为复杂。下面将从室内场景光影、场景几何、景物材质 3 个方面分析室内场景特点。

1. 室内场景光影

室内场景的光影主要具有如下特点。

(1) 室内光源一般多为人造光源，光源种类繁多，如聚光灯、面光源等。

(2) 室内光源通常个数较多，除了主要光源外，室内场景中通常还存在环境光。环境光来自各个方向，可以填充阴影部分，使阴影不会完全黑暗。环境光也可以在物体的表面之间产生次要的反射和渲染效果，因此光源之间的互相影响不能忽略。

(3) 室内场景景物密度较大，景物之间的遮挡较多。

(4) 由于景物间的遮挡，因此室内场景不同区域的光照情况差异较大。

(5) 室内场景的光影也会随着时间而变化，特别是在日光的影响下。太阳的位置和光线的角度会随着时间而变化，从而导致光影模式在不同时间点发生变化。

(6) 室内场景中的光线会与不同材质的表面发生反射和折射，产生复杂的光影效果。材质的反射率和折射率会影响到光线的行为，并且，不同的材质对光的反射和吸收有不同的响应，因此会影响到场景的颜色和光影。

上述因素造成室内场景的光路传播较为复杂，给室内场景的光源分布估计造成困难。在进行室内光源分布估计时，可将人造光源的频谱范围作为先验，以缩小光源频谱的求解空间。

2. 场景几何

相较于室外场景，室内场景通常由墙壁、地板、天花板等基本几何元素构成，规模较小，大部分为人造物体，并且光照可人为控制，因此其几何重建难度低于室外场景。

主流的室内场景 3D 重建方法是基于深度相机的场景几何重建。这类方法通过使用深度相机获取场景中每个点的距离信息，然后将这些点组合成一幅深度图像。接着，对深度图像进行处理，可以得到场景的 3D 模型。具体来说，基于深度相机的场景几何重建方法通常包括以下 4 个步骤。

(1) 获取深度图像：使用深度相机获取场景中每个点的距离信息，生成深度图。

(2) 深度图像预处理：对深度图像进行滤波和降噪，去除噪声和不必要的信息。

(3) 融合深度图，生成点云：将多个视角下的深度图进行匹配并融合，通过将深度图像中的点转换为 3D 坐标来生成完整的场景点云。

(4) 抽取表面：对点云进行拟合，抽取表面生成场景的 3D 模型。

计算机视觉中常用的深度相机包括结构光深度相机、TOF 深度相机、双目相机等。各种深度相机的技术原理不同，所具有的特点也各有不同。表 2.1 列出了这 3 类相机的基本特点。

表 2.1　常见的 3 类深度相机的基本特点

相机参数	相机类型		
	结构光	TOF	双目相机
基础原理	单相机和投影条纹斑点编码	红外光反射时间差	双相机和图像相关
响应时间	慢	快	中

续表

相机参数	相机类型		
	结构光	TOF	双目相机
低光环境表现	良好，取决于光源	良好（红外激光）	弱
强光环境表现	弱	中等	良好
深度精确度	中等	低	高
分辨率	中等	低	中高
识别距离	短（5mm～5m），受光斑图案影响	中等（1～10m），受光源强度限制	依赖于两个摄像头的距离
功耗	中等	低	低
代表产品	Intel Realsense、Microsoft Kinect V1	Microsoft Kinect V2	ZED Stereolabs、PointGrey Dragonfly

综合来看，现有的室内场景3D重建工作仍面临以下技术挑战。

(1) 现有的深度相机测距范围有限，一般来说小范围内可以达到较高的测量精度，但是对于较大范围的室内场景，测量精度过低无法应用。

(2) 测量结果易受环境干扰，尤其是易受外界光源的干扰，在自然的低光或强光环境下测量表现较差或无法工作；在室内场景中，物体之间可能会相互遮挡，这增加了准确重建的难度。另外，场景纹理是否丰富、物体是否自发光或透明等都会影响测量的精度。

(3) 分辨率低。相较于传统相机易于获取高分辨率的图像，现有的深度相机的分辨率一般较低。例如，微软Kinect V2的RGB图像分辨率是1920×1080，深度图像分辨率是512×424。

(4) 算法和计算复杂性与实时性重建的矛盾。3D重建需要复杂的算法来处理数据，如点云配准、表面重建、纹理映射等。这些算法可能需要大量的计算资源和时间，而AR对实时性要求极高，因此需要开发高效的实时重建算法和系统。

3. 景物材质

室内场景中人造物体（如墙壁、桌椅等）较多。另外，由于室内场景空间有限，因此光源能量衰减较小，相应地光源对景物表面的亮度影响较大。在这种情况下，场景景物表面材质模拟的精确程度对逆向求解场景的光源分布十分重要。下面详细分析室内光影重建中关于景物材质因素的一些关键考虑点。

(1) 漫反射材质。漫反射材质是一种材质，光线照射到其表面后会均匀地反射到各个方向，而不会集中在特定方向。这种材质通常具有粗糙的表面，如木材、石头或墙壁。在光影重建中，漫反射材质通常用于模拟物体的基本颜色和亮度。

(2) 镜面反射材质。镜面反射材质是一种材质，光线照射到其表面后会按照反射角等于入射角的规律，明亮地反射到特定方向。这种材质通常用于模拟镜子、玻璃、金属等具有高度光滑表面的物体。镜面反射可以产生强烈的高光和反射效果。

(3) 透明材质。如玻璃或水，会允许一部分光线穿透并继续传播，同时一部分光线会发生折射。在光影重建中，透明材质需要考虑透射、折射和反射效应，以模拟其光学行为。

(4) 吸收材质。某些材质会吸收特定波长的光线，而不是反射或折射它们。这种吸收效应会导致材质呈现特定的颜色。在光影重建中，需要考虑材质的吸收光谱以准确模拟颜色。

(5) 光学属性。景物材质的光学属性包括折射率、反射率、透射率等。这些属性描述了光线在材质内部和表面的行为。它们是模拟光线交互的重要参数。

(6) 纹理和表面细节。材质的表面纹理和细节也会影响光影效果。粗糙或凹凸不平的表面可能会导致散射效应，从而影响光的传播。

(7) 多层次材质。一些物体可能由多个层次的材质组成，例如，家具表面可能有涂层或纹理。在光影重建中需要考虑这些多层次的材质交互。

(8) 动态材质。有些材质的光学特性随时间变化，如液体表面的波动或光线照射下的材质变化。在模拟动态场景中需要考虑这些因素。

长期以来，精确重建的场景表面的材质一直是计算机图形学领域的重要研究方向。稠密的采样与严格的场景限制对于一般用户获取物体表面的材质信息造成了障碍。一般将材质建模为空间变化双向反射分布函数(Spatially Varying Bi-directional Reflectance Distribution Function，SVBRDF)，这是一个随位置、光照和视线方向而变化的 6D 函数。在过去的几年里，人们为提高反射率采集的效率做出了巨大的努力。

随着深度学习技术的飞速发展，卷积神经网络在从单幅图像中恢复 SVBRDF 方面取得了显著进步。但是，它们主要侧重于处理低分辨率(如 256×256)的输入。在最近的研究中，Guo 等人提出了一种从单幅图像中重建超高分辨率材质的方法。该方法基于隐式神经反射模型提出了一种分而治之的解决方案，以同时应对现存的以下两个挑战。

(1) 有限的计算资源为输入感受野和输出分辨率进行了限制。

(2) 局部卷积缺乏捕捉超高分辨率图像中长距离结构依赖性的能力。该方法的主要思路是：将超高分辨率图像裁剪成低分辨率的图像块，每个图像块都由局部特征提取器处理以提取重要细节。为了充分利用远距离空间依赖性并确保全局一致性，将全局特征提取器和若干个坐标感知特征组装模块纳入 Guo 等人提出的模型中。这样的处理方法实现了大至 4K 的单幅图像中的材质恢复。

常用的高质量 SVBRDF 采集方法大多基于复杂的照明模式。然而，基于照明模式的反射率采集存在以下两个基本问题。

(1) 在数量非常有限的照明模式中，最佳照明模式是什么？

(2) 如何从这些模式下拍摄的照片中真实地恢复物体的反射特性？

最近，Kang 等人提出了一种新颖的方法，该方法可以自动学习照明模式以实现高效的反射率采集，并根据此类模式下的测量真实地重建 SVBRDF。该方法的核心是一个非对称深度自动编码器，该编码器由一个非负线性编码器和一个堆叠式非线性解码器组成，前者直接对应于物理采集中使用的照明模式，后者通过计算从捕获的照片中恢复 SVBRDF 信息。自动编码器经过大量合成的反射率数据的训练后能够适应各种因素，包括设置的几何形状和外观属性。该方法在合成数据集和真实数据集上进行了验证，使用16～32 种照明模式，在 12～25s 采集时间内可以重建出多种材质。

随着材质建模技术和计算摄影学的日益发展，高质量的景物表面材质重建技术将毫无疑问地推进对室内场景光源分布估计的研究，从而进一步提高虚实融合中光影一致性的质量。

2.2 光照计算的概念与流程

在本书所介绍的光照计算算法中，算法的输入是一幅图像即视频序列的每一帧，算法的输出是该时刻室外场景太阳光和天空光到达地面的入射光强，在本书中亦称为场景的光照值或场景的光照参数。

从输入图像得到场景光源的光强需要若干步骤，为此，先反过来看是如何得到图像上像素值的。图像的形成过程如图 2.4 所示，这个过程是：(1)光线由光源发出，照射到场景中物体的表面；(2)场景中物体的表面接收入射光，求得物体表面的照度；(3)物体表面吸收部分入射光，未被吸收的入射光向四周反射，朝视点方向的反射光形成该点投向观察者的光亮度；(4)相机的电荷耦合器件(Charge-Coupled Device，CCD)传感器将该光亮度转换成图像的像素值。在上述过程中，后 3 步是图像形成的关键，下面将具体介绍这 3 个步骤。

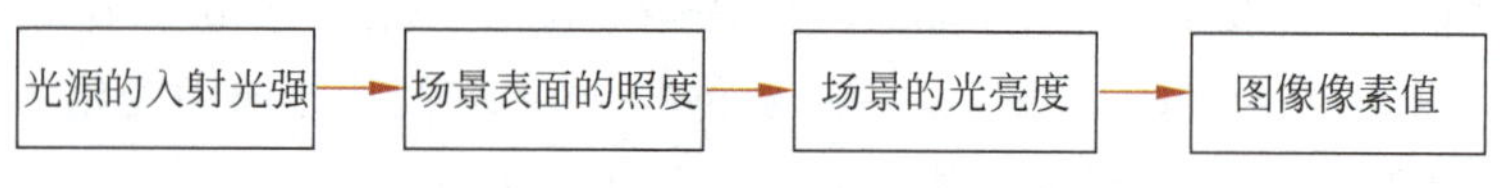

图 2.4　图像的形成过程

2.2.1 从光源的入射光强到场景表面的照度

场景中一点 A 处的照度来自以其为中心的上半球面上光源发出的入射光。不失一般性，假设场景中的光源为扩展光源，使用图 2.5 中的符号，$\mathrm{d}P$ 为其上的一个微小面元，$\mathrm{d}P$ 的高度角和方位角分别为 θ_i 和 φ_i，在高度角和方位角上所张的夹角分别为 $\Delta\theta_i$ 和 $\Delta\varphi_i$，则 $\mathrm{d}P$ 对 A 所张成的立体角 $\mathrm{d}\omega=\sin\theta_i\mathrm{d}\theta_i\mathrm{d}\varphi_i$。设 $L(\theta_i,\varphi_i)$ 为光源 L 沿着 (θ_i,φ_i) 方向的单位立体角所发出的发光强度，则 $\mathrm{d}P$ 在 A 处产生的照度为 $L(\theta_i,\varphi_i)\sin\theta_i\mathrm{d}\theta_i\mathrm{d}\varphi_i$。进一步地，场景中的光源在 A 处产生的全部照度为：

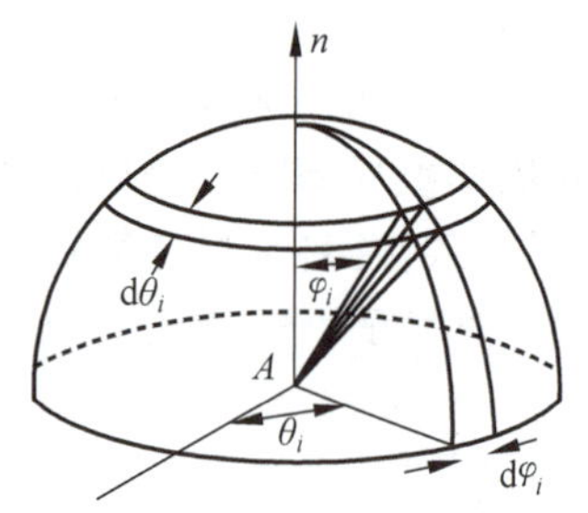

图 2.5　扩展光源上一个微小面元 dP 在场景 A 处产生的照度

$$E=\int_{-\pi}^{\pi}\int_{0}^{\frac{\pi}{2}}L(\theta_i,\varphi_i)\cos\theta_i\sin\theta_i\mathrm{d}\theta_i\mathrm{d}\varphi_i \tag{2.1}$$

考虑到受到其他物体的遮挡，A 处的照度可表示为：

$$E=\int_{-\pi}^{\pi}\int_{0}^{\frac{\pi}{2}}L(\theta_i,\varphi_i)S(\theta_i,\varphi_i)\cos\theta_i\sin\theta_i\mathrm{d}\theta_i\mathrm{d}\varphi_i \tag{2.2}$$

其中，$S(\theta_i,\varphi_i)$ 为遮挡系数，如果 A 与 $L(\theta_i,\varphi_i)$ 之间有其他物体遮挡，则 $S(\theta_i,\varphi_i)=0$；否则，$S(\theta_i,\varphi_i)=1$。

2.2.2 从场景表面的照度到场景采样点投向观察方向的光亮度

入射到 A 处的光线部分被物体表面吸收，其余部分被反射出去，其中一部分朝视线方向反射。设 A 处的材质由双向反射率 $f(\theta_i,\varphi_i;\theta_v,\varphi_v)$ 表示，$f(\theta_i,\varphi_i;\theta_v,\varphi_v)$ 定义为 A 处表面朝 (θ_v,φ_v) 方向的反射光亮度与 (θ_i,φ_i) 方向的入射光在 A 处表面产生的照度之比。

设视点方向为(θ_v,φ_v)，对 A 上半球进行积分，得到 A 处朝视点方向的辐射亮度为：

$$R(\theta_v,\varphi_v)=\int_{-\pi}^{\pi}\int_{0}^{\frac{\pi}{2}} f(\theta_i,\varphi_i;\theta_v,\varphi_v)L(\theta,\varphi)S(\theta,\varphi)\cos\theta\sin\theta\,\mathrm{d}\theta\,\mathrm{d}\varphi \tag{2.3}$$

2.2.3 从场景采样点投向观察方向的光亮度到图像的像素值

场景采样点投向观察方向的光亮度经相机 CCD 传感器的作用转换为图像上像素的 RGB 值。设相机 CCD 传感器对场景采样点投向观察方向的光亮度的响应曲线为 f，图像 I 拍摄时的曝光时间为 Δt，则 x 处的曝光量为 $R\Delta t$，f 进一步将曝光量映射成对应图像像素 q 的显示值 $I(q)$：

$$I(q)=f(R\Delta t) \tag{2.4}$$

直观来说，从场景采样点投向观察方向的光亮度越大，对应像素的值就应该越大，因此一般来说 f 应是一个单调递增曲线。作为一个特殊情况，可假设 f 为线性函数，即存在某常数 k 使得：

$$I(q)=kR\Delta t \tag{2.5}$$

近年来，一些研究者提出，在相机的成像过程中存在一系列非线性因素，如从模拟信号转换成数字信号等，所以从严格意义上来说 f 应当是一个非线性函数。现有的绝大多数求解相机响应曲线的方法都要使用多幅曝光度不同的图像。这些方法假设这些图像中场景的光照是恒定的，所以引起图像的像素值改变的唯一因素就是相机的曝光度，然后使用不同的相机响应曲线模型求解，例如，Mitsunaga 等人将 f 假设为伽马曲线，Mann 等人将 f 假设为多项式曲线。Debevec 等人使用非参数化模型可直接从多幅不同曝光度图像里求解相机响应曲线。Grossberg 等人对大量的相机响应曲线进行主元分析，得到了相机响应曲线的一组基。对一个特定的相机响应曲线，只要求出其在这组基下的展开系数即可。Kim 等人在 Grossberg 等人方法的基础上提出了一种使用多幅室外场景的光照变化的图像恢复相机响应曲线。该方法对场景图像进行分割，找出图像中具有相同材质和相同遮挡情况(主要指阴影和非阴影)的像素，利用这些像素建立线性方程组，求解相机在提出的基函数下的展开系数。

综合这 3 个过程，可以看到，在求解视频序列的场景光照值时需要先获取相机的响应曲线，再根据每帧的曝光度和相机的响应曲线将图像的像素值转变成场景采样点投向观察方向的光亮度，再根据光照明公式从场景采样点投向观察方向的光亮度中求解出光源的入射光强。对 AR 而言，合成阶段的步骤与光照计算阶段的步骤相反。在合成阶段，使用估计出的光源的入射光强绘制虚拟物体，再将虚拟物体处的光亮度转换为图像的像素值，最后将其合成到背景图像中。图 2.6 给出了这两个阶段的步骤示意图。

方便起见，本书在将图像的像素值转变成场景采样点的光亮度时假设相机的响应曲线是线性的，然后根据图像的曝光时间和曝光速度计算出曝光量，再将图像的像素值转变成场景采样点投向观察方向的光亮度。一般来说，将相机的响应函数假设为线性函数会造成一定的误差。但是对于正常曝光的图像来说，大部分像素值处于中间亮度范围内。因此，这种误差基本上可忽略不计。在实际使用中，如果已知相机的更为精确的响应函数，也可使用该函数的逆函数将图像的像素值转化为场景采样点投向观察方向的光亮度。为了便于称呼，本节将场景采样点投向观察方向的光亮度简称为场景的光亮度。值得注意的是，

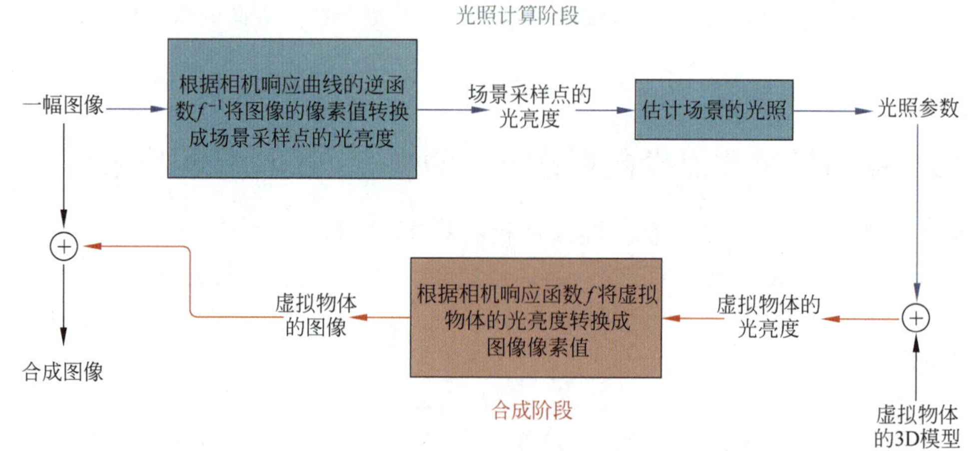

图 2.6　合成阶段与光照计算阶段的步骤示意图

通过相机响应函数的逆函数转换得到的场景的光亮度值与场景的绝对光亮度值相差一个倍数 s。在实际使用时，s 可以通过手工测量一个场景点投向观察方向的光亮度和转换后的光亮度值获得。但是在视频应用如 AR、光照归一化等工作中，与光源入射光强的绝对值相比，相对于第一帧的光源入射光强的相对值更为重要。本书所估计的太阳光和天空光的入射光强均为相对值。具体来说，在第一帧中，通过使绘制出的虚拟物体与场景中其他物体的光亮度相匹配，手工确定所求出的入射光强的相对值，余下的帧由算法自动对准。此外，为了叙述方便，本节有时仍将转换后的场景光亮度值称为图像的亮度。

2.3 光照计算的已有方法

过去的几十年中，在计算机图形学领域有大量的估计室内场景的光照(包括光源方向和光源强度)的工作。由于许多计算机视觉中的算法输入都涉及图像像素值，且物体对应的像素值很大程度上依赖于所处的光照环境，因此在室内场景的逆向绘制、从明暗恢复形状、场景分析等多个领域中都有关于恢复场景光照的研究。根据获取手段的不同，现有的获取场景光照的方法可大致分成 4 类：直接测量的方法、基于采集的方法、基于参数表达式逆向求解的方法、基于深度学习的方法。

2.3.1　直接测量的方法

在逆向绘制算法中，对于一些光照可调的室内环境如实验室等，可利用手工测量光源位置和光源强度的方法来重建场景的光照。显然，采用这种方法重建室外场景中的光照是不合适的。

2.3.2　基于采集的方法

基于图像的光照起源于 Blinn 等人在 1976 年提出的环境映照。环境映照将以物体为中心的入射光照以 2D 图像的形式存储起来。这样，景物表面上任一点的光照信息可简单地通过编码查找得到，而不必去执行光线和周围环境表面的求解计算，从而大大减少了计算复杂度。

为了有效地捕捉真实世界中的复杂光照，Debevec 提出将一个镜面球(称为光照探针)放置在场景中要添加虚拟物体的地方，并采用几幅曝光不同的图像来合成具有高动态范围(High Dynamic Range，HDR)的环境贴图。环境贴图是一幅记录了以镜面球所在位置为中心来自四周 360°方向的入射光照的图像，通常以立方体贴图和球形贴图表示。使用环境贴图作为置入真实场景中的虚拟景物的光源可以大大提高绘制速度而且可以使绘制出的场景图像更为生动，因此环境贴图被广泛地用于基于图像的绘制中，极大地促进了基于图像的绘制技术的发展。图 2.7 展示了用来生成环境贴图的 3 幅不同曝光度的图像，每幅图像将某一范围内的环境亮度值映射到一个正常的图像亮度范围内(如以亮度范围为 0～255 的图像来说，正常亮度的像素范围为 30～220)。如此一来，场景中高动态范围的亮度被分段映射到正常的图像亮度范围内，这个映射是通过相机的曝光度控制的。

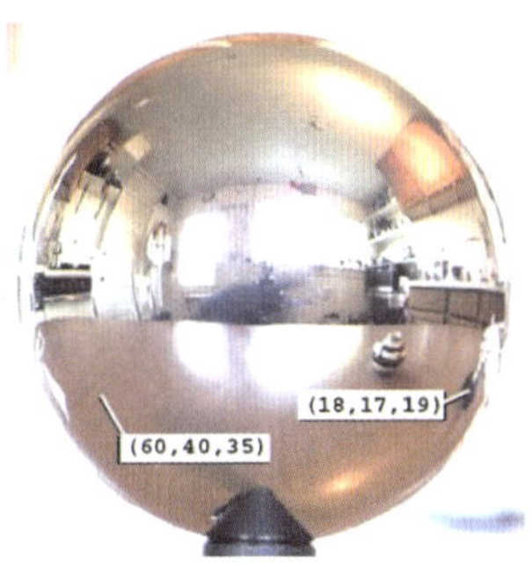

图 2.7　3 幅曝光度不同的用来生成环境贴图的图像

Debevec 在环境贴图的基础上提出了一种将虚拟物体融合到一个背景图像中并实现虚实场景光影一致的方法。该方法先建立背景图像中的场景的 3D 模型，进而将场景划分为 3 个部分，分别为远场景、虚拟物体放置处附近的局部场景及虚拟物体本身。算法假设远场景中的物体不受虚拟物体反射光的影响，但虚拟物体要受到远场景中物体的光照影响，对远场景只需要使用环境贴图表示其辐射亮度即可，不需要知道材质信息。对于虚拟物体放置处附近的局部场景，由于其与虚拟物体之间存在光能传递，例如，局部场景中的物体可能向虚拟物体投射阴影和接收虚拟物体反射出的光，因此需要对这部分场景的材质属性进行大致的建模。对于虚拟物体，则完全使用基于材质的模型进行绘制。

环境贴图不仅可用于虚拟物体的绘制，而且可以用于对真实物体进行照明。这项技术的需求来源于电影拍摄。在大多数情形中，演员的表演是在工作室拍摄的，其光照环境与影片中设定的背景的光照环境可能有巨大的差别，如何使工作室中拍摄演员的光照与未来合成的背景光照一致是一个非常现实的问题。为了解决这个问题，Debevec 等人设计了一个称为 Light stage 的设备。图 2.8 展示了 Light stage，其为一个 2m 高的圆形架子，拍摄时演

图 2.8　Light stage

员站立其中。架子上离散地放置着若干个向里照射的光源集，每个光源集由红、绿、蓝 3 种颜色的发光二极管(LED)光源组成，同时使用一个固定视点的高速相机拍摄演员的运动和表情。在演员进行现场表演前，先使用一幅环境贴图表示背景场景的光照，演员表演时计算机系统通过计算来对 Light stage 的灯光系统进行控制，使之重现环境贴图的光照效果，最后再将演员的图像提取出来合成到背景图像中。图 2.9 给出了一个将演员置入背景场景中的例子。虽然该方法可以使得在工作室中拍摄出与背景光照一致的图像序列，但是这种方法仅适用于高成本的电影制作，难以用于一般的 AR 系统。

(a) 环境贴图

(b) 合成结果一

(c) 合成结果二

(d) 合成结果三

图 2.9　将演员置入背景场景中的示例

值得注意的是，虽然环境贴图在捕捉场景光照中具有重要作用，但是它并不适合在线采集室外场景的光照。问题源于生成环境贴图所需的 3 个假设条件，具体如下。

(1) 在拍摄曝光度不同的镜面球图像时，场景的光照是恒定不变的。

(2) 场景中物体的最大、最小亮度都能被曝光到一个正常的图像亮度范围内。

(3) 场景是静止的，曝光度不同的图像像素是严格对齐的。

对于第一个假设条件，尽管室外场景光照有时会急剧变化，例如，在晴朗的夏天由于受移动云层的遮挡，场景光照可在 5s 内发生急剧变化，但这种情形是比较少的。对于一般的室外场景，这个假设条件是可以接受的。相反，第二个假设条件对于室外场景来说是很难满足的。因为，太阳光是一个强度可高达 $2\times10^5\mathrm{cd/cm^2}$ 的光源，它和附近的天空区域一起照在镜面球上再辐射出的亮度仍然非常高，即使使用现有最好的相机采用最低的曝光度也无法将其亮度曝光到一个正常的图像亮度范围内，因此无法生成环境贴图。第三个假设条件对在线的室外场景的 AR 系统也很难满足。室外场景中不可避免地存在运动物体，如行人、运动中的车辆等，而使用抠图技术很难将这些物体实时地移除。再者，即使能实时地将运动物体移除，但用来生成环境贴图的每幅图像也可能因部分区域信息缺失或在其他图像中缺乏对应像素，而无法生成环境贴图。因此，在实际使用中，生成环境贴图具有一定难度，一般局限于场景和光照均可控的环境。

2.3.3　基于参数表达式逆向求解的方法

由于图像中像素的光亮度由采样点处的场景几何、物体表面的材质及场景中的光源三者共同决定，因此，对于一幅图像，如果已知场景几何和物体表面的材质则可求出光照。这种方法叫作基于逆向求解的方法。基于逆向求解的场景光照获取方法往往根据图像中的一些特殊的信息(如阴影、明暗、图像关键点、高光区域等)建立基于物理的表达式，然后从中求解光源的方向或强度。

直接使用光照模型进行求解的形式复杂，需要对参数求解的过程进行简化，例如，用点光源(灯泡)或平行光源(太阳光)模拟场景中的光源；用泛光表示环境光；场景中仅含一个光源,且光源方位已知；场景具有理想漫反射材质。这样的方法限制较多。由于假设泛光三通道强度相同,因此在不符合该假设时,求解误差较大；使用点光源、平行光源和泛光模拟自然光照时,由于模型过于粗糙,绘制结果真实感较差。

在基于逆向求解的光照计算中,Hsu 等人提出了一系列从图像的阴影信息估计场景光照的方法。该方法的主要思想是将场景中的光照分布离散为 n 个距离场景物体足够远的平行光源,建立阴影像素亮度值关于 n 个光源的强度 $L_i(i=1,2,\cdots,m)$ 的线性方程组 $\boldsymbol{AL}=\boldsymbol{I}$,其中 $\boldsymbol{I}$ 是像素的亮度值,系数矩阵 $\boldsymbol{A}$ 与场景几何和材质有关。对于已知 3D 模型和材质的场景而言,先计算出 $\boldsymbol{A}$,然后从方程组中求解出 $\boldsymbol{L}$。本节进一步研究了从阴影里恢复光照分布算法的稳定性问题,探讨了影响 $\boldsymbol{A}$ 的条件数的几个因素,包括光源方向的采样及阴影区域像素的采样等问题。

对于朗伯光照模型,光源的方向可以从一些边界条件如图像中的遮挡边缘或者奇异点中推断出来。基于这个观察,在物体形状条件已知的情况下,利用图像的关键点可求解多个光源的光源方向。其中,关键点指法向与场景中某一光源方向垂直的 3D 点对应的图像像素。该算法的一个缺点是图像关键点的检测对噪声非常敏感,从而求得的光照方向对噪声不够鲁棒。为了解决这个问题,可根据关键点形成的边缘进一步将图像分割成具有均匀光照效果的区域,再根据朗伯光照明模型对这些区域进行递归最小二乘拟合求解光源的方向和光亮度。

Lee 等人提出一种从图像高光区域恢复场景的光源色度的算法。该方法认为高光区域中的有效像素的色度分布近似于一条线段,如果有两条线段存在,那么线段的交点就是光源的色度。此后,Lehmann 等人提出用多幅图像来弥补上述方法中图像噪声导致的误差。Kwon 等人进一步改进了有效像素的选取规则。

Wang 等人将基于阴影的方法和基于明暗信息的方法结合起来形成新的方法,既利用了阴影区域的亮度变化信息,又利用了光源直射区域的亮度变化信息。实验数据表明将两者结合起来所得结果优于单个方法得到的结果。Li 等人进一步综合场景的明暗、阴影、高光区域等信息,提出了一种新的光照计算算法。与 Wang 等人的方法相比,该方法不需要假设物体表面为具有均匀漫反射系数的朗伯表面,因此它适用于纹理场景的光照恢复。

以上这些基于物理求解算法的一个共同点是：假设场景的 3D 模型是已知的。因此,上述大部分工作只对室内场景做了算法测试。由于室外场景中包含大量的自然物体如树木、花草等,且室外场景往往规模庞大,因此现有的商业软件仍然不能胜任室外场景的建模工作。基于这个考虑及室外场景的光照复杂性,这种基于物理求解的方法不能直接推广用于室外场景的光照计算。

2.3.4 基于深度学习的方法

由于图像的像素值是由光照、表面反射率和场景几何形状相互作用,再经过相机响应函数变换而确定的,因此从图像出发,反向求解光照是一个高度病态的问题。特别是当图像具有低动态范围(Low Dynamic Range,LDR)和有限的视野(如标准消费级相机拍摄的图像)时尤其明显。如 2.3.2 节所述,在基于图像的照明领域的开创性工作中,Debevec 提出通过在图像中某个位置插入光探针来直接捕获该位置的照明条件，生成的 HDR 环境贴图表示场景中该点从各个方向入射的照明，并且可用于真实地照亮该位置的虚拟对象。最近，基于深度学习的全自动方法被提出，能够从单个室内图像估计环境贴图。然而，环境贴图表示假设照明是遥远的——这就是为什么它可以表示为入射方向的函数。对于具有局部光源的室内场景，这会导致场景中的照明发生空间变化，在该场景下照明假设不再成立。因此，对整个场景使用单个环境贴图会导致 3D 对象融合的结果不一致。

Chen 等人提出了一种从单幅图像稳健估计各种室外照明条件的网络 PanoNet，该网络使用 Lalonde-Matthews(LM)天空模型，它可以代表更广泛的光照条件，范围从完全阴天到完全晴天。虽然该模型更具表现力，但它的天空和太阳照明分量是不相关的，因此，不可能通过将照明模型拟合到 LDR 天空像素来恢复 HDR 太阳照明。因此，PanoNet 的主要贡献是一种学习用 HDR 照明参数标记 LDR 全景图的新颖方法。具体来说，训练一个网络 PanoNet，它将 LDR 全景图作为输入，并对 LM 天空模型的参数进行回归。结合合成数据和真实数据来训练 PanoNet。此外，由于没有天空模型能够准确地再现真实的天空像素强度，因此表明仅学习匹配天空外观不足以完成此任务。相反，PanoNet 提出了一种新颖的渲染损失以监督预测光照下渲染场景的外观与真实情况相匹配。

Zhan 等人提出了一种精确的照明估计框架 EMLight，该框架能够同时定位光源并恢复真实频率的照明。EMLight 由互连的回归网络模块和神经投影模块组成，其中回归网络模块准确预测照明参数，神经投影模块利用估计的照明参数来合成具有真实频率信息的照明图。不像许多现有工作那样单独回归照明参数而不将它们作为一个整体来考虑，神经投影模块通过球形分布来制定整体场景照明，并将照明估计视为球形分布的回归。将照明图分解为光照分布、光照强度和环境项，它们分别用于捕获光源的能量分布、光源的总体强度和不包括光源的剩余能量的平均值。由于照明图是球形图像，在单位球体上定义 n 个锚点来模拟离散光照分布，因此照明预测的任务转化为回归光照分布、光照强度和环境项的问题。光照强度和环境项是标量值，可以通过回归网络直接使用朴素的 $L2$ 损失进行回归。然而，用朴素的 $L2$ 损失或交叉熵损失直接回归光照分布的 n 个离散值(在 n 个锚点处)是不可取的，因为这没有利用球面分布的空间信息。受到测量两个分布之间距离的地球移动距离的启发，EMLight 设计了一个球形移动器损失(SML)，通过在单位球体上进行“地球移动器”回归光照分布。SML 通过测量沿球面将一个球形分布移动到另一个球形分布所需的最小弧度距离评估两个球形分布之间的距离，目标是在两个分布之间所有可能的移动中找到最佳移动路径。捕获球面分布的空间信息有利于准确估计球面光照分布。在回归网络预测的照明参数的指导下，神经投影模块以对抗的方式生成具有真实频率信息的精确照明图。与普通图像不同，光照图是一幅全景图，通常在不同纬度会遭受不同程度的球面畸变。由于常规卷积在不同纬度尤其是极地区域的图像上容易出现严重失真，因此 EMLight 采用球面卷积生成全景照明图，能够有效地去除失真。

第3章 室内场景的光照计算

通过第2章的介绍可知室内光照情况复杂，一方面，场景中的主要光源为灯具产生的人造光或者从窗外进入到室内的自然光，其数量相较于室外场景无规律可循，且不同空间区域的光照分布变化大；另一方面，室内狭小的空间和较多的物体也会使光照因反射、折射产生复杂的变化。这些因素造成室内场景的光路传播复杂，从而对室内场景的光源分布估计造成困难。另外，室内环境中人造光源的开关会使光照呈现出快速的动态变化，这进一步提高了光照计算的难度。

本章介绍室内场景的3个光照计算方法。3.1节介绍一种基于空间变化的单幅图像室内光照计算方法。该方法的输入是一幅室内场景的RGB-D图像，输出是场景中任意一点以环境贴图表示的光照分布，为在室内场景中任意位置加入虚拟物体提供了精确的光照分布。针对光源颜色和亮度信息存在动态变化的情况，3.2节介绍了提出的室内场景动态光照实时计算方法。该方法分为离线和在线两个阶段，离线阶段利用多角度相机生成场景HDR图，借助图像分割技术计算场景中的光源信息；在线阶段基于实时拍摄的镜面球LDR图像对场景中的光照信息进行更新。以上两种方法都是采用传统方法进行光照计算，3.1节的方法计算光照贴图的时间成本高，3.2节的方法需要使用特殊的镜面球采集光照环境。针对上述算法的缺点，3.3节提出了基于光照变化预测的深度室内动态光照计算方法。该方法采用一种端到端的室内场景动态光照在线预测网络，利用光照差值图像表示室内场景的光照变化，通过预测光照差值图像实现对于场景动态光照的在线计算。

3.1 空间变化的单幅图像室内光照自动重建方法

在本节，3.1.1节先介绍基于球面调和函数构建的室内光照模型，3.1.2节在光照模型的基础上介绍光源位置计算和光源颜色计算。

3.1.1 室内光照模型

室内场景中的物体接收来自光源的直接照明和来自环境的间接照明。两者都可以被视为分布在球体上的区域光源，因此可以使用环境贴图场景点 p 处的光照，将其分布表示为 D_p。同其他光照计算工作类似，本方法忽略镜面反射，假设场景材质为漫反射，利用R. Ramamoorthi等人提出的渲染方程，将图像 I 中 p 点的光亮度表示为：

$$I_p(\lambda)=\rho_p(\lambda)\int_{\Omega(\boldsymbol{n}_p)} D_p(\boldsymbol{\omega},\lambda)(\boldsymbol{n}_p\cdot\boldsymbol{\omega})\mathrm{d}\boldsymbol{\omega} \tag{3.1}$$

其中，λ 表示R、G、B 3个通道，ρ_p 是 p 点处的漫反射系数，$\boldsymbol{n}_p$ 是 p 处的表面法线，$\Omega(\boldsymbol{n}_p)$ 是 p 所在表面的上半球，$\boldsymbol{\omega}$ 是单位方向向量。

采用球面谐波 Y_{lm} 近似式(3.1)中的积分，其中 $l \geqslant 0$ 且 $-l \leqslant m \leqslant l$。R. Ramamoorthi 等人已经证明 I_p 可以使用 Y_{lm} 的线性组合表示：

$$I_p(\lambda) = \rho_p(\lambda) \sum_{l,m} \hat{A}_l L_{lm,p}(\lambda) Y_{lm}(\boldsymbol{n}_p) \tag{3.2}$$

其中，$\hat{A}_l$ 与 $A = \boldsymbol{n}_p \cdot \boldsymbol{\omega}$ 的组合系数有关，它是一个常数；参数 $L_{lm,p}(\lambda)$的计算方法如下：

$$L_{lm,p}(\lambda) = \sum_{(\theta,\phi) \in \Omega_p} D_p(\lambda,\theta,\phi) Y_{lm}(\theta,\phi) \sin\theta \Delta\theta \Delta\phi \tag{3.3}$$

这里 Ω_p 是单位球面，可分为对应于 n 个光源的区域 $\Omega_p^{\langle s,i \rangle}$，$i \in \{1,2,\cdots,n\}$和对应于非光源物体的区域 Ω_p^{env}。将 $L_{lm,p}(\lambda)$分为光源部分和间接环境光部分：

$$\begin{aligned} L_{lm,p}(\lambda) &= \sum_{i=1}^{n} L_{lm,p}^{\langle s,i \rangle} + L_{lm,p}^{\text{env}} \\ &= \sum_{i=1}^{n} \sum_{(\theta,\phi) \in \Omega_p^{\langle s,i \rangle}} D_p(\lambda,\theta,\phi) Y_{lm}(\theta,\phi) \sin\theta \Delta\theta \Delta\phi + \\ &\quad \sum_{(\theta,\phi) \in \Omega_p^{\text{env}}} D_p(\lambda,\theta,\phi) Y_{lm}(\theta,\phi) \sin\theta \Delta\theta \Delta\phi \end{aligned} \tag{3.4}$$

假设每个面光源不同位置处的颜色是相同的，实验结果表明这种假设可以一定程度地保持估计结果的准确性，同时节省大量的计算。用 L_i^s 表示第 i 个光源的颜色，并定义 $R_{lm,p}^{\langle s,i \rangle} = \sum_{(\theta,\phi) \in \Omega_p^{\langle s,i \rangle}} Y_{lm}(\theta,\phi) \sin\theta \Delta\theta \Delta\phi$，可以得到：

$$L_{lm,p}(\lambda) = \sum_{i=1}^{n} L_i^s(\lambda) R_{lm,P}^{\langle s,i \rangle} + L_{lm,p}^{\text{env}}(\lambda) \tag{3.5}$$

将此式代入式(3.2)，可以得到：

$$I_p(\lambda) = \rho_p(\lambda) \left(\sum_{i=1}^{n} L_i^s(\lambda) \sum_{l,m} \hat{A}_l R_{lm,P}^{\langle s,i \rangle} Y_{lm}(\boldsymbol{n}_p) + \sum_{l,m} \hat{A}_l L_{lm,p}^{\text{env}}(\lambda) Y_{lm}(\boldsymbol{n}_p) \right) \tag{3.6}$$

最后，通过计算 $P_p^{\langle s,i \rangle} = \sum_{l,m} \hat{A}_l R_{lm,p}^{\langle s,i \rangle} Y_{lm}(\boldsymbol{n}_p)$ 和 $E_p^{\text{env}}(\lambda) = \sum_{l,m} \hat{A}_l L_{lm,p}^{\text{env}}(\lambda) Y_{lm}(\boldsymbol{n}_p)$，可将点 p 处的室内照明模型表示为：

$$I_p(\lambda) = \rho_p(\lambda) \sum_{i=1}^{n} P_p^{\langle s,i \rangle} L_i^s(\lambda) + \rho_p(\lambda) E_p^{\text{env}}(\lambda) \tag{3.7}$$

3.1.2 室内场景光照计算

将输入场景划分为可见部分和不可见部分，它们分别对应于相机视野的内部区域和外部区域。本小节内容主要包含以下 3 个部分。

(1) 提出一种新的基于输入深度图的几何模型表示，并将场景的几何模型分为场景的可见部分和不可见部分。

(2) 介绍如何计算光源的位置。

(3) 给出计算光源颜色的方法。在恢复的几何模型和光源位置的基础上，可以为场景中的任意点生成环境贴图。

1. 几何模型构建

与 Xing 提出的方法相似，假设输入图像中的所有可见物体都位于一个封闭的六面体盒中，然后用几个平面的组合来表示室内场景，这对于室内场景来说是一个合理的假设。与基于三角形的模型相比，使用平面模型在确定交叉点时所需的计算量要小得多，使得生成环境贴图的效率更高。

对于场景中的可见部分，深度图为重建 3D 几何提供了足够的信息。首先根据像素的法线方向和 3D 位置使用平均位移对像素进行聚类，再利用 Izadi 提出的方法使用属于第 i 簇的像素计算平面 p_i，最后所有计算出的平面组成一个平面集 S_p。图 3.1(b)和图 3.2(b)分别展示了对两个测试场景计算出的平面模型。

不可见场景的精确模型是不可能恢复的，因为它有很大的不确定性。为了解决这个问题，假设相机后面不存在额外的物体，结合封闭六面体盒假设，将不可见场景重建问题转化为恢复场景所在六面体盒的问题。由于盒子的 6 个平面与现场的地板、天花板和墙壁相对应，因此可以采用 RGB-D 语义分割方法寻找这样的区域，但这些方法实现往往比较困难，且结果不稳定。为此，本节提出了一种简单而有效的方法，即根据场景中所有物体都位于同一侧的事实从 S_p 中选取平面作为盒子的表面。如果在 S_p 中找不到盒子的面，则将其直接设置为预先设计的平面。整个场景的纹理也是基于输入图像生成的。几何建模和纹理生成的具体细节可参考 Xing 等人提出的方法，图 3.1(c)和图 3.2(c)展示了恢复的盒子的可见部分。盒子的不可见部分可以在图 3.1(g)、图 3.1(h)、图 3.2(g)和图 3.2(h)所展示的恢复的环境图中看到。

(a) 输入图像

(b) 计算出的平面模型

(c) 恢复的盒子

(d) 根据场景几何重建的光照图

(e) 重建的材质图

(f) 输入深度

(g) 恢复的A点处的环境贴图

(h) 恢复的B点处的环境贴图

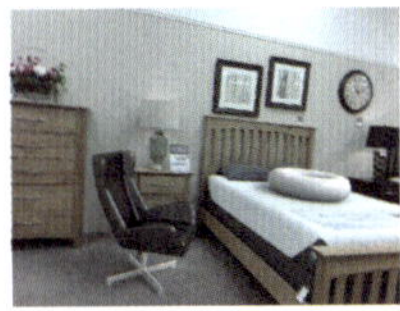
(i) 虚实融合结果

图 3.1 Kinect V2 拍摄的 SunRGB-D 数据集中的测试场景

2. 光源位置计算

室内场景中的光源通常因太亮而无法被摄像机捕捉，这意味着可以假设图像中的饱和像素大概率是光源。然而，高光也会产生饱和像素。因此，图像中的饱和像素可分为光源和高光区域两类。基于这个推断，本小节先讨论如何区分饱和像素属于光源还是属于高光区域，然后基于分类结果计算光源位置。

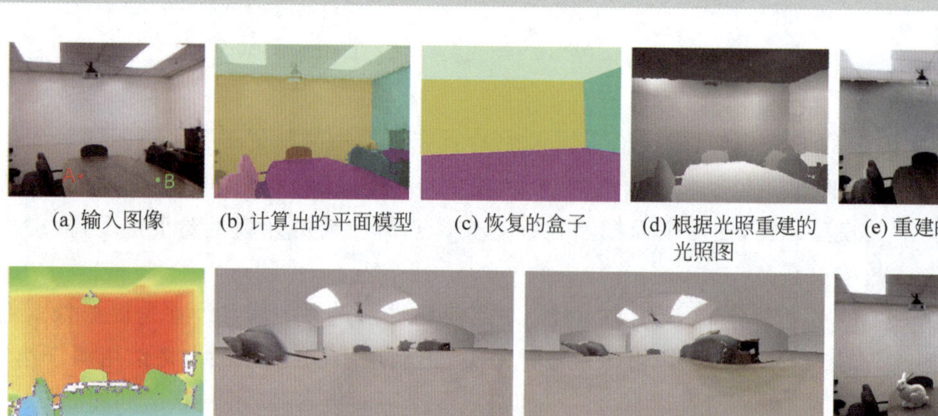

(a) 输入图像　(b) 计算出的平面模型　(c) 恢复的盒子　(d) 根据光照重建的光照图　(e) 重建的材质图

(f) 输入深度　(g) 恢复的A点处的环境贴图　(h) 恢复的B点处的环境贴图　(i) 虚实融合结果

图 3.2　Kinect V1 从 NYU 数据集捕获的测试场景

1）像素分类

Didyk 等人提出了一种将饱和区域划分为光源和高光的方法。然而，在实践中，光源和高光可能混合在一个相同的饱和区域，例如，图 3.3(a)第一行中灯和灯周围的高光在输入图像中形成了一个饱和区域。Didyk 的方法不能处理这种情况。为了解决这一问题，本节提出了一种基于置信度的区域颜色特征和几何特征相结合的饱和像素分类方法。

设颜色通道值范围为[0,255]，将 R、G、B 3 个通道中最高颜色通道大于 250 且最小颜色通道大于 230 的像素作为饱和像素。考虑到光源很少嵌入地板或桌面等表面，将属于向上平面的像素丢弃，然后采用 shen 的方法检测高光像素。高光像素和饱和像素一起形成像素集 D。

接着对 D 中的像素进行聚类，将位于连通区域的像素作为一个类进行聚合。然后利用光源在图像中通常有模糊的边界而高光区域的边界更模糊的事实，给每个类别打分数。第一连通区 C_i 的得分计算如下：

$$\sum_{p \in B(C_i)} w(p)\mathrm{Var}_{\mathrm{bright}}(N(p)) \tag{3.8}$$

其中，$B(C_i)$是 C_i 的边界点集，$N(p)$是 p 的邻域，将其半径设为 0.005×(像宽×像高)；$\mathrm{Var}_{\mathrm{bright}}(S)$表示像素集 S 的亮度方差，位于高光区域边界的像素将会具有较小的方差值。$w(p)$是一个权重函数，定义如下：

$$w(p)=\frac{w_1(p)\cdot w_2(p)}{\sum\limits_{q \in B(C_i)} w_1(q)\cdot w_2(q)} \tag{3.9}$$

$w_1(p)$称为几何约束项，其值由如下式给出：

$$w_1(p)=\frac{\sum\limits_{q \in N(p)} |\boldsymbol{V}_p \cdot \boldsymbol{V}_q|}{\| N(p) \|} \tag{3.10}$$

其中，$\boldsymbol{V}_p$ 是 p 的法向量，$\| N(p) \|$ 是 $N(p)$的大小。该项主要惩罚位于几何边缘的像素，因为这些像素的值的变化并不仅仅由光照的改变造成。

(a) 输入图像　　(b) 光源与高光分类　　(c) 场景外光源产生的高光

图 3.3　像素分类结果和用于估计不可见光源的高光

观察到由于材质变化引起的像素值的差异通常大于光照变化引起的像素值的差异，因此只选择所在邻域中方差值较小的像素来估计最终得分。据此，材质约束项 $w_2(p)$ 的计算如下：

$$w_2(p)=\begin{cases}0, & \mathrm{Var}_{\mathrm{bright}}(N(p))>\tau \\ \tau-\mathrm{Var}_{\mathrm{bright}}(N(p)), & \mathrm{Var}_{\mathrm{bright}}(N(p))\leqslant\tau\end{cases} \tag{3.11}$$

其中 τ 是一个阈值，在实验中将其设置为：

$$\frac{\sum\limits_{p\in B(C_i)}\mathrm{Var}_{\mathrm{bright}}(N(p))}{\|B(C_i)\|} \tag{3.12}$$

第 i 个连通区域 C_i 有 3 种可能性：第一种为 C_i 中的所有像素都属于一个光源；第二种为 C_i 同时包含光源像素和高光像素；第三种为 C_i 中的所有像素都是高光像素。把 C_i 的分数记为 $S(C_i)$。C_i 中的不饱和像素将被标记为高光区域，而其余像素则可按表 3.1 进行标记。当 $S(C_i)\in[t_{\text{low}},t_{\text{high}}]$ 时，C_i 中心点附近的像素将被标记为光源像素。为了避免光源尺寸过小，C_i 中光源像素的比例设置为 $\max\left(0.1,\dfrac{S(C_i)-t_{\text{low}}}{t_{\text{high}}-t_{\text{low}}}\right)$。通过实验，$t_{\text{high}}$ 被确定为 0.1，t_{low} 被定义为 $\min(0.06,\max(0.026,0.4\times \text{aver}_s))$，其中 aver_s 是所有连接区域的平均分数。图 3.3(b)展示了本节的光源像素与高光像素分类算法的结果。

表 3.1　光源像素与高光像素分类

得　　分	分类方案
$S(C_i)>t_{\text{high}}$	所有像素点被分类为光源
$S(C_i)<t_{\text{low}}$	所有像素点被分类为高光区域
$S(C_i)\in[t_{\text{low}},t_{\text{high}}]$	包含光源和高光区域

2）光源位置计算

光源既可以位于摄像机的视野之内，也可以位于摄像机的视野之外，这两类光源分别称为可见光源和不可见光源。

可见光源。可见光源存在于输入图像中，先前标记为光源的所有像素都被归类为可见光源。为了简化算法，属于同一连通区域的光源像素形成一个光源，可利用恢复的几何模型计算该光源的位置。

不可见光源。当摄像机向反射光线的方向看时，镜面反射的光线会引起高光，此时可以通过图像中所显示的高光来粗略估计不可见光源的位置。然而，标记为高光的像素可能是由可见光源或错误检测引起的，这将使检测结果不准确。为了删除这些像素，首先放弃同时包含光源像素和高光像素的区域，因为高光通常出现在光源周围。考虑其余高光像素中的像素 p，计算出注视方向在 p 处的反射射线 r_p。如果 r_p 与场景或地板的可见部分相交，则 p 将被放弃；如果 r_p 与不可见场景相交，但相交点离 p 太远，p 也会被丢弃。这一限制主要是由于室内光源的范围有限。在实验时，该距离设定为 6m。没有深度值的点也会被丢弃，因为这些点不能提供精确的几何信息。其他高亮像素构成集合 S_h 用来估计不可见光源的位置。设 n 个连通区属于 S_h，S_h^i 表示与单一光源对应的第 i 连通高光区域。图 3.3(c)显示了 4 个场景的不可见光源产生的这些高光区域，这些区域包含的像素将用于计算不可见光源。本节方法可以在保留由不可见光源引起的高光区域的同时，从检测到的高光像素中排除大部分错误。

对于由第一个不可见光源引起的高光点 $\tilde{p}\in S_h^i$，计算点 $\tilde{p}$ 关于观察方向 $\tilde{r}_p$ 的反射方向 $\tilde{g}_p$，并假定所有的不可见光源都嵌入墙壁或天花板中，因此 $\tilde{r}_p$ 与墙壁或天花板的交点 $\tilde{p}$ 属于第 i 个隐形光源(见图 3.4)。显然，S_h^i 中包含的点共同决定了第 i 个光源的形状和位置。为了确保不可见光源形成连通区域，交点周围且位于墙壁或天花板上的点也被设置为光源的一部分。图 3.5 和图 3.6 展示了通过上述方法恢复的光源位置，其中黄色像素代表计算的光源和区域真实光源的重叠部分，红色像素表示仅属于真正光源区域的像素，绿色像素则对应仅属于本节计算出的光源区域像素。本节使用了两个虚拟场景验证光源位置的计算结果，因此这两个场景光源的实际位置是已知的。计算出的光源与真实情况的比较表明，本节方法能够检测到场景中的大部分光源，并且光源在生成的环境贴图中的位置与实际位置非常接近。

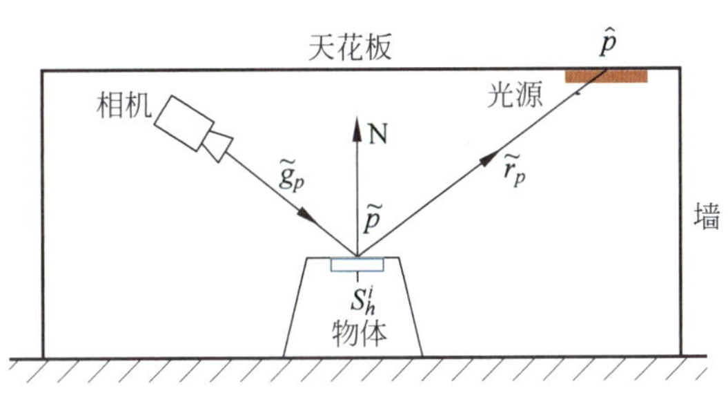

图 3.4　根据高光区域估计光源位置的示意图

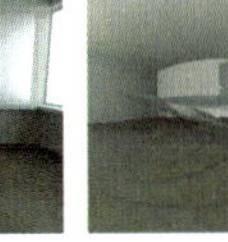
(a) 输入图像

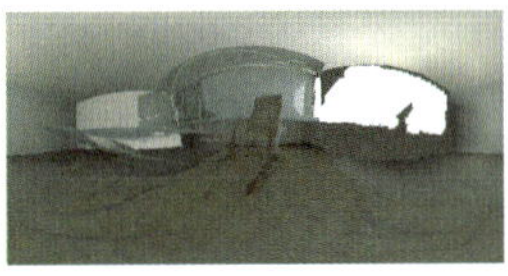
(b) 估计的光源

(c) 光源真值

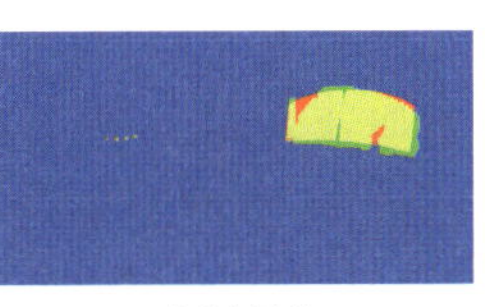
(d) 光源误差

图 3.5　场景一光源位置计算方法的准确性

(a) 输入图像

(b) 估计的光源

(c) 光源真值

(d) 光源误差

图 3.6　场景二光源位置计算方法的准确性

3. 光源颜色计算

根据式(3.7)，利用可见光场景中的点 p 和第 i 个光源的位置来计算 $P_p^{s,i}$，E_p^{env} 也可以基于场景模型进行估计，此时，式(3.7)中的未知参数仅为材质参数和光照参数。本小节将介绍一种迭代策略以实现场景中材质参数和光源参数的计算。为了减少计算量，仅采样一部分像素用于求解这些未知参数。首先删除高光像素和光源像素，因为它们不符合 3.1.1 节中的光照模型，再对图像中剩余的像素进行均匀采样。在本节的其余部分中，所有采样像素的集合表示为 N_s。

如果已知所有光源的颜色，就可以建立一个基于本征图像分解理论的目标函数来求解 N_s 中包含的点的材质参数 ρ：

$$\begin{aligned}&\operatorname{argmin}_{\rho}\sum_{\lambda\in\{R,G,B\}}\sum_{p\in N_s}(\rho_p(\lambda)K_p(\lambda)-I_p(\lambda))^2+\\&\mu\sum_{\lambda\in\{R,G,B\}}\sum_{p,q\in N_s}w(p,q)\cdot(\rho_p(\lambda)-\rho_q(\lambda))^2\end{aligned}\tag{3.13}$$

其中，$K_p(\lambda)=\sum_{i=1}^{n}P_p^{\langle s,i\rangle}L_i^s(\lambda)+E_p^{\text{env}}(\lambda)$，$\mu$ 是一个权重参数，在实验中设置为 400，$w(p,q)$ 是一个加权函数，定义如下：

$$w(p,q)=\exp(-0.02\cdot\|I_p-I_q\|^2)\tag{3.14}$$

式(3.13)中的第一项是数据项，保证合成的图像与原始图像一致；第二项是全局平滑项，惩罚具有不同 R、G、B 值的像素对。

利用估计的材质参数，可以通过求解一个线性方程组来计算每个光源的颜色，在求解过程中通过为光源颜色参数设定下限来添加额外的约束以提高计算的准确性。本节研究了真实场景中光源和物体的亮度，提出了一种基于数据驱动的亮度计算方法。本节使用 26 个 HDR 环境贴图的真实场景，设置两个阈值将每个环境贴图划分为与物体、高光和光源相对应的区域。基于光源和高光比场景的其他部分亮得多的事实，用于分离物体和高光区域的第一个阈值 τ_1 可以计算如下：

$$\tau_1 = \min\left(2l_{\mathrm{ave}}, \frac{l_{\min} + l_{\max}}{2}\right) \tag{3.15}$$

其中，l_{ave} 是环境贴图的平均亮度，$l_{\min}$ 和 $l_{\max}$ 是环境贴图的最小和最大亮度值。

类似地，光源一般会比高光更明亮，因此第二个阈值 τ_2 设为值大于 τ_1 的所有像素的亮度平均值，而亮度大于 τ_2 的像素将被视为光源。检测结果如图 3.7 所示，其中白色像素表示光源的位置，灰色像素对应于高光区域。

(a) 环境图　　(b) 光源和高光

图 3.7　检测结果

从 HDR 数据来看，环境贴图数据集的目标与光源之间的平均亮度比为 76.6。在 LDR 图像中，正常曝光物体对应像素的亮度约为 122.5，因此，LDR 图像中光源的真实平均亮度应为 $\eta = 76.6 \times 122.5 \approx 9384$。把 η 设为所有不可见光源的下界。

对于可见光源 s_{vis}，它的不同通道的下边界应与图像中的颜色相关。因此，其通道波长的值 $\lambda(\lambda \in \{\mathrm{R,G,B}\})$ 应当大于 $L_{\mathrm{low}}(s_{\mathrm{vis}}, \lambda) = f_{\mathrm{vis}}(s_{\mathrm{vis}}) \cdot \mathrm{Ave}_p(s_{\mathrm{vis}}, \lambda)$，$\mathrm{Ave}_p(s_{\mathrm{vis}}, \lambda)$ 是所有 s_{vis} 中属于 λ 通道的像素的平均值，$f_{\mathrm{vis}}(s_{\mathrm{vis}})$ 的定义为：

$$f_{\mathrm{vis}}(s_{\mathrm{vis}}) = \max\left(1, \min\left(\kappa, (\kappa - 1) \cdot \frac{\mathrm{Ave}_p^{\min}(s_{\mathrm{vis}}) - 230}{250 - 230} + 1\right)\right) \tag{3.16}$$

其中，$\mathrm{Ave}_p^{\min}(s_{\mathrm{vis}}) = \min(\mathrm{Ave}_p(s_{\mathrm{vis}}, \lambda))$，$\kappa$ 是比值因子。为使可见光源的下界值不高于 η，可设置 $\kappa = 76.6 \div 2 = 38.3$，这是由于饱和像素的值通常接近 255，是正常曝光像素亮度值的两倍。对于像素取值小于 250 的光源，$f_{\mathrm{vis}}(s_{\mathrm{vis}})$ 将会是一个小于 κ 的值，从而使得计算的光源亮度下界小于 η。再利用所有光源的下界来设置整个迭代过程的初始化光参数。图 3.8 展示了使用和不使用光源颜色约束对光照计算结果的影响，其中女神雕像为根据计算的光照绘制的虚拟物体。可以看到如果不使用颜色约束，虚拟雕像表面偏暗，并且无法生成光源在其表面产生的高光区域。

(a) 不使用光源颜色约束

(b) 使用光源颜色约束

图 3.8 使用和不使用光源颜色约束对光照计算结果的影响

每次迭代后得到新的光照参数，这样就可以用式(3.7)来更新可见场景的材质参数，然后使用相应纹理生成策略来计算不可见场景的材质。也可以用计算的光照来渲染恢复的场景模型，图 3.1(d)和图 3.2(d)展示了根据场景几何和光照重建的光照图。

场景更新会导致 E_p^{env} 值的变化，因而必须重新计算每个 $p\in N_s$ 的 E_p^{env}。由于 N_s 中通常有超过 10 000 个点，因此计算每个点的 E_p^{env} 是非常费时的。为了解决这一问题，本节对场景中的若干个采样点恢复了环境贴图，并更新 N_s，然后采用双线性插值方法计算 N_s 中各点的 E_p^{env}。采样点的选择方法如下：以(0,0,0)为原点，以(0,0,1)为方向，求出场景几何模型与光线的交点，交点的 z 值表示为 $p_i(z)$。当 $p_i(z)>6$ 时，场景的中心点 p_c 被设置为(0,0,3)；否则，p_c 被设置为$(0,0,0.5p_i(z))$。采样方向则根据采样的高度角和方位角的组合确定，其中高度角的取值范围为$[-0.5\pi,0.5\pi]$，方位角的取值范围为$[0,2\pi]$，两个角的采样步长均为 $\pi/6$。沿着所有采样方向从 p_c 发射射线，所有射线与几何模型的交点构成了采样点的集合。

为了模拟空间变化的光照，可以根据通过光照计算方法获取的光源形状、位置和强度信息在 3D 空间中对光源进行建模，再结合估计的场景 3D 几何模型，利用全局绘制技术实现虚拟对象的绘制。但是由于全局光照渲染比较耗时，而基于图像的光照方法可以节省大量的绘制时间，因此本节选择了一种基于图像的光照方法对虚拟物体进行照明，只需要根据恢复的平面模型和光源在场景中的适当点生成环境贴图即可。本节方法生成的 4 个测试场景的环境贴图如图 3.9 所示。

3.1.3 实验结果

为了验证方法的有效性，本节从 SUN RGB-D 数据集(由 KinectV2 捕获)中选择了若干图像进行测试。先使用本节的方法恢复每个测试场景的光照；然后，在虚拟对象所在的点生成环境贴图；最后，根据 Debevec 的策略，使用恢复的环境贴图渲染虚拟对象并将其加入测试图像中。图 3.10 展示了在 SUN RGB-D 数据集上的虚实融合结果，背景图像在合成结果的上角处或下角处。在本节方法中，场景中的窗户被视为面光源，实验结果证实了这种近似的有效性。

图 3.9　4 个测试场景的环境贴图

图 3.10　在 SUN RGB-D 数据集上的虚实融合结果

本节还使用了从 NYU 数据集中选择出的图像评估所提出的方法。NYU 数据集图像由 KinectV1 捕获，深度图中存在更多噪声。图 3.11 显示了将虚拟物体插入从 NYU 数据集中选择的图像的最终合成结果，背景图像在合成结果的上角处或下角处。从中可以看出本节的方法仍然表现良好。

为了验证本节方法对于场景光照空间变化性的重建能力，将虚拟机器人在场景中运动的动画序列插入真实场景图像。图 3.12 展示了将虚拟机器人嵌入两个背景图像中的动画。可以看到，机器人表面的高光位置随着机器人的移动而发生变化。

下面将本节方法与已有光照计算方法进行对比，对比的方法包括镜面球采集、Karsch 提出的方法和 Reinhard 提出的方法。本节方法与已有方法的合成结果的比较如图 3.13 所示，在第一个场景中插入一只兔子和一个篮球，在第二个场景中插入一个篮球和一个花瓶。镜面球采集方法借助专用设备捕获场景光照环境，重建的光照较为准确，因此大部分光照计算工作均将镜面球采集到的光照环境作为场景光照的真值。Reinhard 方法直接将 LDR 背景图像映射至一个半球以构建光照环境，由于没有计算饱和像素的真实亮度，因此融合后的虚拟对象表面无法产生高光区域；Karsch 方法要求用户交互提供背景图像对应场景的几何信息，获得了较为逼真的虚实融合效果，但是，相较于镜面球采集方法生成的融合物

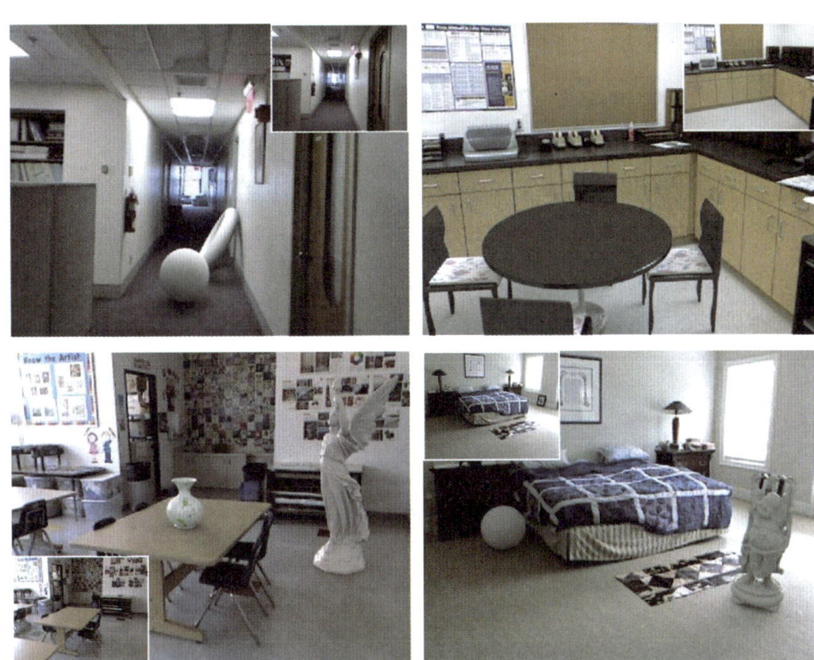

图 3.11　将虚拟物体插入从 NYU 数据集中选择的图像的最终合成结果

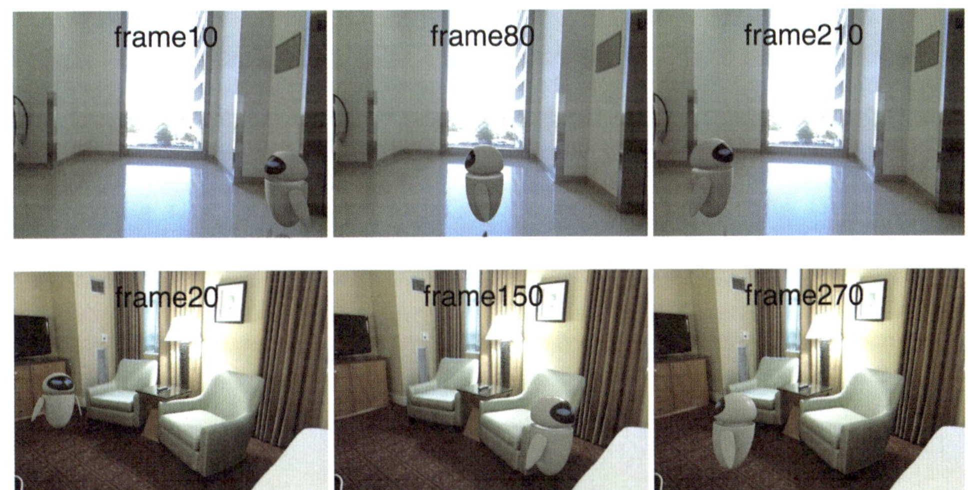

图 3.12　将虚拟机器人嵌入两个背景图像中的动画

体,该方法得到的虚拟对象表面高光的位置仍存在一定偏差;本节方法自动重建场景光源和几何,并产生场景中不同位置处的 HDR 环境贴图,虽然虚拟物体表面仍然丢失了某些细节,但与镜面球方法生成的结果最为接近。

为了进一步检验本节光照恢复结果的准确性,将两个真实的白色石膏球作为参考对象放入真实室内场景中,通过 Kinect 捕获这些场景对应的 RGB-D 图像以作为虚实融合结果的真值,并将同步采集相同场景但不含石膏球的 RGB-D 图像作为背景。然后,恢复两个球的 3D 模型,并将它们作为虚拟对象插入背景图像中,通过对比合成结果与采集到的真值以检验算法的有效性。本节共测试了 15 个不同的场景,图 3.14(b)显示了其中的两个场景。

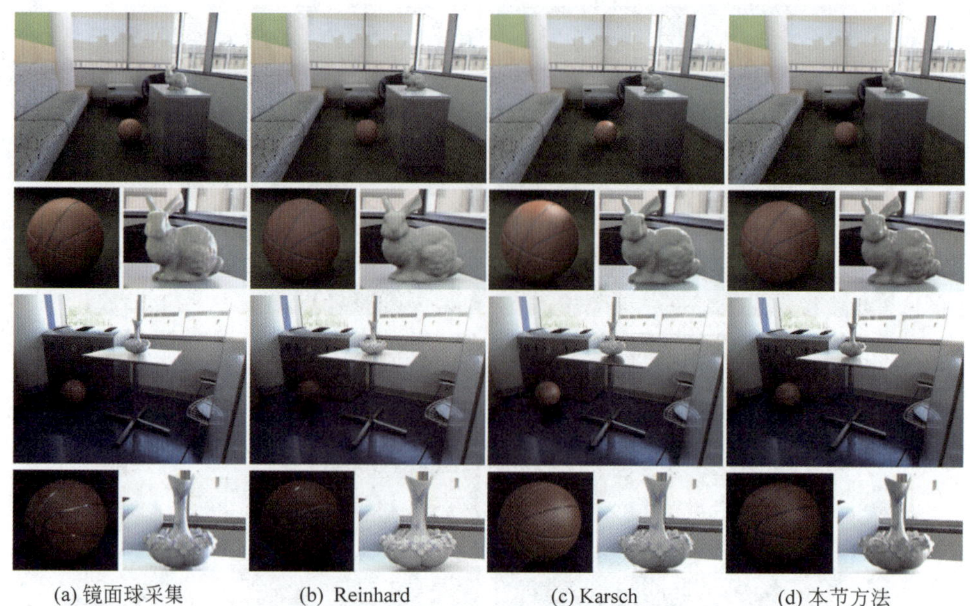

图 3.13　本节方法与已有方法的合成结果的比较

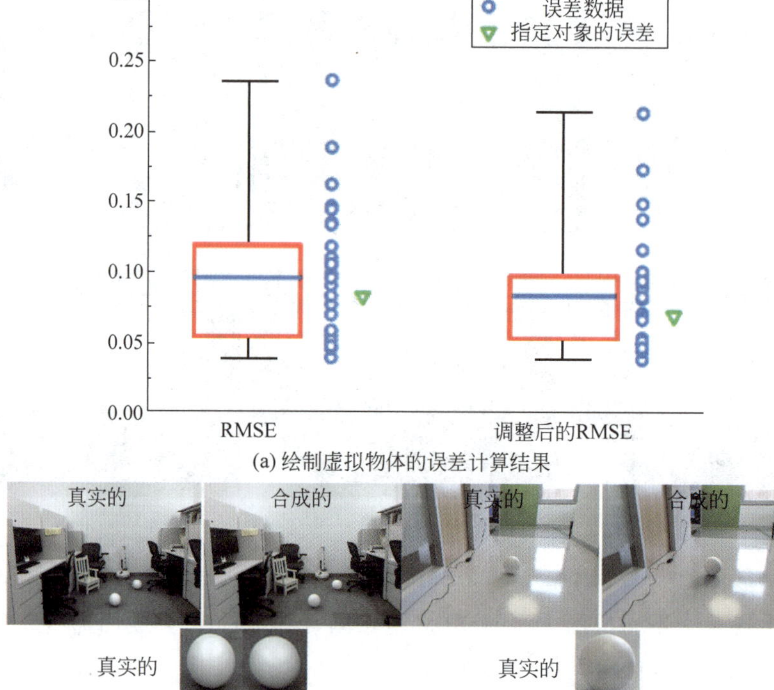

图 3.14　虚实融合结果与实拍图像对比

对于相同场景的真实结果和合成结果，通过比较每个球的均方根误差(Root Mean Square Error，RMSE)和每个球调整后的RMSE(每个像素的取值范围为[0,1])来进行评估。使用调整后的RMSE的目的在于评估每个球体模型上亮度分布的精确程度，以消除虚拟球体材质重建的误差，具体计算方法为从像素值中去除球体的平均亮度后再进行RMSE的计算。误差计算结果如图3.14(a)所示，对于每个度量，蓝色水平线表示平均值，红色框表示25%～75%的方差，误差数据由蓝色圆圈表示，绿色三角形表示场景6(图3.14(b))中右侧球体的误差，所有模型的平均RMSE为0.099，大多数球体的RMSE小于0.135，而调整后的RMSE为0.087，大多数模型的误差低于0.12。

根据上面的实验可以发现本节方法合成的光照与真实光照存在一定差异，但是，这种差异并不会对虚实融合的真实感带来很大的影响，本节通过用户测试来验证这一点。该测试招募了71名计算机系研究生参加这项任务，使用了20个不同的场景，其中14个场景包括真实照片和合成结果，而其他6个场景仅包含真实照片或仅包含合成结果。图3.15(b)中显示了用户测试所使用的两个示例场景，合成结果中的蓝色的龙、红球和绿球均为虚拟物体。在测试中，每次测试显示某一场景所对应的两幅图像，所有场景以随机顺序呈现，真假图像的放置顺序(左或右)也是随机的。用户被告知每组图像有3种可能：一幅是真实照片，另一幅是合成的；两者都是真实照片；两者都是合成的。用户有3种选择：左图是真实照片、右图是真实照片、不确定。该实验用户测试的结果如图3.15(a)所示，柱状图横坐标为场景序号，纵坐标为用户的百分比，其中蓝色柱体对应于正确识别真实图像用户的百分比，绿线表示认为本节的结果更真实的用户百分比，红线为用户比例为50%的指示线，柱状图下方还展示了用户判断每个场景真假所需花费的平均时间。从测试结果可以看到，近一半的用户无法辨别大多数场景中图像的真假，部分用户甚至认为合成结果更加真实；大多数用户承认如果不将合成结果与真实图像进行比较，很难发现合成图像中的异常。

本节方法在一台配置为Core i7-7700 3.60GHz CPU和32GB RAM的计算机上运行，处理一幅770×530图像需要花费超过2min的时间，其中14s用于几何建模，其余时间用于计算光源的颜色。光源颜色计算的准确时间消耗与光源的数量有关，场景中的光源越多，求解所需的时间就越多。表3.2展示了求解不同数量光源颜色的时间消耗。

表3.2 求解不同数量光源颜色的时间消耗

光源数量	时间消耗/s	光源数量	时间消耗/s
2	112	7	203
3	133	12	308
6	165		

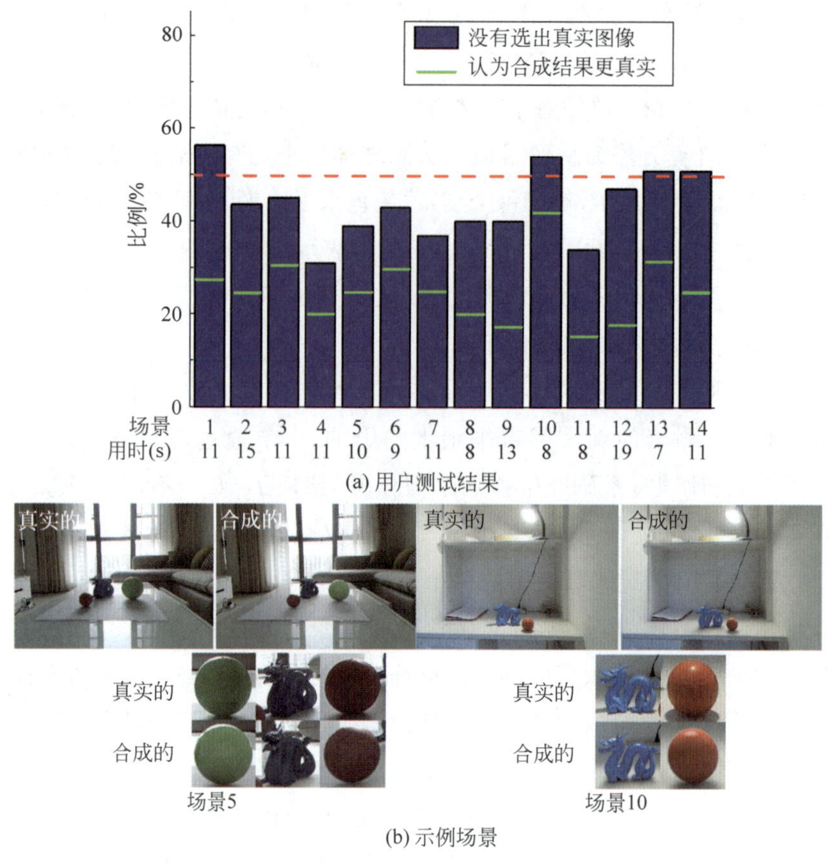

(a) 用户测试结果

(b) 示例场景

图 3.15　用户测试结果

3.2 室内场景动态光照的在线采集与计算方法

一般来说室内场景的光源位置是固定的，但是光源的亮度和颜色却可能实时发生变化。例如，在舞台上，灯光的亮度和颜色在不同时刻可能千变万化。本节方法重点研究室内场景动态变化的光源颜色、亮度信息的在线采集与计算，暂不考虑光源位置的变化，其中对光源颜色、亮度信息的计算包括直接光照和间接光照的计算。

3.2.1 算法框架

本节提出的室内场景动态光照实时计算技术分为离线处理和在线运行两个阶段。离线处理阶段利用 LDR 相机从正前方和侧面两个角度以不同曝光度在特定光照条件下采集镜面球图像序列，并生成场景 HDR 图，然后对 HDR 图像进行分割，计算场景中主要光源的位置、形状、颜色信息；在线运行阶段则基于实时拍摄的镜面球 LDR 图像更新场景直接光照和间接光照信息，进而实现对场景动态光照的计算。

3.2.2 离线处理

1. 场景环境贴图采集

在离线处理阶段，先按照 2.3.2 节中 Debevec 等人提出的采集方法，通过拍摄不同曝光度的镜面球照片，获取场景中所有可控光源开至最亮和所有可控光源关闭情况下的场景 HDR 环境贴图，方便起见将其分别记为 $M_{\text{open}}^{\text{H}}$ 和 $M_{\text{close}}^{\text{H}}$。同时，以较低的相机曝光度获取一幅与采集 $M_{\text{open}}^{\text{H}}$ 时光照相同、但所有光源均无过渡曝光现象的场景 LDR 环境贴图 $M_{\text{open}}^{\text{L}}$。

2. 光源参数初始化

考虑到部分实时绘制引擎如 Unreal Engine 无法使用 HDR 环境贴图作为直接光源使用，本节方法利用捕获的 HDR 环境贴图 $M_{\text{open}}^{\text{H}}$ 先自动检测光源，再根据检测结果对光源位置、形状、颜色进行初始化。

图像分割是从背景中提取目标物体的关键技术手段之一。考虑到场景中光源打开时，其中心位置处的光照亮度最亮，亮度强度由中心向周围逐渐减弱，因此可利用亮度信息来分割场景中的光源，并提取出光源在 $M_{\text{open}}^{\text{H}}$ 中的位置及范围。本节方法采用基于亮度优先的自适应阈值分割方法对光源区域进行分割：

$$s(x,y)=\begin{cases}1, & g(x,y)>T\\ 0, & g(x,y)\leqslant T\end{cases} \tag{3.17}$$

如式(3.17)所示，先将彩色图像 $M_{\text{open}}^{\text{H}}$ 转化为灰度图 G，$g(x,y)$表示 G 的亮度信息，值越大，亮度越大；T 为分割的阈值，$g(x,y)>T$ 表示像素(x,y)为光源，反之则不是光源。阈值 T 的求解是从场景中分割光源的关键，本节采用 Otsu 算法来自适应求解 T，其主要思路为找到一个阈值 T 分割出目标与非目标两类，使得两类像素之间的方差最大。该算法对于灰度图可以取得较好的结果且效率高。

为了消除噪声的影响，对于分割后的二值图像，先进行滤波去噪，再寻找图像中各区域的轮廓，计算其对应面积 S_i，当 $S_i\leqslant t$ 时认为该区域不是光源，则将该区域忽略，其中 t 为最小光源面积。当 $S_i>t$ 则被认为有效光源。记保留的区域为 $F_i(i=1,2,\cdots,m)$，F_i 对应于光源 L_i。

为计算光源信息，本节方法假设场景位于一个长方体盒子内，盒子的边长可由用户根据场景实际尺寸设定，光源则嵌在盒子各面上，光源采集设备位于盒子底面中心处。对于 L_i，计算其对应光源区域 F_i 的质心 P_i，根据 P_i 在环境贴图中的位置确定光源入射方向 $\boldsymbol{r}$。从盒子底面中心沿 $\boldsymbol{r}$ 发射一条射线，其同盒子的交点即为 L_i 的位置，光源朝向与其所在立方体表面的法向相同，而形状则为光源区域 F_i 的包围盒对应于长方体盒子上的区域。光源的初始颜色 L_i^{inital} 被设置为环境贴图 M_{open}^{H} 区域 F_i 中像素 R、G、B 通道的平均值。

3.2.3 在线运行

在线运行阶段主要实现对直接光源参数的更新和对周围间接环境光照参数的更新。

1. 直接光源更新

为了实时捕获光照的变化，在线运行时，需要以与 $M_{\text{open}}^{\text{L}}$ 相同的曝光度采集场景当前帧的 LDR 环境贴图。由于相机曝光度较低，因此 LDR 环境贴图一般不存在过度曝光的像素。通过比较两幅 LDR 图中光源区域的信息，更新场景中的光源颜色，其计算公式如下：

$$L_i^{\text{current}}(\lambda)=\frac{\sum\limits_{p_j^{\text{L}}\in F_i}\dfrac{M_{\text{current}}^{\text{L}}(p_j^{\text{L}},\lambda)}{M_{\text{open}}^{\text{L}}(p_j^{\text{L}},\lambda)}}{\| F_i \|}L_i^{\text{initial}}(\lambda),\lambda\in\{\text{R},\text{G},\text{B}\} \tag{3.18}$$

其中，p_j^{L} 为区域 F_i 中的像素，$\| F_i \|$ 表示区域 F_i 中像素的个数，λ 对应于 R、G、B 3 个颜色通道，$L_i^{\text{current}}(\lambda)$ 和 $L_i^{\text{initial}}(\lambda)$ 分别对应光源 λ 通道当前和初始颜色值，$M_{\text{open}}^{\text{L}}(p_j,\lambda)$ 和 $M_{\text{current}}^{\text{L}}(p_j,\lambda)$ 则表示像素 p_j 在图像 $M_{\text{open}}^{\text{L}}$ 和 $\hat{M}_{\text{open}}^{\text{L}}$ 中 λ 通道的值。在捕获 $\hat{M}_{\text{open}}^{\text{L}}$ 时，为获得较低的曝光度一般采用很快的快门速度，因此可实现对场景光源的实时更新。

2. 间接环境光照更新

光源的颜色、亮度也会造成周围环境发生变化。为了更新场景的间接环境光照，一种较为准确的方法是：在离线阶段，以正常曝光度采集一幅光源全部调至最亮的 LDR 环境贴图；在线运行阶段，使用与光源更新类似的方法，通过比较同曝光度下在线拍摄的 LDR 环境贴图和离线采集贴图即可实现对于周围环境光照的更新。但是，拍摄正常曝光的 LDR 贴图会使用较慢的快门，这大大降低了光照更新的效率，难以满足实时要求。为此，本节方法提出了一种高效的近似环境光更新策略。首先，计算光源的平均变化系数 $\omega(\lambda)$：

$$\omega(\lambda)=\frac{\sum\limits_{i=1}^{m}L_i^{\text{current}}(\lambda)}{\sum\limits_{i=1}^{m}L_i^{\text{initial}}(\lambda)} \tag{3.19}$$

将 $\omega(\lambda)$ 作为组合系数，通过线性组合 $M_{\text{open}}^{\text{H}}$ 和 $M_{\text{close}}^{\text{H}}$ 实现对于当前间接光照的更新，具体式为：

$$\begin{aligned}M_{\text{current}}^{\text{H}}(p_j^{\text{E}},\lambda)=\omega(\lambda)\cdot M_{\text{open}}^{\text{H}}(p_j^{\text{E}},\lambda)+\\(1-\omega(\lambda))\cdot M_{\text{close}}^{\text{H}}(p_j^{\text{E}},\lambda)\end{aligned} \tag{3.20}$$

其中，$M_{\text{current}}^{\text{H}}$ 为当前 HDR 光照环境贴图，p_i^{E} 为环境贴图中非光源区域的像素，λ 对应于 R、G、B 3 个颜色通道。

3.2.4 实验结果

本节将搭建一套基于演播室场景的 AR 应用以验证算法的有效性。为此，先实时采集和计算现实演播室的光照数据，用来渲染虚拟物体，再把虚拟物体融入现实演播室画面中。图 3.16 展示了本节方法使用的光照采集设备，其中图 3.16(a)为光照捕获装置，标记为 1、2 的设备分别为水平、垂直方向的两个相机，标记为 3 的是一个光滑的镜面球，图 3.16(b)、图 3.16(c)分别是正前方和侧方相机视角下拍摄的镜面球图像。

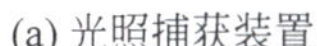
(a) 光照捕获装置

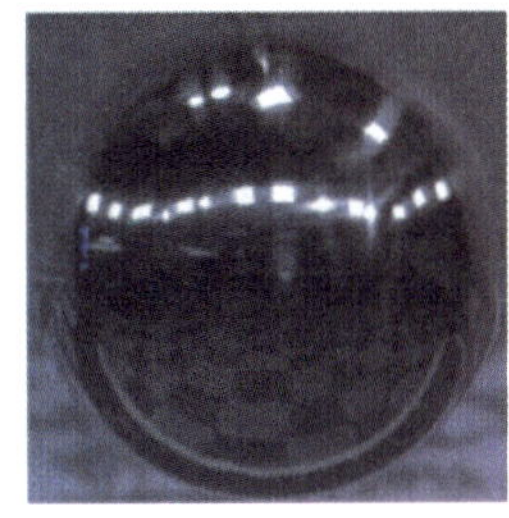
(b) 正前方相机视角

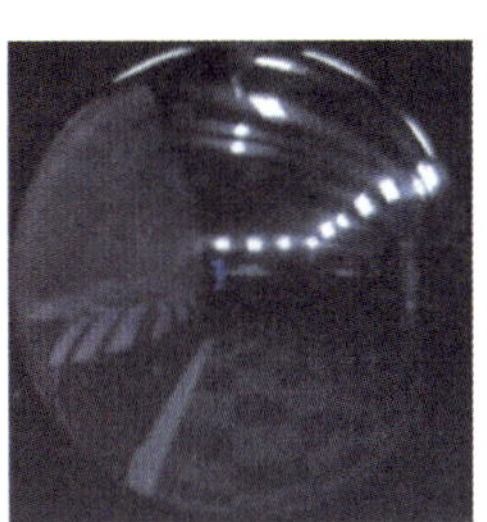
(c) 侧方相机视角

图 3.16 本节方法使用的光照采集设备

图 3.17 是通过光照捕获装置采集合成的环境贴图，图 3.17(a)为场景中所有直接光源打开状态下的环境贴图，图 3.17(b)为场景中所有直接光源关闭状态下的环境贴图。

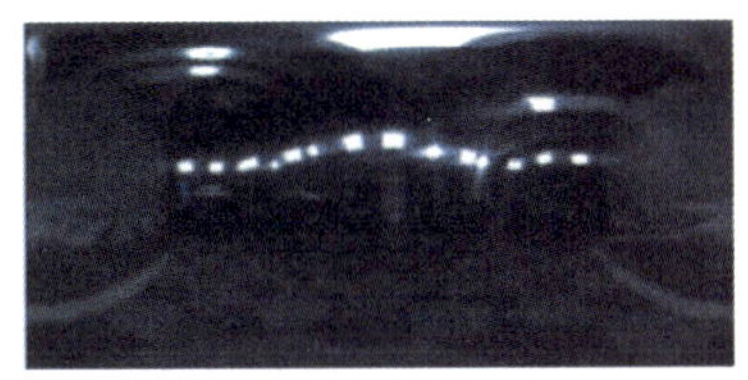
(a) 直接光源打开

(b) 直接光源关闭

图 3.17 通过光照捕获装置采集合成的环境贴图

一般情况下，由于直接光源光照的强度远远大于场景周围物体的光照强度，因此通过亮度自适应阈值分割即可分割出直接光源，进而检测出光源并给每个直接光源标记编号。图 3.18 给出了检测的直接光源位置和真值的对比。多次实验数据对比显示，本节方法计算出的光源位置与实际光源位置的平均误差在 1.5%内。

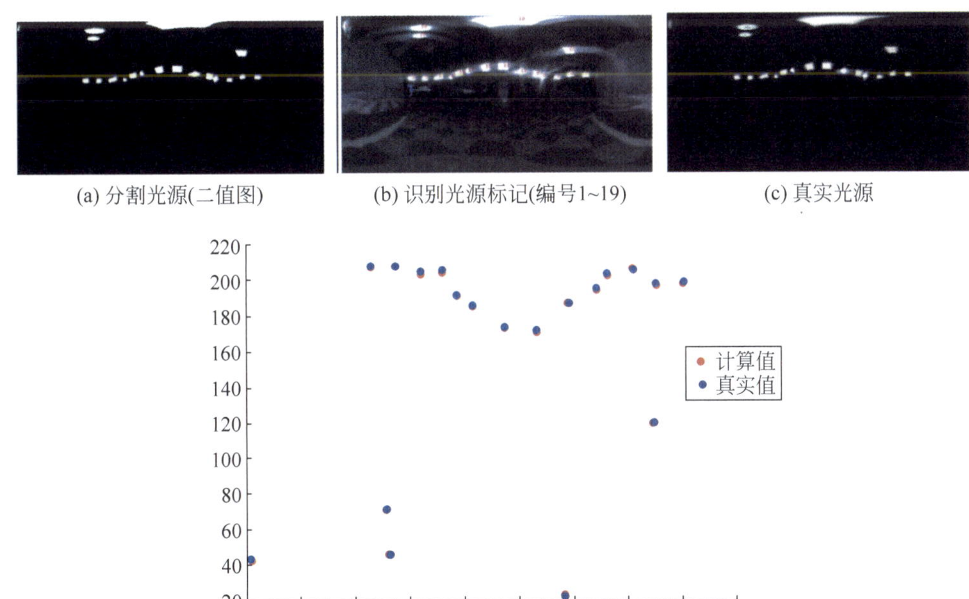

(a) 分割光源(二值图)　(b) 识别光源标记(编号1~19)　(c) 真实光源

(d) 与真实光源位置的对比

图 3.18 检测的直接光源位置与真值的对比

3.3 基于光照变化预测的深度室内动态光照计算方法

目前，基于深度学习的光照计算方法大多使用球面调和函数近似表示光照信息，忽略了场景中的高频光照信息，当插入的虚拟物体具有镜面反射材质时无法在其表面产生正确的镜面映像。本节介绍一个端到端的室内场景动态光照在线预测网络。与现有方法直接估计光照参数或分布贴图不同，该方法利用光照差值图像表示室内场景的光照变化，通过预测光照差值图像来实现对于场景动态光照的在线估计。该方法可以在具有镜面反射材质的虚拟物体表面产生正确的镜面映像。

3.3.1 方法概述

为获得准确的预测结果，本节方法有以下适用条件。

(1) 与3.2节的方法类似，本节方法在初始化阶段需要采集一幅当前室内场景所有可控光源都开启时的HDR全景光照贴图作为初始的全景光照贴图，并将其作为网络的输入之一。考虑到目前有比较廉价的设备能够快速地获取静态的HDR全景图，因此该假设条件是基于实际情况所提出的。

(2) 作为网络另一个输入的室内局部LDR图像是在室内光照已经发生变化后获取的，且图像中记录的场景范围与上一条假设条件中提到的初始HDR全景光照贴图中心区域对应的场景是相同的。本节方法的实验分析给出了当LDR图像记录的场景范围与初始的HDR全景光照贴图中心区域偏离较远时的估计效果。在本节方法的计算流程中，光照差值图像着重关注已有光源的强度变化与分布，因此如果场景中主要光源发生了色彩或位置的变化，则本节方法不适用。

本节方法使用HDR全景光照贴图表示场景中的全局光照。相比于LDR图像，HDR图像动态范围较大，存储了更多的环境光照信息。由于室内场景中各种物体表面产生的复杂的反射情况，若以光照变化后的HDR全景光照贴图作为学习目标，那么使用有限的数据集进行网络训练可能无法让网络有较好的泛化能力，也容易因为数据量过大导致网络的执行速度下降。因此，本节方法并不直接输出光照变化后对应的HDR全景光照贴图，而是提出使用光照差值图像来表示场景光照的变化量。这是基于如下观察：对于现实世界的室内场景而言，在主要光源没有发生大幅位移或者光源色彩没有出现剧烈变动的情况下，场景中主要可控光源发生的任何开关亮暗变化，都会对应一幅新的HDR全景光照贴图。若这些对应不同光照情况的全景光照贴图都是在场景中的同一地点采集得到的，由于这一系列光照贴图所反映的光源位置分布是不变的，因此唯一发生变化的只是光源本身的状态。综上所述，如果有一幅记录场景中所有主要光源都为开启状态的HDR全景光照贴图作为初始光照贴图，那么这幅初始光照贴图与场景光照发生变化后对应的光照贴图存在的差可表示两者之间的光源状态及光照强度的分布变化。图3.19给出了一个光照差值图像的示例，图3.19(a)为所有可控光源打开的初始HDR全景光照贴图，图3.19(b)为光照变化后的HDR全景光照贴图，图3.19(c)为光照差值图像，代表两者之间的差异。可见，图3.19(b)中关闭的光源在图3.19(c)中以暗部区域的形式呈现。

(a) 初始HDR全景光照贴图

(b) 光照变化后的HDR全景光照贴图

(c) 光照差值图像

图 3.19　光照差值图像的示例

基于上述观察，本节方法通过对图 3.19(c)的光照差值图像的预测来实现对动态光照的计算。设在场景内所有主要光源开启时采集到的初始 HDR 全景光照贴图为 P_o，场景光照变化后对应的 HDR 全景光照贴图为 P_t，则一旦得知 P_o 与 P_t 之间的差值图像 D_t，仅需要通过 P_o 与 D_t 即可计算 P_t。由于本节中 P_o 表示的是场景中整体光照强度最大的情况，对应不同光照的 P_t 中都会存在一部分低于 P_o 中对应位置光照强度的地方，因此 D_t 是一个数值在(0,1)之间的掩膜。

整个方法的流程如图 3.20 所示。输入是预先采集的初始 HDR 全景光照贴图 P_o 和光照变化后的有限视角的 LDR 图像 I_o，输出是光照差值图像 D_t 与光源掩膜 L_t。最后，通过对得到的 D_t 与 P_o 进行运算，获得对应当前室内光照情况的 HDR 全景光照贴图 P_t。该流程只需要对 HDR 全景光照贴图进行一次采集，光源的变化信息则通过持续采集室内场景的有限视角 LDR 图像来获得，光源掩膜 L_t 能够用于对 P_t 进行光源加强融合。

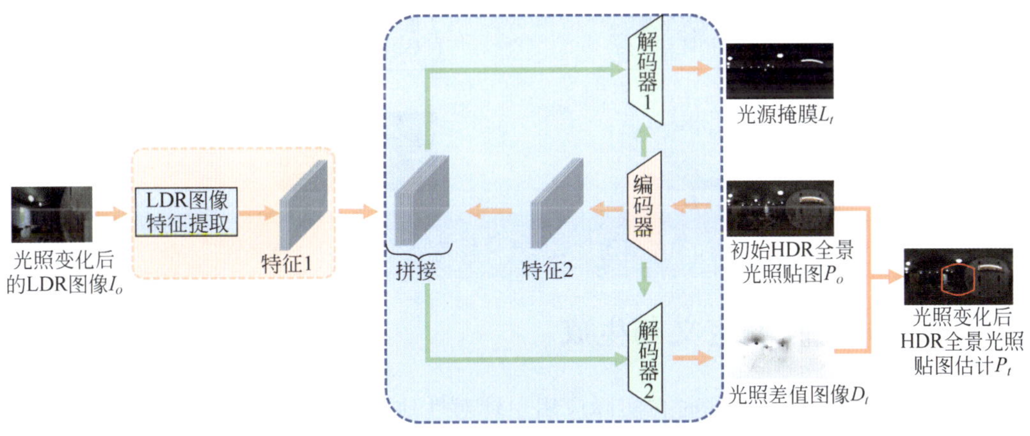

图 3.20　方法流程

本节方法的整体网络结构分为 LDR 图像特征提取和光照计算两个部分。在 LDR 图像特征提取部分，室内光照发生变化后的光照信息完全由有限视角的室内场景 LDR 图像 I_o 提供。该部分的作用是通过对 LDR 图像进行特征提取，获得能表示室内光照变化的特征信息。光照计算部分包括对光照差值图像和光源掩膜的估计，光照差值图像估计以 P_o 为基础，结合 LDR 图像特征提取得到的特征图，对光照差值图像 D_t 进行估计。光源掩膜以 P_o 和提取得到的 LDR 图像特征图像为基础，对表示场景中主要光源的开关变化的光源掩膜进行估计。该模块一方面可协助提高网络结果的精确度，另一方面可以在实际应用时使用光源掩膜针对性地加强部分光源的强度，从而使最终渲染的物体具有更明显的阴影效果。

3.3.2 光照差值图像的定义与生成

光照差值图像 D_t 的定义为：

$$D_t(\boldsymbol{P}_0,\boldsymbol{P}_t)=\frac{\boldsymbol{P}_t}{\boldsymbol{P}_o+\boldsymbol{P}_{\text{valid}}} \tag{3.21}$$

其中，$\boldsymbol{P}_{\text{valid}}$ 为与 $\boldsymbol{P}_o$、$\boldsymbol{P}_t$ 维度相同且所有元素为 0.0001 的矩阵，用于防止 $\boldsymbol{P}_o$ 中存在过于接近 0 的数值导致运算结果异常。在 $\boldsymbol{P}_t$ 代表的光照情况与 $\boldsymbol{P}_o$ 接近时，$\boldsymbol{P}_{\text{valid}}$ 能让 D_t 的数值被约束在 0 与 1 之间。

相比于 HDR 全景光照贴图，光照差值图像 D_t 中的信息被简化了很多，适合作为深度学习网络的学习目标。图 3.21 展示了 D_t 的生成流程与 $\boldsymbol{P}_t$ 的计算流程。可见，光照差值图像 D_t 能够明显地表现 $\boldsymbol{P}_o$ 与 $\boldsymbol{P}_t$ 之间的差异，$\boldsymbol{P}_t$ 也可以通过 D_t 与 $\boldsymbol{P}_o$ 计算得到。在网络输出 D_t 之后，即可通过式(3.21)进行逆运算，得到 $\boldsymbol{P}_t$，从而实现对室内场景动态光照的计算。

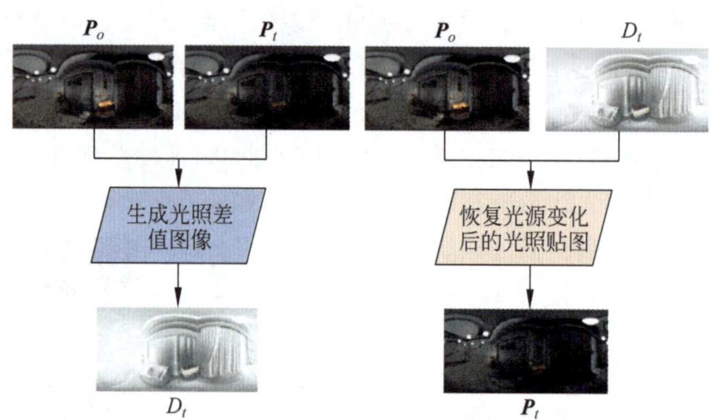

图 3.21 光照差值图像的生成流程与光照贴图的计算流程

3.3.3 光源掩膜的定义与生成

为了提升网络的性能，同时在实际应用中针对性地对光源强度进行增强，本节方法对场景中主要可控光源的变化情况也进行了估计，并使用光源掩膜 L_t 表示场景中主要光源的开关情况。在制作训练数据集时，依据全局阈值分割的思路，直接通过数据集中的 HDR 全景光照贴图得到光源掩膜。假设 HDR 全景光照贴图的像素宽度为 w，高度为 h，则可对 HDR 全景光照贴图每个通道的像素平均值做如下的定义：

$$C_{\text{avg}}(k)=\frac{1}{w\times h}\sum_{i=0}^{w}\sum_{j=0}^{h}p(i,j,k),k=0,1,2 \tag{3.22}$$

其中，k 的值分别对应图像中 R、G、B 3 个通道，$p(i,j,k)$为 HDR 全景光照贴图中第 k 个通道上对应像素(i,j)的像素值，$C_{\text{avg}}(k)$为第 k 个通道的像素平均值。对于光源掩膜上的每个像素 $L_t(i,j)$有如下定义：

$$L_t(i,j)=\begin{cases}0, & p(i,j,0)<C_{avg}(0)*\gamma \text{ 且 } p(i,j,1)<C_{avg}(1)*\gamma \text{ 且 } p(i,j,2)<C_{avg}(2)*\gamma \\ 1, & p(i,j,0)\geqslant C_{avg}(0)*\gamma \text{ 或 } p(i,j,1)\geqslant C_{avg}(1)*\gamma \text{ 或 } p(i,j,2)\geqslant C_{avg}(2)*\gamma\end{cases} \tag{3.23}$$

其中，$C_{avg}(k)*\gamma$ 为遮罩阈值，依据实验效果默认设置为 $\gamma=4$。

图 3.22 所示的是一个光源掩膜的示例，其中图 3.22(b)中的白色高亮部分即为能够影响场景中光照变化的主要光源，其余黑色部分则不对场景中的光照变化产生显著影响。本节方法使用式(3.22)、式(3.23)所描述的分割流程从合成数据集中获取光源掩膜的真实值，以用于网络训练。

(a) HDR全景光照贴图

(b) 光源掩膜

图 3.22　光源掩膜示例

3.3.4　网络模块与结构

接下来分别对网络的 LDR 图像特征提取和光照差值图像计算方法进行介绍。

1. LDR 图像特征提取

在本节方法中，通过向网络输入场景光照发生变化之后的 LDR 图像，引入估计光照差值图像和光源掩膜所需要的特征信息。由于 AlexNet 具有较浅的网络深度和较低的资源消耗，因此本节以其为基础搭建 LDR 图像特征提取网络。该网络的结构如图 3.23 所示，使用 6 层卷积网络来构建，每个卷积模块都使用 ReLU 函数作为激活函数。前面 5 个卷积模块采用了和 AlexNet 相同的网络结构。

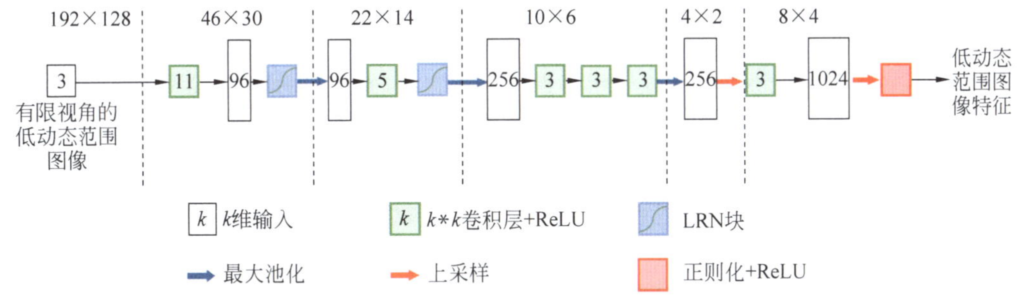

图 3.23　LDR 图像特征提取网络的结构

相比标准 AlexNet，本网络取消了最后的全连接层，改为两个上采样过程。在第 5 个卷积操作后进行池化处理，再执行一次上采样和第 6 次卷积操作。最后执行一次上采样操作后进行批归一化操作，最终输出的特征图像的尺寸为 16×8×1024。通过该网络生成的特征图像包括了场景光照变化后的信息，该信息将用作光照计算部分的编码器输入。

2. 光照计算

光照计算部分包括对光照差值图像的估计和对光源掩膜的估计，网络结构如图 3.24 所示。相比 HDR 全景光照贴图，光照差值图像包含的环境光照信息有了很大的简化，但其所表现的场景结构、光源分布等特征仍十分接近所对应的 HDR 全景光照贴图。基于此，初始 HDR 全景光照贴图与光照差值图像在几何特征上有极大的关联性，对光照差值图像进行估计是一个输入与输出图像呈像素关联的任务。因而，本节方法以 Attention U-Net 为基础构建光照差值图像估计网络，该网络分为编码器和解码器两个部分。

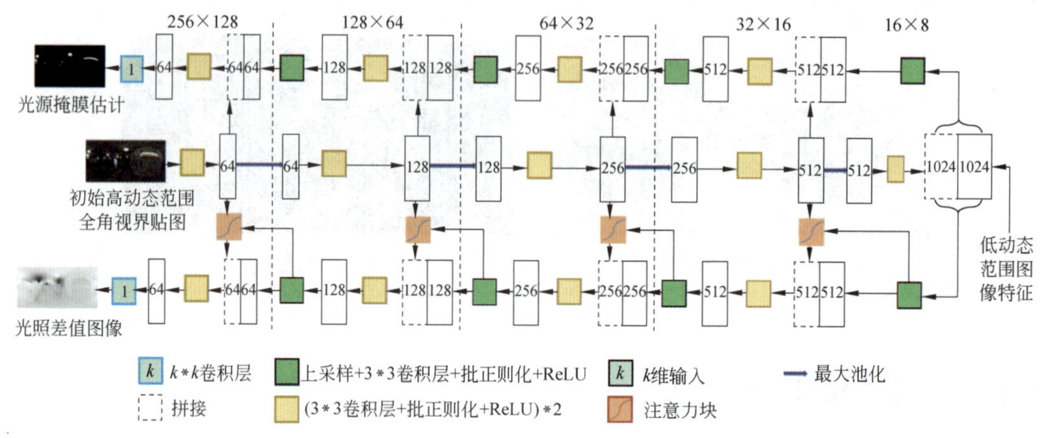

图 3.24　光照计算网络的结构

编码器的结果与 LDR 图像特征提取结果进行拼接，解码器与编码器之间使用了跳跃结构，使解码器在下采样过程中生成的特征图与解码器上采样的结果相结合，使得最后的输出结果与输入的关联性更紧密。在跳跃结构之间使用了 Attention Gate，它将上采样操作的结果与编码器中相同尺寸的结果作为输入，然后将 Attention Gate 输出的特征图与上采样结果进行拼接，最后使用卷积层作为输出，经过 Sigmoid 函数激活后输出估计的光照差值图像。

Attention Gate 输出可视化对比如图 3.25 所示，可以看到经过 Attention Gate 输出的特征图在一定程度上可以抑制图像中的非相关区域，从而加强对 HDR 光照贴图中发生变化区域的关注。

光源掩膜是一个只包含 0 和 1 的单通道二值图像，它用于记录在室内场景光照发生变化后，根据 LDR 图像的信息从初始 HDR 光照贴图中分割出当前光照环境中的光源区域。本节以 U-Net 为基础来构建光源掩膜估计网络。光源掩膜与光照差值图像中的光源位置、开关情况是一致的，区别在于对主要光源变化情况的表达方式不同。受 Zhang 等人使用共享编码的策略来训练有几何相似性任务的启发，本节方法中光源掩膜估计与光照差值图像估计共享编码器，解码器共享来自编码器下采样的特征元素。这有利于加强两个网络的联系，也减少了重新设置编码器产生的额外输入。因此，该网络与光照差值图像估计网络的不同之处仅在于解码器，用跳跃结构将编码器中的特征图与解码器中具有相同尺寸的特征图进行连接。解码器中的上采样层和卷积层的参数、作用同光照差值图像估计网络中的一致。在该网络中解码器使用卷积层作为输出层，使用 Sigmoid 激活函数将最终结果映射到 0 与 1 之间。

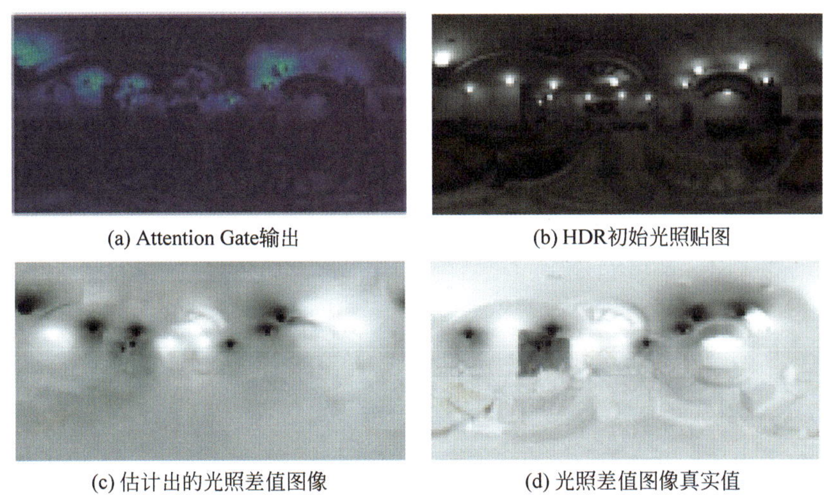

图 3.25 Attention Gate 输出可视化对比

3.3.5 损失函数

本节方法提出的网络有两个输出，可针对不同的输出对象，使用不同的损失函数，本节将介绍这些损失函数及优化方法。

1. 光照差值图像损失函数

光照差值图像源自不同光照情况下的 HDR 全景光照贴图，其包含的信息虽然不如彩色 HDR 图像那样复杂，但是其像素的值是 16 位浮点数，数值的动态范围仍然比较广。令光照差值图像估计模块的输出为 P_t，直接对其进行常规的损失函数计算。P_t 中数值较大的区域将会对损失函数的结果产生显著的影响，从而可能降低 P_t 中数值较低的一部分区域在损失函数计算中的权重，进而影响网络的收敛。借鉴 Weber、Frahm 等人将常用于音频数值压缩的 μ 律函数使用在 HDR 图像重建的工作，本节使用 μ 律函数压缩图像的动态范围，其定义如下：

$$T(P_t)=\frac{\log(1+\mu P_t)}{\log(1+\mu)} \tag{3.24}$$

μ 律函数在音频处理中能够降低音频的动态范围，对于图像，μ 律函数能够让图像中像素数值较小的部分会有一定程度的放大，而像素数值较大的部分则有一定程度的压缩，从而降低整个图像的动态范围使全图的像素值分布更加平均。使用 μ 律函数压缩光照差值图像如图 3.26 所示，可见图 3.26(b)中经过 μ 律函数压缩的光照差值图像中，表示光源关闭或者变暗的部分和光照没有发生变化的部分之间的差异被缩小了。

式(3.24)中的 μ 用于控制压缩程度，μ 越大表示压缩程度越大。同时由于 μ 律函数是可微的，能够进行反向传播，因此将 μ 律应用在损失函数中可以有效平衡图像像素值中较大或较小区域对损失结果的影响。本节方法取 $\mu=5000$。

本节方法使用 Smooth L1 损失函数与 μ 律函数共同构成了光照差值图像的损失函数，整个模块的损失函数 L_d 的定义如下：

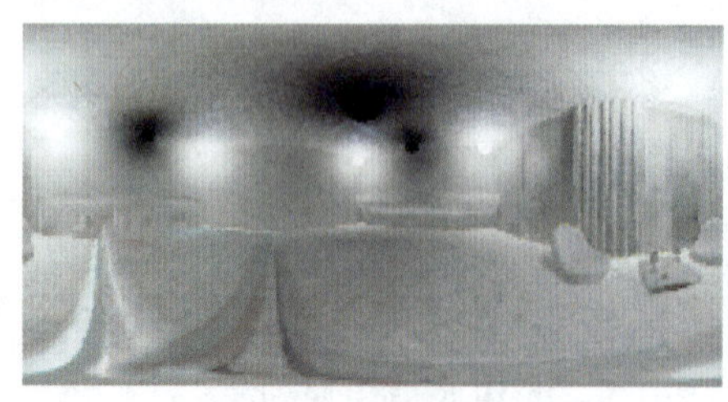
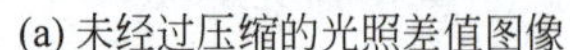

(a) 未经过压缩的光照差值图像

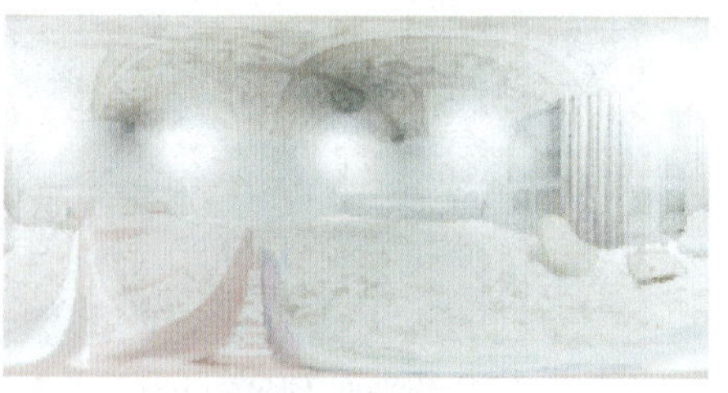

(b) 经过μ律函数压缩后的光照差值图像

图 3.26 使用 μ 律函数压缩光照差值图像

$$L_d(P_t,P_t^*)=\begin{cases}0.5*(T(P_t)-T(P_t^*))^2, & |T(P_t)-T(P_t^*)|<1\\ |T(P_t)-T(P_t^*)|-0.5, & |T(P_t)-T(P_t^*)|\geqslant 1\end{cases} \tag{3.25}$$

2. 光源掩膜损失函数

考虑到在网络的整体架构中,光源掩膜估计模块输出光源掩膜的依据是判断图像中的像素是否是属于对环境光照有重要影响的光源,因此,二进制交叉熵(Binary Cross Entropy,BCE)损失函数适合本节提出的网络。为了让损失函数的计算更加稳定,本节使用了 BCE With Logit 损失函数。这是一种改进的 BCE 函数。令光源掩膜估计结果为 L_t^*,L_t 为真值,该模块损失函数 L_{light} 的定义如下:

$$L_{\text{light}}(L_t,L_t^*)=-L_t\cdot\log(\sigma(L_t^*))-(1-L_t)\cdot\log(1-\sigma(L_t^*)) \tag{3.26}$$

其中,$\sigma(\cdot)$为 Sigmoid 函数。

3. 加权损失函数

综上所述,本节方法使用的整体损失函数为:

$$L_{\text{total}}=w_1L_{\text{d}}+w_2L_{\text{light}} \tag{3.27}$$

其中,w_1、w_2 为两个损失函数的加权系数。在本节方法中,$w_1=10$、$w_2=1$。

3.3.6 实验方案与结果分析

下面比较本节介绍的方法与对比方法,比较结果以评价分数与图像对比的形式进行展示。

1. 光照计算结果

在 HDR 全景光照贴图的对比测试中,使用真实数据集将本节方法和对比方法生成的 HDR 全景光照贴图与真实的 HDR 光照贴图进行对比。使用峰值信噪比(Peak Signal-to-Noise Ratio,PSNR)、结构相似性指数(Structure Similarity Index Measure,SSIM)和均方误差(Mean Square Error,MSE)指标进行评估,同时使用 MSE 指标对本节方法与 Gardner 和 Garon 方法生成的 HDR 全景光照贴图以及 HDR 全景光照贴图经 log 变换后的亮度值进行对比,并评估生成的光照贴图用于渲染镜面材质的物体时的效果。

HDR 全景光照贴图的对比结果如表 3.3 所示,可以看到本节方法在 4 个指标上表现较好,说明在已知初始 HDR 全景光照贴图的条件下,本节的光照差值图像的方法得到的

HDR 全景贴图拥有更接近真实值的细节。

表 3.3 HDR 全景光照贴图的对比结果

对比方法	PSNR/dB	SSIM	MSE	MSE(log)
本节方法	**17.1037**	**0.7149**	**0.02379**	**0.1953**
Gardner	10.1368	0.3482	0.1132	0.7075
Garon	12.9146	0.4584	0.0676	0.6397

图 3.27 展示了本节方法与其余方法的可视化结果对比。为了体现本节方法对室内动态光照的计算准确性,分两组分别展示了 4 个场景中每个场景在不同光照情况下的计算结果。图 3.27(a)为在该场景中采集到的初始 HDR 全景光照贴图,用于输入至网络中,同时也用于恢复光照变化后场景的 HDR 全景光照贴图。图 3.27(b)为在场景光照发生变化后采集到的有限视角 LDR 图像。图 3.27(c)为光照差值图像的估计结果。图 3.27(d)为当前光照状态对应的 HDR 全景光照贴图的真实值(Ground Truth,GT)。图 3.27(e)为通过光照差值图像估计结果得到的 HDR 全景光照贴图,对应场景中光照发生变化后的光照情况。图 3.27(f)为 Gardner 方法得到的全景光照贴图。图 3.27(g)为 Garon 方法得到的全景光照贴图。其中图 3.27(d)~图 3.27(g)中每张图的下方为对应的全景光照贴图与真实值之间的 PSNR 值。

从图 3.27 可以看出,场景中的可控光源发生变化后,本节方法与对比方法都给出了相应的室内光照计算结果。Gardner 的方法得到的光照贴图主要由两部分构成,一部分为基于输入的 LDR 图像的整体色调获得的光照贴图,另一部分为根据光源位置预测模块进行光源强度加强的部分。虽然 Gardner 的方法整体上估计到了光源的大概位置,但光照贴图本身缺少了反映场景细节的部分。Garon 的方法则是对场景中的光照信息的球面调和函数表达做出估计,其本身就缺乏场景中的光照信息的高频部分。但是从评价分数来看,该方法仍然取得了较好的结果。相比 Gardner 的方法,Garon 的方法在光照贴图上体现的光源分布更加合理。但在场景 3 的第一种光照情况中,该方法将黑色的电视当作了黑暗的光源,从而产生了较大的误差。本节方法是对当前光照状态下的光照差值图像进行估计后,再通过初始 HDR 全景光照贴图恢复当前场景的光照状态。可以明显看到,得益于初始 HDR 全景光照贴图中的信息,恢复得到的光照贴图能保留大量的非光源环境细节。从恢复的光照贴图来看,对应光照状态下关闭的光源或光照强度减弱的区域已经被光照差值图像进行了一定程度的屏蔽。如图 3.27 所示的场景 3 中第一种光照状态下,在恢复的光照贴图中可以明显地看到对客厅中大灯的屏蔽效果。

2. 光源掩膜估计结果

由于缺少光源掩膜估计的对比方法,本节使用光源掩膜估计模块对合成数据集和真实数据集都进行了测试,通过不同的数据集来展示光源掩膜估计结果。为了更突出光源本身,本节设定了输出阈值,光源掩膜 L_t^* 中大于 0.2 的部分会被归一化到 1。

图 3.28 展示了一个合成数据集中的场景,它包括 3 种不同的光源掩膜估计结果。图 3.29 则展示了真实数据集中的光源掩膜估计结果。图 3.28(a)和图 3.29(a)为在两个场景中采集到的初始 HDR 全景光照贴图。图 3.28(b)和图 3.29(b)分别为两个场景

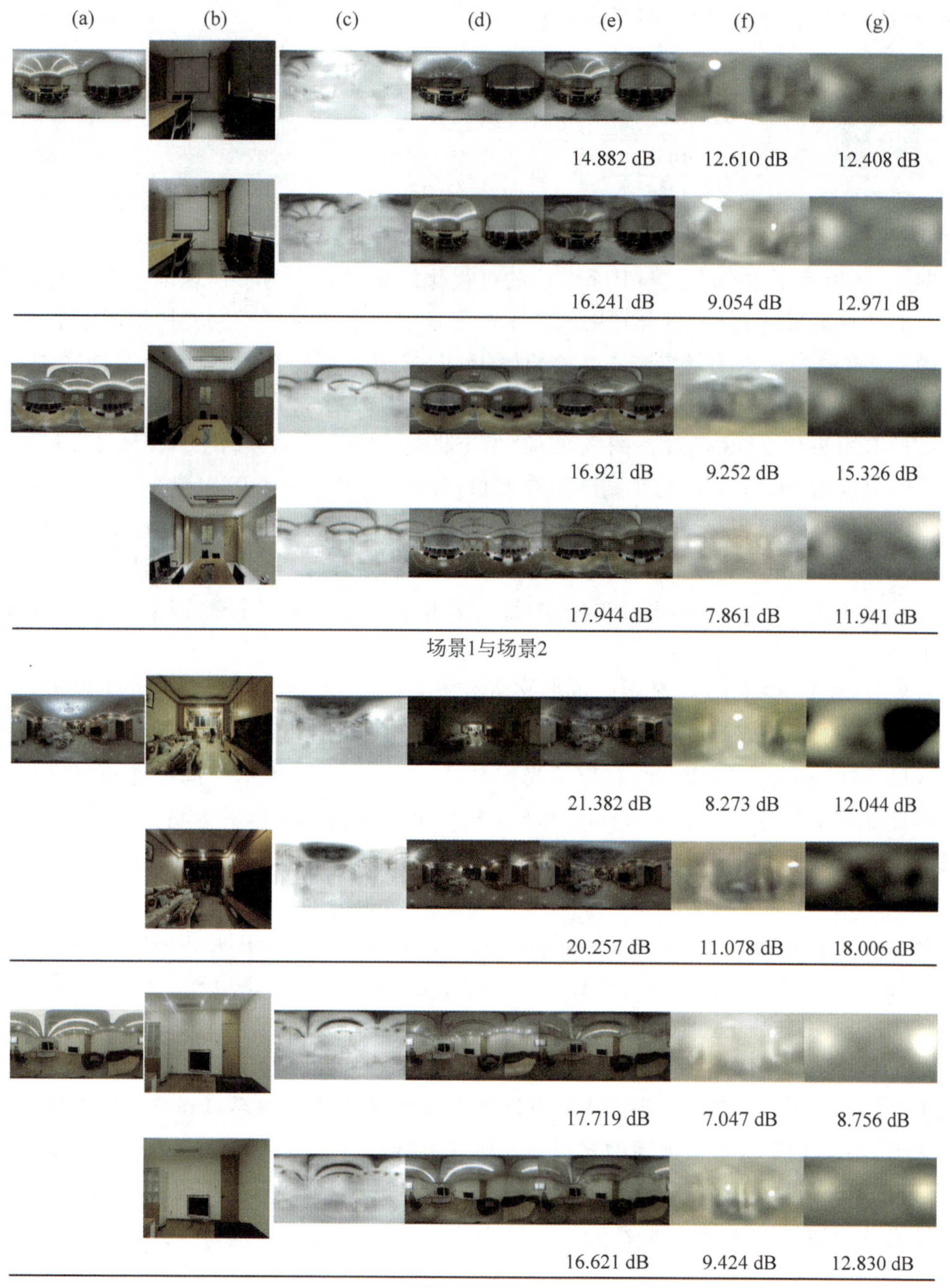

图 3.27　本节方法与其余方法的可视化结果对比

中不同光照情况下采集到的有限视角 LDR 图像。图 3.29(c)和图 3.29(c)分别为两个场景中当前光照状态对应的 HDR 全景光照贴图的真实值。图 3.28(d)和图 3.29(d)分别为两个场景下的光源掩膜的真实值。图 3.28(e)和图 3.29(e)分别为本节方法估计的光源掩膜结果。

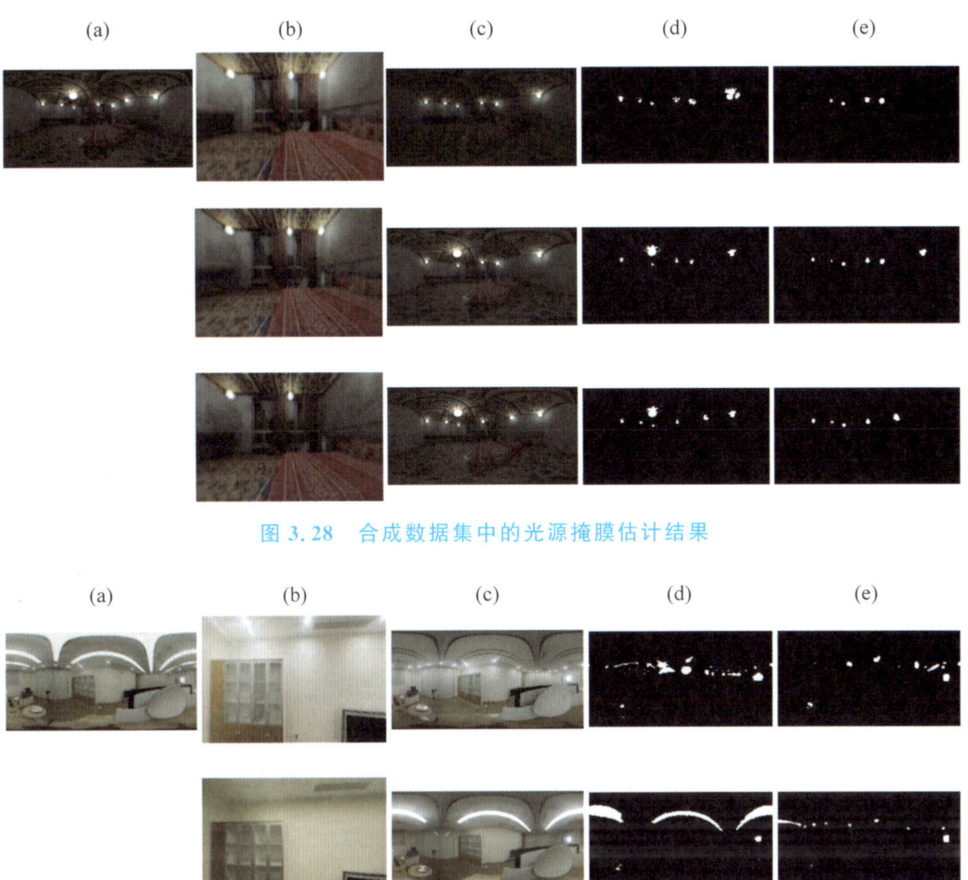

图 3.28　合成数据集中的光源掩膜估计结果

图 3.29　真实数据集中的光源掩膜估计结果

从估计结果可以看出，在合成数据集中，光源掩膜估计结果比较准确，掩膜中对应的光源能够基本对应场景中起主要作用的光源。在真实数据集中，估计的光源掩膜能够基本反映场景光照发生变化后对于目前场景光照起主要作用的光源方位，虽然对于光源本身的范围估计还不够准确，但是已经达到了本节方法对光源掩膜估计模块的设计需求。

3. 渲染结果对比

为了更直观地对本节方法进行评价，以输入的 LDR 图像作为背景，使用本节方法恢复得到的 HDR 全景光照贴图和对比方法得到的结果对指定的物体进行渲染。其中 Gardner 方法和 Garon 方法得到的估计结果均通过输入的 LDR 图像获得。同合成数据集一样，所有的渲染都是用 Blender 中的 Cycles 引擎进行渲染，渲染的像素采样值为 128，渲染分辨率为 512×512。渲染测试分别使用 Standford Bunny、Standford Armadillo、Standford Dragon 3 种模型来进行渲染。定量对比使用 RMSE 指标进行对比评估。渲染结果评估如表 3.4 所示，其中 RMSE 指标的得分越小则结果越优。

表 3.4 渲染结果评估

对比方法	RMSE	对比方法	RMSE
本节方法	**0.0347**	Garon	0.0535
Gardner	0.0686		

动态光照下的渲染效果对比如图 3.30 所示。其中图 3.30(a)表示真实值,图 3.30(b)是本节方法的渲染结果,图 3.30(c)是 Gardner 方法的渲染结果,图 3.30(d)是 Garon 方法的渲染结果。每一行表示不同的光照情况。

本节方法的估计结果在视觉对比中能够较明显地反映场景中的光照的变化,对于场景光照的变化有明显的感知,且渲染结果和真实值比较接近。但因为光照差值图像估计的数值范围在(0,1)之间,所以恢复的 HDR 全景光照贴图的亮度与真实值的亮度存在差异,从而使部分渲染结果偏暗。由于 Gardner 方法在估计的光照贴图中的光源位置上的光照强度有加强,因此部分场景中出现过亮的色调。由于 Garon 方法考虑了光照在空间上的差异性,因此在较暗的场景中,其估计结果会呈现出更暗的效果,无法对场景中的全局光照信息进行估计。

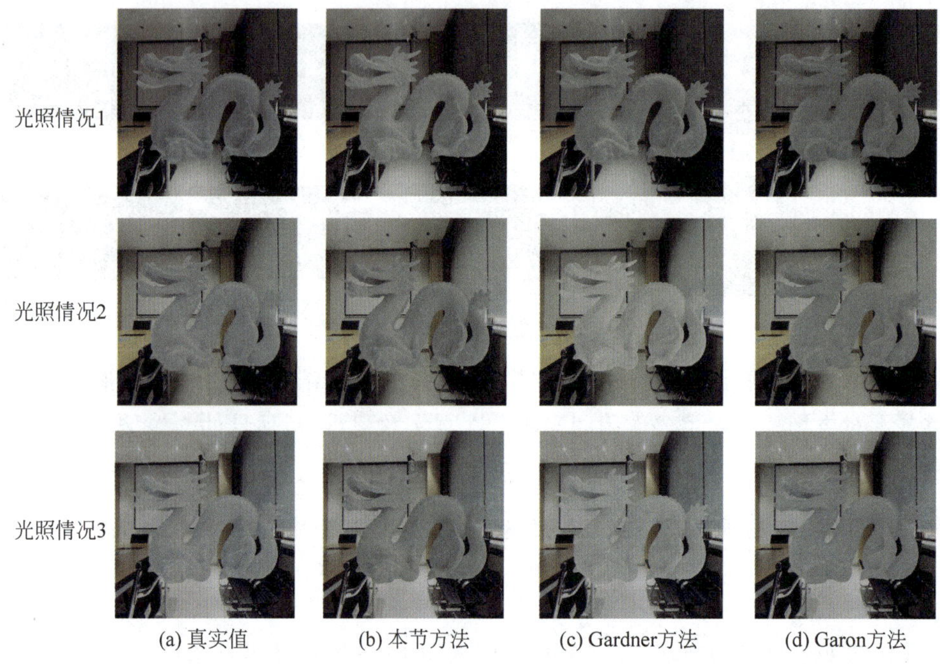

图 3.30 动态光照下的渲染效果对比

本节方法使用 HDR 贴图表示光照是为了保留光照信息中的高频细节部分,图 3.31 展示了在同一场景中使用本节方法恢复的 HDR 光照贴图绘制得到的镜面材质物体与使用两个对比方法恢复的 HDR 光照贴图绘制得到的镜面材质物体。可以看出,本节方法由于初始 HDR 光照贴图中有较多的环境细节信息,因此使用恢复的 HDR 贴图渲染镜面材质的物体时也保留了更多的环境细节信息。Gardner 方法生成的光照贴图色调依赖输入的 LDR 图像,并且对估计的光源位置有针对性加强。该方法虽然能在物体表面观测到估计的光源效果,但缺失周围环境的细节。Garon 方法的光照计算结果采用球面调和函数的系数表示,

由测试结果可知，即便在低于工作站性能的计算机上，本节方法仍然具有较高的处理性能，平均处理时间为22.9ms。如果将该方法应用到视频流的处理，在不考虑图像采集设备的I/O时间和渲染耗时的情况下，本方法可以处理约43f/s的视频流。在实际应用中，由于普通视频为24～30f/s，因此说明本节方法可以实现室内场景动态光照的在线估计。

第4章　室外场景的光照计算

室外场景是人们进行室外活动的重要场所。随着移动互联网的发展和摄像头的普及，室外场景图像和视频的获取愈加便捷。相较于室内场景，室外光照极易受时间和天气影响，其光源亮度分布复杂，状态遵循自然规律变化且无法人为控制。因此，室内场景的光照计算方法不能直接推广到室外场景中。

本章介绍研究团队提出的6种针对室外场景的实时光照计算方法。4.1节介绍基于交互的室外场景光照计算方法。该方法通过用户交互的方式获得太阳光和天空光的入射强度比值，为本章后续的其他室外场景光照计算方法提供初始值。4.2节介绍基于统计学习的室外场景实时光照计算方法。该方法在假定室外场景为漫反射场景、光照模型为朗伯模型的情况下，推导了室外场景图像的统计参数与场景的光照参数之间的解析表达式。在4.3节，在将天空光建模为更准确的面光源后，提出了基于基图像分解的室外场景实时光照计算方法。该方法提出了将室外场景图像表示成太阳光和天空光基图像的线性模型。上述方法都假设场景中存在阴影区域，针对场景中可能不存在大面积阴影的情况，4.4节介绍的无阴影室外场景实时光照计算方法将天空光分布信息融入室外光照模型，能够计算并处理天空光分布变化对图像的影响，无须场景中含阴影区域，具有较高的准确度和广泛的应用范围。为进一步提高光照计算的效率，4.5节介绍了基于完备天空光模型/球面调和函数的实时光照计算方法，该方法充分利用了场景先验信息，将光照计算简化为一个仅含6个未知参数的线性优化问题，提高了计算效率。随着智能手机的普及，移动端AR应用需求日益增多，亟需移动视点在线视频的实时光照计算技术。4.6节介绍了基于特征点跟踪的实时光照计算方法。该方法利用特征点和光照的时空连续性进行交替约束求解，提高了光照计算的稳定性。

4.1　基于交互的室外场景光照计算

Nakamae于1986年首次提出将一个计算机生成的虚拟物体合成到一幅背景图像中的方法。该方法在将虚拟物体和真实场景进行几何配准后，通过用户交互的方式获得太阳光和天空光的入射强度比值用来绘制虚拟物体。4.2节～4.5节所提出的算法需要在离线阶段估计出关键帧的光照参数。与上述方法类似，本节使用以下步骤估计关键帧的太阳光和天空光入射光强：首先假设场景中存在漫反射表面（如地面），并且漫反射表面上有阴影区域存在；然后由用户交互确定若干阴影点和非阴影点，建立方程组求解场景的光照值。

设室外场景的光照模型为朗伯模型，即太阳光为平行光，天空光为泛光，则场景中漫射表面上的一个3D点x处的光亮度为：

$$\begin{aligned} I(x,\lambda) &= I_{\text{sun}}(x,\lambda) + I_{\text{sky}}(x,\lambda) \\ &= s(x)\rho(x)\cos\theta(x)L_{\text{sun}}(\lambda) + \rho(x)L_{\text{sky}}(\lambda) \end{aligned} \tag{4.1}$$

其中，λ 为光的波长，$\rho(x)$为物体表面 x 处的漫反射系数，$\cos\theta(x)$为太阳光入射方向与 x 处法向的夹角，$s(x)\in[0,1]$为 x 处关于太阳光的遮挡系数，$L_{\text{sun}}(\lambda)$和 $L_{\text{sky}}(\lambda)$ 分别为入射到地面的太阳光强度和天空光强度。

通过相机响应函数将图像像素值转换成场景采样点的光亮度，R、G、B 3 个通道对应于式(4.1)中的λ。设 x 和 y 分别是漫射表面上具有相同材质的阴影点和非阴影点，对应的图像像素分别为 p 和 q，则有：

$$\begin{aligned} I(p) &= \rho(x)L_{\text{sky}} \\ I(q) &= \rho(y)\cos\theta(y)L_{\text{sun}}(\lambda) + \rho(y)L_{\text{sky}} \\ &= \rho(y)\cos\theta(y)L_{\text{sun}}(\lambda) + I(p) \end{aligned} \tag{4.2}$$

假设 p、q 处的漫反射材质系数 $\rho(x)$已知且法向已知(一般选取法向为 0°或 90°的物体)，根据拍摄地经纬度和拍摄时刻计算出太阳光的入射方向，则可求出 $\cos\theta(y)$。然后，根据式(4.2)：

$$\begin{aligned} L_{\text{sky}} &= \frac{I(p)}{\rho(x)} \\ L_{\text{sun}} &= \frac{I(q)-I(p)}{\rho(x)\cos\theta} \end{aligned} \tag{4.3}$$

理想情况下，根据一对阴影点和非阴影点的像素值就可以按式(4.3)计算出太阳光和天空光的入射光强。但是受到图像噪声的影响，考虑到求解的稳定性，在实际使用时往往要求用户在图像上交互选取 50 对左右的阴影点和非阴影点，然后随机地对这些点进行配对，并对求出的场景光照值进行简单筛选——去除与平均值差别较大的值，最后使用剩余光照值的平均值作为场景的光照值。图 4.1 给出了两个交互选取阴影点和非阴影点的示例(其中，两幅图中红色点和绿色点分别表示交互的阴影点和非阴影点)。

(a) 交互示例1

(b) 交互示例2

图 4.1 交互选取阴影点和非阴影点的示例

4.2 基于统计学习的室外场景实时光照计算

本节方法先将室外场景的主要物体表面材质建模为漫反射，将光照模型建模为朗伯模型，然后在此基础上推导出室外场景图像的统计参数与场景的光照参数之间的解析表达式。该解析表达式中含有 4 个未知参数，这些参数仅与场景的几何和材质属性有关，而与光照的强度及颜色无关。简便起见，这些参数被称为场景的本征统计参数。基于场景图像的统计参数与场景的光照参数之间的解析表达式，本节提出了一个基于统计学习的室外场景光照参数估计框架。该框架包括离线本征统计参数求解和在线光照计算两个阶段。在离线本征统计参数求解阶段求出场景的本征参数；在场景的几何和材质属性不发生改变的前提下，在线光照计算阶段对于每一帧输入图像利用预先建立好的解析表达式，从其图像统计参数求出场景的光照参数。本节方法在在线光照估计阶段可以实时获得场景的光照参数且无须知道场景的 3D 模型及材质信息。下面将从统计模型、光照参数计算框架和实验结果等方面详细介绍该方法。

4.2.1 纹理图像的统计分析

在纹理分析领域，纹理分类算法提取的纹理特征往往受到光源入射方向的影响。为了去除光源对纹理特征的干扰，人们希望在进行纹理分类之前先从纹理图像里恢复出光照方向。其中，一些学者从经验或者理论角度研究了纹理图像外观和光源入射方向之间的关系。Ginneken 等人第一次研究了纹理直方图与入射光源的方位角及视角的关系。该方法从实验数据中发现图像的亮度直方图对光源的入射方位角具有很强的依赖性。在此基础上，作者根据亮度直方图对光照和视角的不同反应特性将纹理图像分为若干类，并对它们的特性进行了研究。值得注意的是，该方法对图像的亮度直方图对光照的依赖性的研究仅是基于经验的，缺乏充分的理论分析。Chantler 等人首次从理论上推导出了 3D 纹理曲面中的光源的入射方位角与图像直方图的关系，指出在假设 3D 纹理曲面具有缓慢变化的高度及均匀的材质时，图像直方图的方差可以用光源入射方位角进行一阶调和展开。Barsky 等人放宽了 Chantler 等人的假设，并指出在一般情况下图像直方图方差可以用光源入射方位角的二阶调和展开表示。Drbohlav 等人进一步研究了图像的局部统计属性和光照入射方向的关系。该方法先对图像的每个像素 x 提取两个局部统计属性，分别是以 x 为中心的局部窗口内像素的亮度向量和局部窗口中每个像素与 x 的亮度差，通过实验发现在物体朗伯漫反射系数相同的情况下，亮度差能用来准确地估计光源的入射方向，但是当物体的朗伯漫反射系数差别大时，亮度差由物体的朗伯漫反射系数的差异所主导而对光源入射方向的变化不敏感。

总的来说，这些方法都是在假设场景中没有遮挡（阴影）的情况下对纹理图像的直方图和光源入射方向的依赖关系进行研究的，并没有考虑光源的颜色、强度与一般的自然图像的统计属性的关系。对于室外场景的图像来说，由于太阳光位置可由拍摄地经纬度、拍摄时间计算出来，因此光源的方向不是室外场景分析的难点。相反，由于太阳光和天空光的颜色和强度受天气条件影响较大，又直接影响到场景中物体的外观，因此，本节方法更关注室外场景图像中的统计属性与场景的光照之间的关系。

下面从基本的光照模型出发，推导出图像的方差和均值与室外场景中的太阳光和天空光入射光强之间的解析表达式，使得场景光照值可以方便地从图像的统计参数中计算出来。

4.2.2 室外光照模型

与现有的室外场景光照分析工作所采用的模型一样，本节将局部场景中的太阳光假定为平行光，天空光为泛光，场景景物表面为漫反射材质。在这些假设下，t 时刻室外场景中的一个 3D 点 x 的光亮度可表示为：

$$\begin{aligned} I(x,\lambda,t) &= I_{\text{sun}}(x,\lambda,t) + I_{\text{sky}}(x,\lambda,t) \\ &= s(x,t)\rho(x)\cos\theta(x,t)L_{\text{sun}}(\lambda,t) + \\ &\quad \rho(x)L_{\text{sky}}(\lambda,t) \end{aligned} \tag{4.4}$$

其中，λ 为光的波长，$\rho(x)$ 为物体表面 x 处的漫反射系数，$\cos\theta(x,t)$为 t 时刻太阳光入射方向与 x 处表面法向的夹角。$s(x,t)\in[0,1]$表示 t 时刻 x 与太阳光之间是否被其他物体遮挡。$L_{\text{sun}}(\lambda,t)$和 $L_{\text{sky}}(\lambda,t)$分别表示 t 时刻入射到地面的太阳光强度和天空光强度。

对于一个近乎静止的场景来说，视频中每一帧中引起图像变化的唯一因素就是光照的变化，而光照的变化包括入射太阳光和天空光辐射亮度的变化及太阳光与物体朝向夹角的变化。因此，太阳光和天空光表征了一个场景的光照情况。对于输入的视频中的每一帧，本节通过相机响应函数将像素值转换成场景的亮度值，并用 R、G、B 代替 λ。待求的参数是太阳光和天空光的 R、G、B 3 个通道的强度，共 6 个参数。

4.2.3 光照的统计模型

对式(4.4)进行整理可得：

$$I(x,t) = \rho(x)[s(x,t)\cos\theta(x,t)L_{\text{sun}}(t) + L_{\text{sky}}(t)] \tag{4.5}$$

式(4.5)对 R、G、B 3 个通道均分别成立。如上所述，该公式表达了图像区域的亮度分布与场景光照值的关系。从统计学的角度讲，任意一个分布都可以用其 n 阶矩来逼近。对一个图像区域 Z，$Z\in I$，对式(4.5)两边分别关于像素 x 求均值，得：

$$E(I(x,t)) = E(\rho(x))E[s(x,t)\cos\theta(x,t)L_{\text{sun}}(t) + L_{\text{sky}}(t)] \tag{4.6}$$

为了简化表示，记 $m_r = E(\rho(x))$，$m_s(t) = E[s(x)\cos\theta(x,t)]$，式(4.6)可以表示为：

$$E(t) = E(I(x,t)) = m_r[m_s(t)L_{\text{sun}}(t) + L_{\text{sky}}(t)] \tag{4.7}$$

同理，对式(4.5)两边关于像素 x 求方差，可得

$$\sigma(I(x,t)) = \sigma\{\rho(x)[s(x,t)\cos\theta(x,t)L_{\text{sun}}(t) + L_{\text{sky}}(t)]\} \tag{4.8}$$

对式(4.8)进行整理，记 $v_r = \sigma[\rho(x)]$，$v_s(t) = \sigma[s(x,t)\cos\theta(x,t)]$，根据 4.2.7 节所示的推导，有：

$$\sigma(t) = \sigma(I(x,t)) = (v_r + m_r^2)v_s(t)L_{\text{sun}}^2(t) + \frac{v_r}{m_r^2}E^2(t) \tag{4.9}$$

联立式(4.7)和式(4.9)，用区域 Z 的均值 $E(t)$和方差 $\sigma(t)$表示 $L_{\text{sun}}(t)$和 $L_{\text{sky}}(t)$，得：

$$L_{\text{sun}}^2(t) = \frac{\sigma(t) - \dfrac{v_r}{m_r^2}E^2(t)}{(v_r + m_r^2)v_s(t)} \tag{4.10}$$

$$L_{\text{sky}}(t) = \frac{E(t)}{m_r} - m_s(t)L_{\text{sun}}(t) \tag{4.11}$$

式(4.10)和式(4.11)对图像中任意一个区域 Z 都成立。

在式(4.10)和式(4.11)中,m_r 和 v_r 仅与物体的材质有关,$m_s(t)$ 和 $v_s(t)$ 除了与场景的几何有关外,还与太阳光和物体表面法向的夹角有关,因此与时刻有关。注意到 m_r、v_r、$m_s(t)$ 和 $v_s(t)$ 这 4 个参数表示了场景材质、几何等固有属性,而与场景的光照强度无关,因此称它们为场景的本征统计参数。

在实际应用中,当 $v_s(t)=0$ 或者 $m_r=0$ 时式(4.10)和式(4.11)会退化。$m_r=0$ 时表示 Z 中所有像素为黑色物体。$v_s(t)=0$ 则表示 Z 中所有像素不仅具有相同的法向而且具有相同的遮挡系数。此外,显而易见,根据定义本征统计参数不应小于 0,然而在实际中,动态物体如运动汽车、行人等的闯入有时会导致这些参数出现负值。另外,动态物体的闯入有时也会导致式(4.10)右边出现负值。所以需要在实际应用中对图像区域进行判断,剔除这些特殊情况。

4.2.4 基于统计学习的光照参数计算框架

对于一个固定视点下拍摄的近乎静止的场景来说,其场景几何是不变的。进一步说,假设场景中物体的材质保持不变,因此场景的本征统计参数是确定的。一旦获得了场景的本征统计参数,就可以根据式(4.10)和式(4.11)求取任意光照条件下拍摄的场景序列中的光照条件。基于这个分析,本节提出一个基于统计学习的光照参数计算框架。该框架分为两个部分:离线本征统计参数求解和在线光照计算。

1. 本征统计参数求解

本征统计参数中 m_r、v_r 仅与场景的材质有关,因此只要求解一次即可。$m_s(t)$ 和 $v_s(t)$ 与太阳位置(或时间)有关。为求解本征统计参数,对一个固定时刻 t,联立式(4.10)和(4.11)可以得到:

$$m_s(t)=\frac{\dfrac{E(t)}{m_r}-L_{\text{sky}}}{L_{\text{sun}}} \tag{4.12}$$

$$v_s(t)=\frac{\sigma(t)-\dfrac{v_r}{m_r^2}E^2(t)}{(v_r+m_r^2)L_{\text{sun}}^2} \tag{4.13}$$

对同一太阳位置、不同天气下拍摄的两幅图像 I_1 和 I_2 来说,它们的 $m_s(t)$ 和 $v_s(t)$ 是相同的。记 I_1 和 I_2 所对应的太阳光和天空光入射光强分别为 $L_{1,\text{sun}}$、$L_{1,\text{sky}}$、$L_{2,\text{sun}}$、$L_{2,\text{sky}}$ 并且假设它们已知,从输入图像求得的同一图像区域的均值和方差分别为 E_1、σ_1、E_2、σ_2,从式(4.12)和式(4.13)中消去 $m_s(t)$ 和 $v_s(t)$ 得到:

$$m_r=\frac{E_1L_{2,\text{sun}}-E_2L_{1,\text{sun}}}{L_{2,\text{sun}}L_{1,\text{sky}}-L_{1,\text{sun}}L_{2,\text{sky}}} \tag{4.14}$$

$$v_r=m_r^2\frac{\sigma_1L_{2,\text{sun}}^2-\sigma_2L_{1,\text{sun}}^2}{E_1^2L_{2,\text{sun}}^2-E_2^2L_{1,\text{sun}}^2} \tag{4.15}$$

在求出 m_r 和 v_r 后,需要已知一幅图像的光照参数 L_{sun} 和 L_{sky} 来求解方程(4.12)和

方程(4.13)获得 $m_s(t)$ 和 $v_s(t)$。注意,离线阶段求解本征统计参数时,可以采用 4.1 节的方法交互地获得场景光照值。

对室外场景的视频序列来说,一天中的太阳位置是不断变化的,而任意时刻的 $m_s(t)$ 和 $v_s(t)$ 的求解需要一幅已知光照条件的图像。为了减轻由此带来的工作量,希望能利用一些已有的 $m_s(t)$ 和 $v_s(t)$ 获得任意时刻的 $m_s(t)$ 和 $v_s(t)$。由于 $m_s(t)$ 和 $v_s(t)$ 与夹角及遮挡项有关,而遮挡项是一个非线性函数,所以其更新非常困难。一个直接的方法是对图像进行阴影检测,确定每一个像素的遮挡情况,但是这种方法在实际应用中有一定的困难,因为光照变化的室外场景的阴影检测本身就是一个尚未解决的问题。

注意到太阳光为平行光的特点,它的位置只由方位角和高度角确定,因此除了场景固定的本身特点,场景中的遮挡情况也只由太阳的高度角和方位角确定。具体地,高度角决定阴影的长短,方位角决定阴影的朝向。由于太阳在一天中的运行轨迹是缓慢变化的,且太阳光的入射方向是方向性的,因此在一个连续的时间段内场景中的遮挡关系也是具有方向性的。图 4.2 给出了一个视频序列中一棵树从早上 8:30 到中午 12:00 的阴影变化情况,图像的拍摄时间间隔是 30min。

(a) 8:30　(b) 9:00　(c) 9:30　(d) 10:00

(e) 10:30　(f) 11:00　(g) 11:30　(h) 12:00

图 4.2　一个视频序列中一棵树在不同时刻的阴影变化

基于这个分析,根据高度角和方位角将场景所在地一年中太阳在天空中出现的带状区域划分为若干个区域,将划分区域的纵横曲线的交点称为格点。在每个格点上采用之前的方法求出 $m_s(t)$ 和 $v_s(t)$。为了便于叙述,将格点上的太阳位置称为采样太阳位置。对于任意时刻的太阳位置 t',采用与其邻近的 4 个采样太阳位置下的 $m_s(t)$ 和 $v_s(t)$ 对其进行插值,插值的权重为其与 4 个格点的角距离的倒数,如下:

$$m_s(t') = \frac{1}{K}\sum_{i=1}^{4}\frac{1}{\mathrm{ang}(t',t_i)}m_s(t_i) \tag{4.16}$$

$$v_s(t') = \left(\frac{1}{K}\sum_{i=1}^{4}\frac{1}{\mathrm{ang}(t',t_i)}\sqrt{m_s(t_i)}\right)^2 \tag{4.17}$$

$$K = \sum_{i=1}^{4}\frac{1}{\mathrm{ang}(t',t_i)} \tag{4.18}$$

其中，t_i，$i=1,2,3,4$ 为与 t' 邻近的 4 个采样太阳位置，$\mathrm{ang}(t',t_i)$ 为 t' 与 t_i 之间的角距离，K 为归一化常数。

在预处理阶段，每个格点的本征统计参数都存储在一个数据库里。对场景本征统计参数的获取可以以一种渐进式的方式进行。该方法需要两幅在同一太阳位置、不同光照环境下拍摄的图像以求解 m_r 和 v_r，每个格点需要一幅图像来求解 $m_s(t)$ 和 $v_s(t)$。由于太阳轨道随季节逐渐变化，因此更多格点的本征统计参数可以逐渐地添加到数据库中。

2. 在线光照计算

在离线阶段求解出本征统计参数并将其存储在数据库后，在在线光照计算阶段使用式(4.10)和式(4.11)求解每一帧的太阳光和天空光的入射光强。但是，在实际应用中，室外场景往往包含不可避免的运动情况(如行驶的汽车、行人及抖动的树叶等)，这使求解的结果不稳定，绘制出的虚拟物体有闪烁现象，影响了真实感效果。

通常，室外场景中可能出现的运动分为以下两种。

(1) 汽车、行人等的运动，这种运动一般幅度比较大，对一帧画面来说往往是闯入的效果，导致求得的解与真实值之间有较大的偏差。

(2) 树叶受风影响产生的抖动。这种运动一般幅度较小，导致所得解与真实值之间有小幅波动。

本节对这两种情况分别提出了相应的解决策略：利用光照的空间连贯性去除第一种运动的影响；利用光照的时间连贯性去除第二类运动的影响。

3. 光照的空间连贯性

在本节方法所采用的光照模型中，已经假设一幅图像上所有像素处的太阳光和天空光都是相同的，即光照具有空间连贯性。因此为了去除第一类运动的影响，一个自然的方法是基于图像上多个区域而非单个区域来求解光照。

将一帧图像均匀地划分成 n 个区域。对于一帧图像 $I(t)$，记其第 i 个区域的子图像为 I_i，$i\in\Gamma=\{i\,|\,i=1,2,\cdots,n\}$，先计算其 $\sigma(t)$ 和 $E(t)$，再根据式(4.10)和式(4.11)求解该区域的太阳光和天空光 $L_{i,\mathrm{sun}}$，$L_{i,\mathrm{sky}}$，$i\in\Gamma$。根据光照的空间连贯性，这 n 个区域的光照值应该非常接近。但是如果某个区域闯入了一个动态物体，那么这个区域求解出的光照值可能会和其他区域的值有较大的偏差。发生这种情况时，可将这个区域剔除，然后取余下区域的光照值的平均值作为该帧最终的光照值。

具体来说，本方法使用核密度来去除外点(outlier)，其过程如下。首先，记 $u_j=\{L_k\,|\,L_{j,\mathrm{sun}}-L_{k,\mathrm{sun}}<\dot{o},k\in\Gamma\}$，$j\in\Gamma$。明显地，$u_j$ 的元素个数就是 I_j 的核密度。接着，I 的太阳光和天空光入射光强由式(4.19)计算：

$$\begin{aligned}L_{\mathrm{sun}}&=\mathrm{mean}\{L_{j,\mathrm{sun}}\mid j,\mathrm{num}(u_j)>n/3\}\\L_{\mathrm{sky}}&=\mathrm{mean}\{L_{j,\mathrm{sky}}\mid j,\mathrm{num}(u_j)>n/3\}\end{aligned}\tag{4.19}$$

注意，由于本节所使用的光照参数与统计参数之间的解析公式对图像中任意一个子图像都成立，因此当室外场景的规模特别庞大时，可以对上述的子图像再次进行细分，然后使用上面的方法获得更为准确的估计结果。

4. 光照的时间连贯性

根据空间连贯性对光照值进行稳定性求解之后，可以大大降低明显的外点（如由闯入的人引起的光照偏差），对每一帧均可求得一对太阳光值和天空光值。然而，由于自然物体的局部运动（如树叶的抖动），视频各帧的入射光强仍然会有抖动。假设图像噪声和由树叶抖动引起的光照的估计误差服从高斯分布。注意到，在在线视频处理中，帧率通常较高，而光照在一个非常短的时间内通常变化不大。因此，可利用光照的时间连续性对之前获得的结果进行改进。具体地，假设在一个足够短的时间间隔内（以 s 计）内光照是一个常数，可采用卡尔曼滤波对已获得的光照参数进行光顺。

卡尔曼滤波的主要思想是将依靠先验知识获得的预测值和与观察值之间的差的加权作为后验估计值。卡尔曼滤波是一个成熟的技术，实际应用中的重点是滤波中 4 个关键参数的选取，即状态转移矩阵 $\boldsymbol{A}$、测量矩阵 $\boldsymbol{H}$、过程噪声协方差矩阵 $\boldsymbol{Q}$ 和观测矩阵 $\boldsymbol{R}$。在本节算法中，对第 k 帧图像先找出其前 p_k 帧使得在这 p_k+1 帧中光照可以认为是一个常数（为便于叙述，将这 p_k+1 帧称为光照常数帧），然后利用这些帧的方差 $v_{k,p}$ 来定义两个噪声协方差矩阵。算法具体描述如下。

（1）指定一个搜索光照常数帧的最大帧数。

（2）确定 p_k，计算与第 k 帧相邻的前 K 帧的光照参数的方差，如果其大于指定阈值 ε_v，扔掉第一帧，用余下的 $K-1$ 帧计算方差，直到剩余帧的方差小于阈值，记此时的帧数为 p_k。

（3）假设光照在 p_k 帧里是常数，因此定义 $\boldsymbol{R}_k=v_{k,p}$。

（4）$\boldsymbol{Q}_k$ 也与 $v_{k,p}$ 有关，$v_{k,p}$ 越大就说明光照在 p_k 中是常数的假设不准确，这种情况下 $\boldsymbol{Q}_k$ 应该大。因此，定义 $\boldsymbol{Q}_k=\dfrac{v_{k,p}}{200\left(\varepsilon_v^{\frac{0.1p_k}{K}}\right)}$。

（5）$\boldsymbol{A}_k$ 与 $\boldsymbol{H}_k$ 均为单位矩阵。

最后，对算法进行总结，对输入视频序列中的每一帧，在线光照计算阶段包括以下 3 个步骤。

（1）将帧划分成 n 个区域，对每个区域分别计算太阳光和天空光的入射光强。

（2）利用光照的空间连贯性去除所求入射光强偏差大的区域，计算每帧的平均太阳光和天空光入射光强。

（3）利用光照的时间连贯性对每帧的入射光强值进行卡尔曼滤波，获得最终的入射光强值。

4.2.5 系统实现

该算法系统包括两个部分：离线本征统计参数求解和在线光照计算。由于本征统计参数与太阳位置有关，因此离线本征统计参数求解阶段的图像序列应按照一定的组织顺序。

1. 采样图像的准备

在离线本征统计参数求解阶段，构建了一个图像数据库以存储同一个场景在不同天气条件、不同光照环境下的图像。采样频率是每秒 1～2 帧。求解采样太阳位置处的本征统计参数至少需要两幅不同光照条件的图像。太阳位置与季节有关，随着采集的图像越来越多，数据库会包括更多的采样太阳位置处的本征统计参数。

样本的采集持续一年时间，这样所有可能的太阳位置都被会采集。理论上来说，更多的采样图像可以增加系统求解的稳定性，但并不是必需的。从最小意义上来讲，本节的方法在有了两幅同一太阳位置、不同光照条件的采样图像以后就可以开始工作，整个过程可以以一个渐进式的方式进行。

2. 数据组织

对于一个给定的地理位置，由于太阳在天空区域出现的轨迹是一个带状区域，而且对同一地理位置而言，每年的太阳位置是相同的，因此以太阳位置对数据进行存储。具体地，根据高度角和方位角将带状区域划分成若干个区域，每个格点对应一个采样太阳位置，在数据库里以格点为索引来存储该太阳位置下场景的本征统计参数。数据库的存储密度是用户可调的，根据经验，一般取高度角为 15°、方位角为 10°为间隔对太阳的入射方向进行采样。

4.2.6 实验结果

下面使用两个合成场景和 4 个真实场景对本节算法进行验证。真实场景的视频序列采用佳能 SX110 和 Dragon Fly 摄像头进行拍摄，拍摄时摄像头和相机均被固定在三脚架上。本节实验中虚拟物体采用 Tadamura 等人提出的程序进行绘制。算法在一台酷睿 2 代 1.8GHz、2.2GB 内存的计算机上实现。

为了检验解析模型的正确性，使用 3ds Max 采用朗伯模型绘制一个光照已知的简单漫反射场景，这样图像的每个区域的 m_r 和 v_r 都是已知的。图 4.3 显示了棋子场景中用来求解 m_r 和 v_r 使用的两幅具有相同太阳位置、不同光照条件的图像，其中红色矩形表示所使用的一个图像区域。表 4.1 给出了使用这个区域计算得到的不同太阳位置对应图像的 m_r、v_r 值，从数据中可以看出用不同的太阳方向求解出的 m_r、v_r 差别很小，表明 m_r、v_r 的确与时间无关。下面进一步比较了采用随机设定的光照值绘制的 6 幅测试图像的光照值的估计值和真实值。表 4.2 给出了太阳光和天空光亮度的估计误差，其中误差以相对误差百分比表示，可以看到本节方法求解出的光照误差最高不超过 1.28%。从理论上讲，对于理想漫反射的静止场景，本节提出的统计模型是严格成立的，误差来自于绘制和计算的数字误差。

图 4.3　棋子场景中用来求解 m_r 和 v_r 的两幅图像

表 4.1 不同太阳位置对应图像的 m_r 和 v_r 值

太阳方位	m_r			v_r		
	R	G	B	R	G	B
位置 1	0.4042	0.6201	0.6596	0.00122	0.03463	0.04571
位置 2	0.4043	0.6201	0.6592	0.00124	0.03471	0.0454
位置 3	0.404	0.6192	0.6595	0.00121	0.03454	0.04542

表 4.2 6 幅测试图像的 L_{sun} 和 L_{sky} 的估计误差

误差类别	图像 1	图像 2	图像 3	图像 4	图像 5	图像 6
L_{sun} 的误差	1.28%	0.9%	0.67%	1.12%	0.94%	0.71%
L_{sky} 的误差	0.71%	0.46%	0.53%	0.62%	0.45%	0.33%

为了验证本节方法对复杂场景的有效性，使用 3ds Max 绘制了一个具有 20 万个三角形面片的森林场景。对于绘制出的图像先使用本节方法求解出光照值，然后使用该光照值重新绘制场景，得到新的图像。图 4.4 给出了对场景使用估计出的光照值重新绘制的比较结果，其中图 4.4(a)为原始图像，图 4.4(b)为重建图像。

(a) 原始图像　　(b) 重建图像

图 4.4 对场景使用估计出的光照值重新绘制的比较结果

由于本节的方法对非采样太阳位置处的 m_s、v_s 进行了插值，导致 m_s、v_s 出现误差，因此求解出的太阳光和天空光的光照值亦与真实值有一定的误差。本节以棋子场景为例对这些误差进行了考察。对一年内太阳在杭州出现的轨迹进行细分，规则如下：对太阳方位角的区间以 10°、20°、30°为间隔进行划分，对太阳高度角的区间以 5°、10°、15°为间隔进行划分。表 4.3 显示了对这 3 种情况下的 m_s、v_s、L_{sun}、L_{sky} 的估计值和真实值进行比较的结果，其中误差以相对误差百分比的平均值表示。为了便于记述，简记平均误差(mean error)为 MS，误差范围(error range)为 ER。

表 4.3　3 种情况下 m_s、v_s、L_{sun}、L_{sky} 的估计值和真实值的比较结果

划分区间	m_s		v_s		L_{sun}		L_{sky}	
	MS	ER	MS	ER	MS	ER	MS	ER
10°—5°	1.7%	±1.7%	1.8%	±1.8%	3.3%	±3.3%	1.9%	±1.9%
20°—10°	1.9%	±1.9%	2.6%	±2.4%	5.4%	±5.4%	2.3%	±2.2%
30°—15°	2.4%	±2.4%	3.7%	±3.3%	8.2%	±7.5%	2.9%	±2.2%

接下来用真实场景对本节方法进行验证。首先考察光照计算的空间连贯性方法。图 4.5(a)和图 4.5(b)显示了一个场景视频中的两帧，视频序列的上三分之一部分由于饱和而被剔除，余下部分被均匀地划分成 32 个区域。在图 4.5(c)和图 4.5(d)中，横坐标表示划分的区域，纵坐标表示各个区域红色通道的太阳光估计值，其中，绿色点对应预处理阶段被剔除的区域(其光照值被标记为 0)，红色点对应剩余的用来估计的区域，紫色点和蓝色点则对应在平均过程中被剔除的区域，黑色点表示最后获得的估计值。在离线的本征统计参数求解阶段，有 10 个区域(绿色)因为计算出负的 v_s 而被剔除，因而只有 22 个区域(红色)参与到光照计算过程中。在图 4.5(b)里，由于行人的闯入，第 11 个区域(紫色)求解出的 L_{sun} 是负数，将其剔除。此外，第 19 个区域(蓝色)求解的太阳光的红色通道明显远远偏离其他区域的太阳光值，算法也将其剔除。因此，最后只有 20 个区域的光照值可用来求平均光照值。

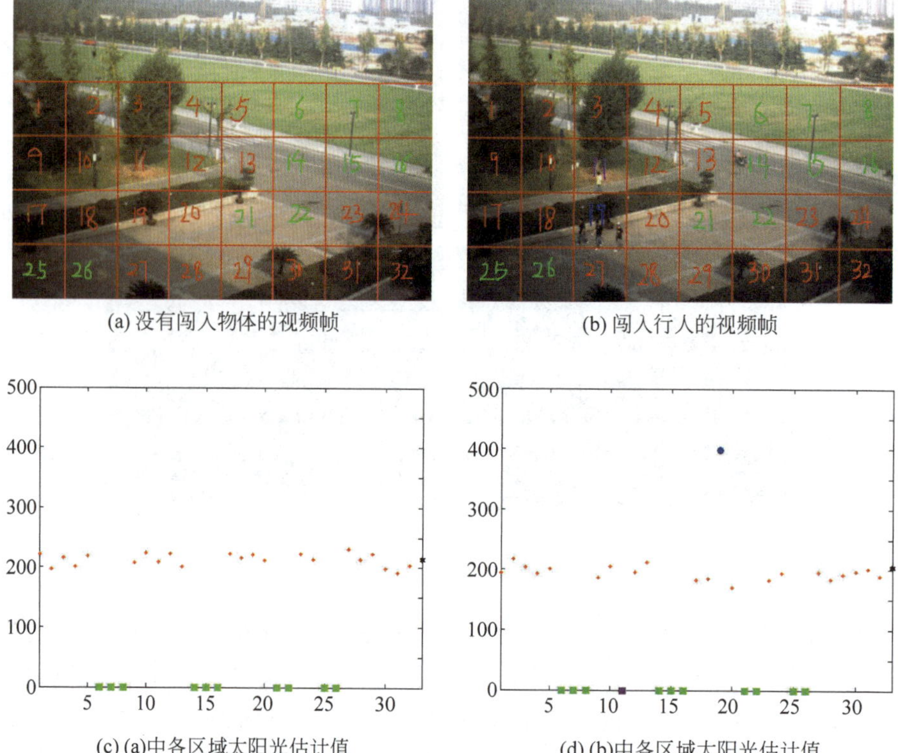

(a) 没有闯入物体的视频帧　　(b) 闯入行人的视频帧

(c) (a)中各区域太阳光估计值　　(d) (b)中各区域太阳光估计值

图 4.5　利用光照的空间连贯性对光照参数进行优化的结果

如前所述，场景的一些局部运动(如风吹树叶)往往会使估计出的光照值在各帧间有波动，图 4.6 展示了利用光照的时间连贯性对光照参数进行优化的结果，计算一段在有风的情

况下拍摄的视频序列未使用和使用卡尔曼滤波的太阳光值与天空光值，在每个图中横坐标表示视频帧序号，纵坐标表示光照强度，其中卡尔曼滤波前的光照的 R、G、B 值对应于 R1、G1、B1 所表示的颜色，卡尔曼滤波后的光照的 R、G、B 值对应于 R2、G2、B2 所表示的颜色。从图 4.6 可以看到，未使用卡尔曼滤波的场景光照值存在明显的波动。使用卡尔曼滤波后视频序列各帧的光照值变得比较平滑，这使得虚拟物体可以无缝地合成到背景序列中。

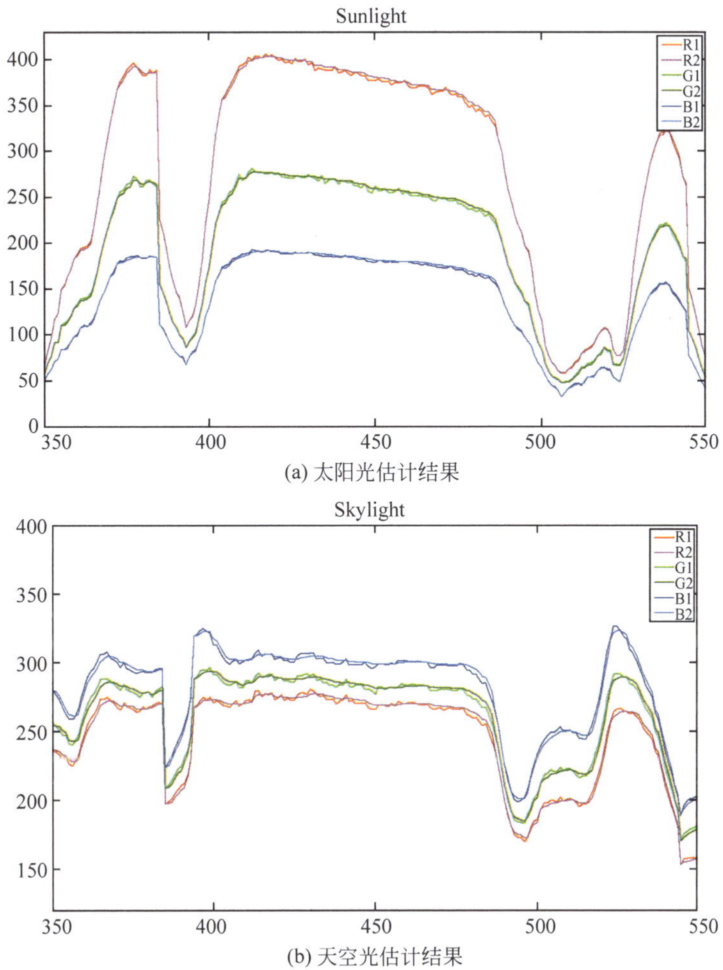

图 4.6　利用光照的时间连贯性对光照参数进行优化的结果

使用估计出的太阳光和天空光的光照参数对虚拟物体进行绘制并将其合成到背景视频中可得到 AR 效果图。AR 效果图中虚拟物体的外观和真实物体的匹配程度为评价光照计算算法的准确性提供了依据。图 4.7 给出了 3 个场景的虚实融合效果，图中的同一行表示一个虚拟物体在同一场景、不同天气条件下的融合效果，图 4.7 所添加的虚拟物体分别为：第一排是一辆静止汽车；第二排是一只石狮子；第三排是一辆灰色的运动汽车。前两个场景都是在多云天气下拍摄的，光照变化非常大，但是从融合结果中可以看到虚拟汽车和石狮子在不同的天气条件下都能很好地与背景融合。最后一个场景是在一个晴朗天气下拍摄的，虚拟物体为一辆运动的灰色汽车，注意到其融合效果未受场景中的动态物体如行人、飘扬的旗帜的影响。

图 4.7　3 个场景的虚实融合效果

本节算法的主要步骤是计算图像区域的方差、均值及求解式(4.10)和式(4.11),算法的效率非常高。对于分辨率为 320×240 的视频序列,算法的运行速度大约是 3.16ms/帧。本节算法也存在一定的局限性：首先,采用的光照模型比较简单,实际室外光照明非常复杂,用简单的模型来模拟实际的光照环境具有一定的局限性；其次,对于一些简单的场景,例如,如果场景中所有点具有相同材质和相同的法向,算法将会失效。

4.2.7　证明

根据式(4.6)、式(4.8)和材质 $\rho(x)$ 与几何、光照的无关性,有：

$$\begin{aligned}\sigma(I(x,t)) &= E\{\rho(x)[s(x,t)\cos\theta(x,t)L_{\text{sun}}(t)+L_{\text{sky}}(t)]\}^2 - E^2(I(x,t)) \\ &= E[\rho^2(x)]E[s(x,t)\cos\theta(x,t)L_{\text{sun}}(t)+L_{\text{sky}}(t)]^2 - E^2(t) \end{aligned} \tag{4.20}$$

对任一随机变量 ξ, $E(\xi^2)=\sigma(\xi)+(E(\xi))^2$ 成立。因此,记 $s(x,t)\cos\theta(x,t)L_{\text{sun}}(t)+L_{\text{sky}}(t)=\xi$ 得：

$$\begin{aligned}E(\xi^2) = &\sigma[s(x,t)\cos\theta(x,t)L_{\text{sun}}(t)+L_{\text{sky}}(t)]+ \\ &E^2[s(x,t)\cos\theta(x,t)L_{\text{sun}}(t)+L_{\text{sky}}(t)]\end{aligned}$$

$$\begin{aligned}&=\sigma[s(x,t)\cos\theta(x,t)L_{\text{sun}}(t)]+\\&\quad E^2\{\rho(x)[s(x,t)\cos\theta(x,t)L_{\text{sun}}(t)+L_{\text{sky}}(t)]\}/E^2[\rho(x)]\}\\&=L_{\text{sun}}^2(t)\sigma[s(x,t)\cos(x,t)]+\frac{E^2(t)}{m_r^2}\end{aligned}\tag{4.21}$$

记 $\rho(x)=\xi$，得 $E[\rho^2(x)]=\sigma[\rho(x)]+E^2[\rho(x)]$。因此，根据式(4.20)，有：

$$\begin{aligned}\sigma(I(x,t))&=[\sigma(\rho(x))+m_r^2]\{\sigma[s(x,t)\cos\theta(x,t)L_{\text{sun}}(t)+L_{\text{sky}}(t)]+\\&\quad E[s(x,t)\cos\theta(x,t)L_{\text{sun}}(t)+L_{\text{sky}}(t)]^2\}-E^2(t)\\&=[\sigma(\rho(x))+m_r^2]\left\{L_{\text{sun}}^2(t)\sigma[s(x,t)\cos(x,t)]+\frac{E^2(t)}{m_r^2}\right\}-E^2(t)\end{aligned}\tag{4.22}$$

记 $v_r(t)=\sigma(\rho(x))$，$v_s(t)=\sigma[s(x,t)\cos(x,t)]$，可得：

$$\begin{aligned}\sigma[I(x,t)]&=[v_r(t)+m_r^2]\left[v_s(t)I_{\text{sun}}^2(x,t)+\frac{E^2(t)}{m_r^2}\right]-E^2(t)\\&=[v_r(t)+m_r^2]v_s(t)I_{\text{sun}}^2(x,t)+\frac{v_r(t)}{m_r^2}E^2(t)\end{aligned}\tag{4.23}$$

4.3 基于基图像分解的室外场景实时光照计算

本节方法将天空光更准确地建模为面光源，在此基础上提出了一种基于基图像分解的室外场景实时光照计算方法。本节首先提出了一个将室外场景图像表示成太阳光基图像和天空光基图像的线性模型。通过在离线阶段学习光照条件不同的采样图像，获得采样太阳位置下的基图像，并求解出同一太阳位置、不同天气状况下任意图像的光照参数。进一步地，通过把该模型推广到太阳位置偏离采样太阳位置的情况，可以将虚拟物体无缝地融合到真实场景任意时刻拍摄的视频序列中。

本节方法与图像分解中的本征图像分解具有一定的相似度。本征图像分解是在将场景假设为朗伯漫反射场景、光照为朗伯模型的情况下将一幅自然图像分解成材质图像和光照图像的乘积。其中，光照图像是光源的入射强度、遮挡系数及光源的入射方向与物体法向夹角余弦值的乘积。虽然本节方法与本征图像分解都属于图像分解的范畴，但是它们分解出的成分却具有不同的物理意义。从形式上来说，本征图像分解是将一幅图像分解成两幅图像的乘积，而本节方法将室外场景的图像分解成两幅基图像的线性组合。

从物理意义上来说，本征图像分解的光照图像是阴影项、光源入射角及入射光强的乘积。对于室外场景来说，由于太阳的入射方向是可以根据拍摄地经纬度和拍摄时间计算出来的，因此本节方法更关注太阳光和天空光的入射光强，从而将太阳光和天空光的入射光强单独提出来，而将阴影项、太阳入射角及材质等与光照强度无关的成分定义为基图像。图4.8展示了本征图像分解与本节分解方法的对比，其中，红色字体表示本征图像分解，蓝色字体表示本节的分解方法。

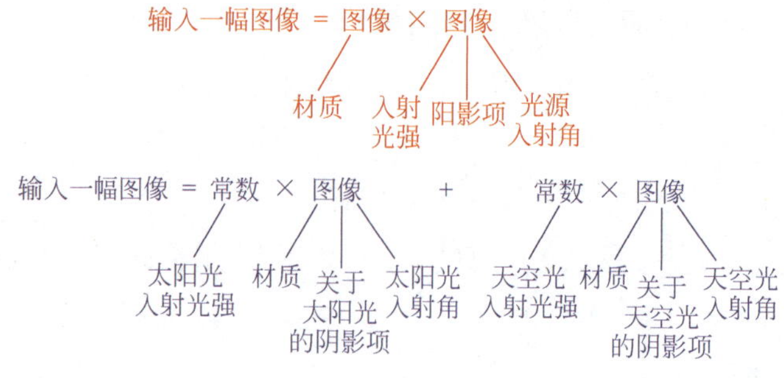

图 4.8 本征图像分解与本节分解方法的对比

4.3.1 线性模型

1. 室外光照模型

与 4.2 节的方法相比,本节的方法基于一个更复杂、准确的室外光照模型。不失一般性,室外场景中一个 3D 点 x 的光亮度可表示如下:

$$
\begin{aligned}
I(x,\theta_{out},\lambda) &= I_{sun}(x,\lambda) + I_{sky}(x,\lambda) \\
&= \int_{\Omega_{sun}} \rho(x,\theta_{in},\theta_{out},\lambda) S(x,\theta_{in}) L_{sun}(x,\theta_{in},\lambda) \cos\theta(x,\theta_{in}) \mathrm{d}\omega + \\
&\quad \int_{\Omega_{sky}} \rho(x,\theta_{in},\theta_{out},\lambda) S(x,\theta_{in}) L_{sky}(x,\theta_{in},\lambda) \cos\theta(x,\theta_{in}) \mathrm{d}\omega
\end{aligned}
\tag{4.24}
$$

其中,λ 为光波波长,$\rho(x,\theta_{in},\theta_{out},\lambda)$ 是场景景物表面在 x 处的双向反射分布函数(Bi-directional Reflectance Distribution Function,BRDF),θ_{in} 和 θ_{out} 分别是入射角和反射角,$S(x,\theta_{in})$ 是 x 处关于太阳光和天空光的遮挡函数,$L_{sun}(x,\theta_{in},\lambda)$ 是 x 处的入射太阳光强度,$L_{sky}(x,\theta_{in},\lambda)$ 是 x 处的入射天空光强度,Ω_{sun} 和 Ω_{sky} 分别是太阳和天空对 x 所张的立体角区域。

2. 线性模型

由于太阳是一个具有微小立体角的无穷远光源,因此可以认为 $L_{sun}(x,\theta_{in},\lambda)$ 对场景中的所有场景点 x 都是一个常数。进一步,如果场景静止且视点固定,则 θ_{out} 仅与 x 有关。略去 θ_{out},式(4.24)中的太阳光项可以表示如下:

$$I_{sun}(x,\lambda) = L_{sun}(\lambda) \rho(x,\theta_{in},\lambda) S(x,\theta_{in}) \cos\theta_{in}(x) \mathrm{d}\omega \tag{4.25}$$

对于天空光而言,其在晴朗天气条件下的分布是不均匀的,表现为在太阳光附近亮度较强,其他区域较弱,但在光照总能量中的占比较小。阴天情况下天空光对物体的照明起主导作用,且一般呈均匀分布。因此,假设天空光的亮度分布是均匀的,即:

$$I_{sky}(x,\lambda) = L_{sky}(\lambda) \rho(x,\theta_{in},\lambda) S(x,\theta_{in}) \cos\theta_{in}(x) \mathrm{d}\omega \tag{4.26}$$

因此,在太阳光为平行光源、天空光为具有均匀分布的面光源的假设下,式(4.24)可以表示为:

$$I(x,\theta_{out},\lambda) = I_{sun}(x,\lambda) + I_{sky}(x,\lambda)$$

$$
\begin{aligned}
&= L_{sun}(\lambda)\int_{\Omega_{sun}} \rho(x,\theta_{in},\lambda)S(x,\theta_{in})\cos\theta_{in}(x)\mathrm{d}\omega + \\
&\quad L_{sky}(\lambda)\int_{\Omega_{sky}} \rho(x,\theta_{in},\lambda)S(x,\theta_{in})\cos\theta_{in}(x)\mathrm{d}\omega
\end{aligned}
\tag{4.27}
$$

定义：

$$
\begin{cases}
C_{sun}(x,\lambda) = \int_{\Omega_{sun}} \rho(x,\theta_{in},\lambda)S(x,\theta_{in})\cos\theta_{in}(x)\mathrm{d}\omega \\
C_{sky}(x,\lambda) = \int_{\Omega_{sky}} \rho(x,\theta_{in},\lambda)S(x,\theta_{in})\cos\theta_{in}(x)\mathrm{d}\omega
\end{cases}
\tag{4.28}
$$

这样，任意一幅图像 $I(x,\lambda)$ 可表示成：

$$
I(x,\lambda) = L_{sun}(\lambda)C_{sun}(x,\lambda) + L_{sky}(\lambda)C_{sky}(x,\lambda) \tag{4.29}
$$

从定义可以看出，$C_{sun}(x,\lambda)$ 和 $C_{sky}(x,\lambda)$ 对应于 x 处的阴影、几何及 x 分别关于天空光和太阳光的遮挡项的乘积。对于一个固定的太阳位置，不管太阳光和天空光的强度怎么变化上述两项都是确定不变的。因此将它们分别称为太阳光基图像和天空光基图像。

式(4.29)表示任意一幅室外场景图像都可以表示成太阳光基图像和天空光基图像的线性组合，而组合系数正是场景中的太阳光和天空光入射光强。图 4.9 给出了将一个图像区域表示成太阳光基图像和天空光基图像的线性组合的例子。

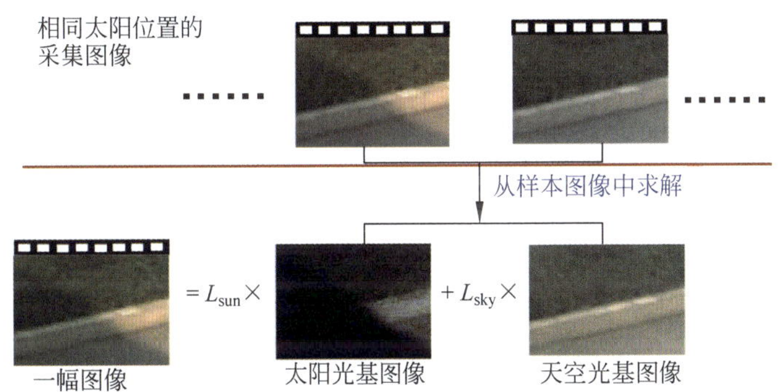

图 4.9　将图像区域表示成太阳光基图像和天空光基图像的线性组合的例子

4.3.2　基于基图像分解的光照计算框架

假设拍摄视点固定，物体的材质保持不变，则对于一个给定的太阳位置而言，其太阳光基图像和天空光基图像是确定的。如果能预先求出其太阳光基图像和天空光基图像，则在在线阶段，可以根据式(4.29)求出该太阳位置处任意光照条件下的图像的太阳光和天空光入射光强值。

基于上述分析，本节提出了一个基于基图像分解的室外光照求解框架。该框架分为离线基图像学习和在线光照计算两个阶段。离线阶段利用若干帧光照不同的采样图像求出采样太阳位置的基图像。在在线阶段，该框架对输入的每一帧场景画面，通过更新相邻采样太阳位置处的太阳光基图像求解该帧的光照。

1. 离线基图像学习

本节中的采样太阳位置指 4.2.4 节中的太阳轨迹区域划分的格点处的太阳位置。与

4.2.4 节的工作一样，本节将输入图像的像素值转换成场景的亮度值，λ 仍用 R、G、B 代替。下述的操作是对 R、G、B 3 个通道分别进行的。

对一个采样太阳位置，选择 n 幅同一场景在该太阳方位下拍摄的不同光照条件的图像 $I_1, I_2, \cdots, I_n$ 并对它们进行图像配准。对图像里的任一像素 $x_j, j=1,2,\cdots,m$，有：

$$\begin{cases} I_1(x_j)=L_{\text{sun},1}C_{\text{sun}}(x_j)+L_{\text{sky},1}C_{\text{sky}}(x_j) \\ I_2(x_j)=L_{\text{sun},2}C_{\text{sun}}(x_j)+L_{\text{sky},2}C_{\text{sky}}(x_j) \\ \vdots \\ I_n(x_j)=L_{\text{sun},n}C_{\text{sun}}(x_j)+L_{\text{sky},n}C_{\text{sky}}(x_j) \end{cases} \tag{4.30}$$

采用 4.1 节的方法求出 $I_1, I_2, \cdots, I_n$ 中的太阳光入射强度 $L_{\text{sun},i}$ 和天空光入射强度 $L_{\text{sky},i}$，这样式(4.30)所示的方程组里的每一个方程有两个未知参数 $C_{\text{sun}}(x_j)$、$C_{\text{sky}}(x_j)$ 需要求解。因此，至少需要两幅不同光照条件的图像来求解，即 $n \geqslant 2$。如果有更多的不同光照环境的图像，则可采用线性最小二乘法求其最优解。记方程组(4.30)的解为 $\hat{C}_{\text{sun}}(x_j)$ 和 $\hat{C}_{\text{sky}}(x_j)$。

2. 在线光照计算

在线光照计算阶段包括以下两种情况。

(1) 理想情况，即输入图像的太阳位置为给定的采样太阳位置。

(2) 输入图像的太阳位置偏离采样太阳位置。

对于第一种情况，已知其基图像可直接建立方程组求其光照参数。针对第二种情况，本节提出了一种扩展的光照计算算法。对于输入的一帧先找到与其邻近的采样太阳位置，然后对邻近的采样太阳位置处的基图像进行更新，获得当前帧的基图像用来求解其光照。

在理想情况下，对采样太阳位置下拍摄的任意光照环境的图像 I 中的所有像素 $x_j, j=1,2,\cdots,m$，有：

$$\begin{cases} I(x_1)=L_{\text{sun}}\hat{C}_{\text{sun}}(x_1)+L_{\text{sky}}\hat{C}_{\text{sky}}(x_1) \\ I(x_2)=L_{\text{sun}}\hat{C}_{\text{sun}}(x_2)+L_{\text{sky}}\hat{C}_{\text{sky}}(x_2) \\ \vdots \\ I(x_m)=L_{\text{sun}}\hat{C}_{\text{sun}}(x_m)+L_{\text{sky}}\hat{C}_{\text{sky}}(x_m) \end{cases} \tag{4.31}$$

一般来说 $m>2$，因此使用最小二乘法求解式(4.31)所示方程组的未知数 L_{sun} 和 L_{sky}，其解分别为 $\hat{L}_{\text{sun}}$ 和 $\hat{L}_{\text{sky}}$。进一步地，用基图像 $\hat{C}_{\text{sun}}(x_j)$ 和 $\hat{C}_{\text{sky}}(x_j)$ 和近似解 $\hat{L}_{\text{sun}}$ 和 $\hat{L}_{\text{sky}}$ 重构 I 得到 $\hat{I}$：

$$\begin{cases} \hat{I}(x_1)=\hat{L}_{\text{sun}}\hat{C}_{\text{sun}}(x_1)+L_{\text{sky}}\hat{C}_{\text{sky}}(x_1) \\ \hat{I}(x_2)=\hat{L}_{\text{sun}}\hat{C}_{\text{sun}}(x_2)+L_{\text{sky}}\hat{C}_{\text{sky}}(x_2) \\ \vdots \\ \hat{I}(x_m)=\hat{L}_{\text{sun}}\hat{C}_{\text{sun}}(x_m)+L_{\text{sky}}\hat{C}_{\text{sky}}(x_m) \end{cases} \tag{4.32}$$

定义 I 与其重构图像 $\hat{I}$ 的差为：

$$E(x_j)=\|\hat{I}(x_j)-I(x_j)\|,\quad j=1,2,\cdots,m \tag{4.33}$$

在实验阶段,使用此误差来衡量求解的准确性。

对于一段视频来说,太阳的位置是在逐渐变化的,当太阳光的位置变动时对应的太阳光基图像也会发生变化,需要对模型进行扩展。由于求解太阳光基图像和天空光基图像需要用户交互求解光源的初始值,为尽量减少交互,希望能通过采样太阳位置下的基图像来得到每一帧的太阳光基图像。

注意到当太阳位置发生变动时,对应的太阳光基图像发生变动的项包括余弦项 $\cos\theta_{\text{in}}(x)$ 和阴影项 $S(x,\theta_{\text{in}})$。下面通过考虑这两项变动,来更新太阳光基图像。

为了在场景法向未知的情况下对每帧太阳光的余弦项进行在线校正,需要在离线阶段手动选择 s 幅太阳入射方向为 $\boldsymbol{e}_i, i=1,2,\cdots,s$ 的图像(s 取 2 或 3),其中 $\boldsymbol{e}_i, i=1,2,\cdots,s$ 构成 2D 空间或者 3D 空间的一组基。由于一天中的太阳位置的轨迹是一个平面,因此如果只有一天数据那么只能找到 2D 空间的一组基,若有两天以上的数据则能找到 3D 空间的一组基。采用 4.1 节的方法求出这 2~3 幅选定图像的光照参数。对于场景中的一个材质为 k_{d}、法向为 $\boldsymbol{N}$ 的漫射面上未受遮挡的像素来说,可求出 $J_i=k_d\times\langle\boldsymbol{e}_i,\boldsymbol{N}\rangle$,其中 $\langle\boldsymbol{e}_i,\boldsymbol{N}\rangle$ 表示 $\boldsymbol{N}$ 与太阳入射方向 $\boldsymbol{e}_i$ 的夹角的余弦值。

设当前帧的太阳入射方向为 $\boldsymbol{v}$,将其在 $\boldsymbol{e}_i$ 下展开,记为 $\boldsymbol{v}=\sum_{i=1}^{s}k_i\boldsymbol{e}_i$,与当前帧相邻的采样太阳位置的太阳入射方向为 $\boldsymbol{v}'=\sum_{i=1}^{s}\boldsymbol{v}_i\boldsymbol{e}_i$(对于确定的入射方向,其在 $\boldsymbol{e}_i$ 下的系数易于求出),则对于图像上的像素 x,其在当前帧和相邻关键帧上分别有:

$$\begin{aligned} J&=k_d\times\langle\boldsymbol{v},\boldsymbol{N}\rangle=k_d\sum_{i=1}^{s}k_i\langle\boldsymbol{e}_i,\boldsymbol{N}\rangle=\sum_{i=1}^{s}k_ik_d\langle\boldsymbol{e}_i,\boldsymbol{N}\rangle=\sum_{i=1}^{s}k_iJ_i \\ J'&=k_d\times\langle\boldsymbol{v}',\boldsymbol{N}\rangle=k_d\sum_{i=1}^{s}\boldsymbol{v}_i\langle\boldsymbol{e}_i,\boldsymbol{N}\rangle=\sum_{i=1}^{s}\boldsymbol{v}_ik_d\langle\boldsymbol{e}_i,\boldsymbol{N}\rangle=\sum_{i=1}^{s}\boldsymbol{v}_iJ_i \end{aligned} \tag{4.34}$$

因此,可将太阳光入射方向 $\boldsymbol{v}$ 与入射表面法向的夹角用相邻采样太阳位置的入射方向 $\boldsymbol{v}'$ 与物体法向的夹角表示出来,见式(4.35):

$$\cos\theta_{\text{in}}=\langle\boldsymbol{v},\boldsymbol{N}\rangle=\langle\boldsymbol{v}',\boldsymbol{N}\rangle\frac{\sum_{i=1}^{s}k_iJ_i}{\sum_{i=1}^{s}\boldsymbol{v}_iJ_i} \tag{4.35}$$

这样将相邻采样太阳位置处场景的太阳光基图像的每个像素乘上系数 $\sum_{i=1}^{s}k_iJ_i\Big/\sum_{i=1}^{s}\boldsymbol{v}_iJ_i$ 就可以得到当前帧的太阳光基图像。

在对余弦项进行更新之后,非采样太阳位置的太阳光基图像与采样太阳位置下的太阳光基图像最大的差异就是阴影项的改变。对太阳光基图像中的阴影系数做如下矫正。

(1) 使用矫正过的余弦项的太阳光基图像按式(4.31)求解太阳光和天空光的光强。

(2) 利用式(4.32)重建图像并计算误差图。

(3) 对误差图中的像素逐一进行检查,如果某像素的重构误差大于一个给定的阈值,就把该像素从基图像里剔除,用剩余的像素继续进行上述步骤直到没有像素被剔除为止。

(4) 在上述删除过程中，如果当前帧剩余像素的百分比小于一个给定的阈值 δ，则对太阳在天空中出现的区域进行进一步的细分，加密采样位置获得对应的太阳光和天空光基图像，接着再利用上述步骤求解光照参数。

从实验中发现，对非采样位置的当前帧来说，虽然其太阳光基图像相比采样太阳位置的基图像会有一些像素被删除，但这不会对求解参数产生明显的影响。从理论上来讲，只需要两个像素即可求出光照参数。当然实际应用时像素点越多，求解系统越鲁棒。

3. 算法流程

本节的算法流程如图 4.10 所示，对于一幅输入图像首先根据其太阳位置在数据库里找到与其邻近的采样太阳位置处的太阳光基图像。根据式(4.35)对采样太阳位置的太阳光基图像进行余弦项的更新，接着用更新后的基图像根据式(4.31)求解光照值，再利用式(4.32)重构图像并计算误差，检查每个像素的误差是否大于给定的阈值，如果是则剔除误差较大的像素然后用余下的像素求解光照，直到图像中所有像素的重建误差均小于给定阈值为止，最后一次求解的光照值即为该帧的光照。

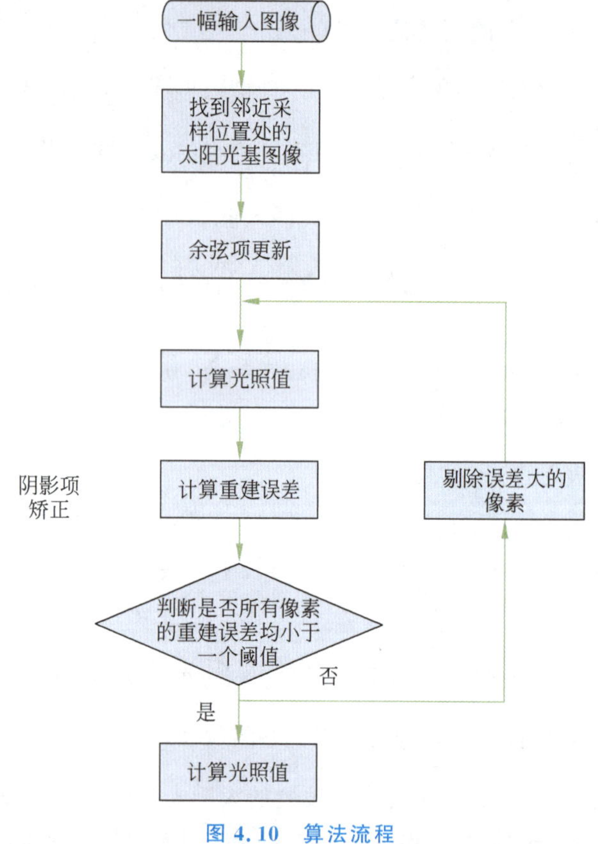

图 4.10　算法流程

值得提出的是，如 4.2 节所述，室外场景的视频画面经常受到一些运动景物的影响而非绝对静止，因此可将本节方法与 4.2 节提出的利用时间连贯性和空间连贯性对视频序列的光照参数进行光顺的方法相结合，以提高求解的稳定性。这些步骤在 4.2 节已有详细介绍，本节不再赘述。

4.3.3 实验结果

下面使用一个合成场景和 3 个真实场景对本节算法进行验证。3 个真实场景分别由佳能 Eos 5D、SX110 及 Dragonfly 摄像头拍摄。由于相机快门的震动会引起图像的抖动，因此在求取光照之前先对图像进行配准。算法在一台酷睿 2 代、1.8GHz、2.2GB 内存的计算机上实现。

首先使用一个合成场景和两个真实场景来考察理想情况下的光照计算结果。图 4.11 中第一排给出了 3 个场景的 3 幅关键帧(对应一个采样太阳位置)，图 4.11 的第二排为相应场景的采样太阳位置下的太阳光基图像和天空光基图像。可以看到，太阳光基图像中阴影区域的像素值接近黑色，这与这些像素应为零是相符的。图 4.11 中的第三排是输入的与关键帧具有相同太阳位置的测试图像，第四排是测试图像的重构图像，最后一排是误差图像，为了显示的需要，误差图的像素值被扩大了 3 倍。从重构图像和误差图可以看出重构图像非常接近原始的测试图像，误差很小。特别值得注意的是图中的校园场景关键帧里并没有全阴天气下的图像，但是算法依然能求解出测试图像中全阴图像的光照参数，而且具有较小的重构误差。

图 4.11 理想情况下的分解与重构

图 4.12 给出了使用扩展的光照计算算法处理校园场景画面中阴影项的结果。图 4.12(a)展示了 3 幅输入图像，其中最左侧的为关键帧，右边两幅分别为与关键帧太阳位置相差 8°和 13°的输入图像。图 4.12(b)展示了 4.12(a)中图像对应的太阳光基图像，其中蓝色像素表示阴影项更新时剔除的像素。图 4.12(c)为使用计算得到的基图像和光照重构的图像。图 4.12(d)则为相应的重构误差图像。为了便于展示，误差图在原本误差值的基础上增加了 128 个像素值。在本例中，遮挡项发生变化的像素的识别阈值是 20(255 灰度级)，该阈值既能容忍一部分的图像噪声又能有效地剔除遮挡项发生变化的像素。一般来说，同一场景画面的两帧中从阴影到非阴影或从非阴影到阴影的像素亮度差往往大于这个值。在图 4.12(a)最右侧的图中，一个运动物体闯入了阴影区域，本节算法自动将其剔除掉从而保证了求解的正确性。从图 4.12(b)中可以看到，太阳位置与采样太阳位置的偏离越大，被剔除的像素就越多，而图 4.12(d)所示的误差图可以看出偏差角越大误差也就越大。表 4.4 列出了对合成场景和校园场景剔除遮挡项变动的像素后剩余像素的百分比，从中可以看到仍有足够的像素可用来计算光照，本节对合成场景和校园场景分别使用 $\varepsilon=20$ 和 $\varepsilon=25$。当然，不同的场

景画面在不同的时刻需剔除的遮挡项变动的像素是不同的。针对本节所使用的校园场景和建筑场景,实验结果表明,以 15°为间隔对太阳在天空中出现的区域进行采样时产生的重建误差是可以接受的。因此,离线阶段的数据库也以这些采样位置保存太阳光基图像和天空光基图像。图 4.13 给出了对太阳位置区域进行采样及存储的基图像的示意图,太阳在天空中出现的区域被划分成若干个格点,每个格点存储一对采样太阳位置处的基图像。

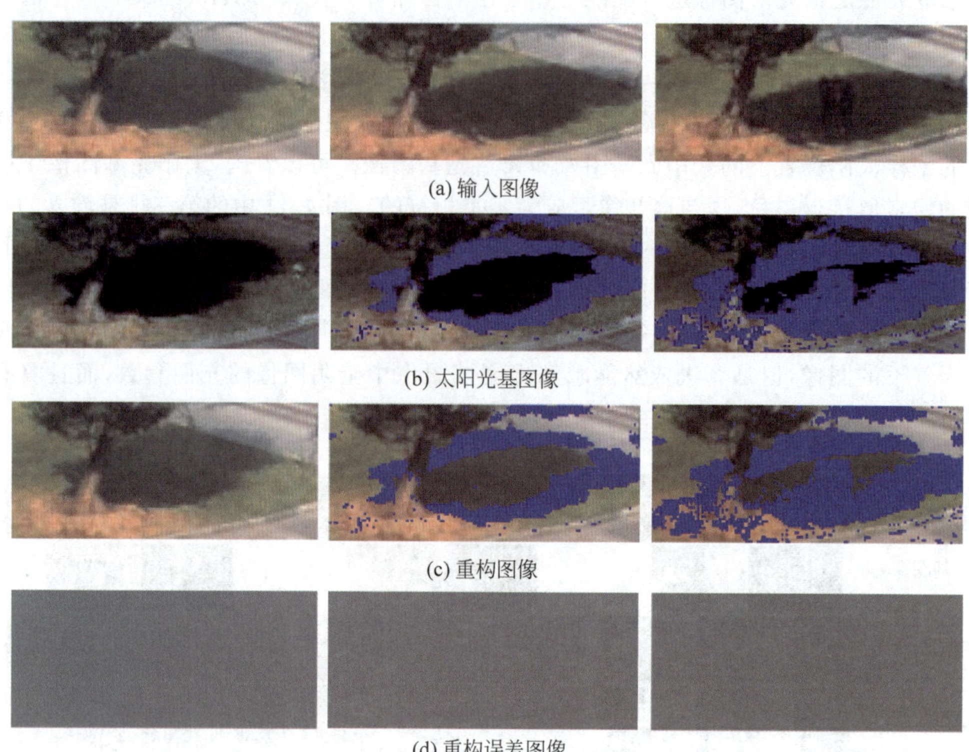

图 4.12 使用扩展的光照计算算法处理校园场景画面中阴影项的结果

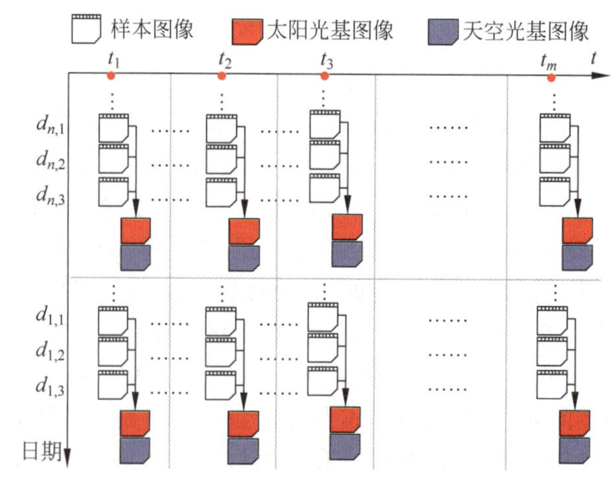

图 4.13 对太阳位置区域进行采样及存储的基图像的示意图

表 4.4　对合成场景和校园场景剔除遮挡项变动的像素后剩余像素的百分比

太阳偏角	合成场景		校园场景	
	$\varepsilon=10$	$\varepsilon=20$	$\varepsilon=10$	$\varepsilon=25$
5°	97.08%	92.38%	94.01%	86.72%
13°	90.77%	83.25%	89.23%	79.1%
21°	78.43%	71.91%	75%	68.2%

本节还使用了一个合成场景来验证光照计算的结果，所使用的两个不同光照环境下的输入图像如图 4.14(a)所示，重构图像如图 4.14(b)所示。

(a) 输入图像　　(b) 重构图像

图 4.14　合成场景的重构图与真实值之间的比较

图 4.15 给出了本节算法对两个真实场景的视频序列的虚实融合效果，其中在场景一中添加的虚拟物体为一个盒子和一个 buddha 雕像，在场景二中添加了一个虚拟盒子和两棵盆景树。在两个场景的视频序列中太阳光均快速地忽隐忽现，在这种情况下虚拟物体仍与背景光照非常匹配。

本节算法的一个主要步骤是更新阴影项，由于不同复杂度的场景的遮挡情况各不相同，因此更新阴影项花费的时间不等。表 4.5 给出了本节算法对不同场景的运行速度，这些场景的视频分辨率均为 320×240。从表 4.5 中可以看出算法时间主要消耗在阴影项更新上。例如，对于校园场景，更新阴影项占据了所花费总时间的 80.3%。

表 4.5　算法对不同场景的运行速度

场景	运行速度	太阳光入射角更新	阴影项更新	求解方程组	光顺
校园场景	36f/s	0.1%	80.3%	17.9%	1.7%
建筑场景	40f/s	0.1%	78.2%	19.8%	1.9%

本节算法在在线光照计算阶段不需要预先知道场景的 3D 几何及场景的材质属性，具有一定的实用性，但存在的缺点是仍然需要进行离线基图像学习。在此阶段需要用户交互标识阴影区域和非阴影区域以获得关键帧图像的光照参数。

(a) 场景一虚实融合效果

(b) 场景二虚实融合效果

图 4.15　本节算法两个真实场景的视频序列的虚实融合结果

4.4 无阴影的室外场景实时光照计算

4.3 节的方法要求画面中存在一定面积的阴影区域，当场景所有区域都被太阳光照射时，该方法将失效。另外，该方法假设天空光均匀分布并且不会发生任何变化，实际上天空光受到太阳位置、云层、雾霭、空气微粒等影响呈不均匀分布并且是随时间变化的。使用固定的均匀分布建模天空光会给求解引入一定的误差。

物体的外观是由光照、表面材质和几何共同决定的，在材质和几何已知的基础上，可以利用场景中不同点的亮度信息根据光照模型列出线性方程组。由于不同点在几何、亮度上存在着差异，因此这个方程组理论上有且仅有唯一解。基于此分析，本节提出了一种新的室外场景实时光照计算算法，首次将天空光分布信息融入模型参数，减少了天空光分布变化对光照求解的影响。由于重建整个场景难度较大，因此可手动指定一些特殊区域并交互地求取所选区域的几何和材质，然后利用场景中不同点在几何及亮度上的差异，实现光照的求解。与前面的算法相比，本节算法具有两个优点：可以在场景中不存在阴影的情况下正常运行；算法考虑了天空光分布的变化，更加符合真实室外场景的光照情况。

本节提出的光照计算框架分为离线和在线两个阶段。离线阶段的主要任务是重建部分场景的几何和材质。考虑到室外场景重建的复杂性，本节仅对选取的若干水平或竖直漫反射平面进行法向和漫反射系数的估算。本节介绍的几何重建算法利用了太阳光入射方向信息，先自动估计出一个大致方向，再在用户的协助下得到更为准确的结果。在已知场景几何的基础上，通过迭代求解的方法计算所选区域的漫反射系数。在在线阶段，则利用选择的区域进行光照计算及天空光遮挡因子的更新。

4.4.1 离线处理

S. J. Koppal 等人提出了一种对场景中物体表面聚类的方法。该方法假设法向相同的点在光源位置改变时其外观上的变化具有相似性，因此对场景中所有点的亮度变化曲线进行聚类便可将法向相同的点聚为同一类。本节利用该算法对待估计光照的场景进行划分，然后交互选取漫反射平面并标明其为竖直平面或水平平面。该方法需用到入射光方向不同的若干图像，因此需提前采集一天的数据（隔 30min 采集一幅即可），并保证采集的数据为晴天拍摄。

1. 平面法向估计

为了保证太阳的方位与所选平面的法向定义在同一坐标系下，本节利用太阳光的入射方向对平面法向进行计算。太阳光的入射方向可以根据视频拍摄地点的位置及拍摄时间求得。由于水平平面法向接近(0,0,1)，因此可主要计算竖直平面的法向。该过程分为初步估计和交互优化两部分。

1）初步估计

在漫反射的假设下，将太阳光分量图定义为：

$$I_{\text{sun}}(p,\lambda,t)=L_{\text{sun}}(\lambda,t)S_{\text{sun}}(p,t)k_d(p,\lambda)\cos\theta(p,t)\omega_{\text{sun}} \tag{4.36}$$

其中，设 p 处的单位法向量为(x_p,y_p,z_p)，t 时刻太阳光入射方向为$(x_{\text{sun}}(t),y_{\text{sun}}(t),z_{\text{sun}}(t))$（采用右手坐标系，竖直向上方向为 z 轴正向）。当 p 为非阴影点时有：

$$\begin{aligned}I_{\text{sun}}(p,\lambda,t)&=\omega_{\text{sun}}L_{\text{sun}}(\lambda,t)k_d(p,\lambda)(x_{\text{sun}}(t)x_p+y_{\text{sun}}(t)y_p+z_{\text{sun}}(t)z_p)\\&=L_{\text{sun}}(\lambda,t)(x_{\text{sun}}(t)X_p+y_{\text{sun}}(t)Y_p+z_{\text{sun}}(t)Z_p)\end{aligned} \tag{4.37}$$

其中，$(X_p,Y_p,Z_p)=\omega_{\text{sun}}k_{\text{d}}(p,\lambda)(x_p,y_p,z_p)$。从式(4.37)可知，对于任意 3 幅太阳入射方向不同的图像，若能够获得其太阳光分量图像和太阳光强度便可计算入射点处的法向。使用 4.1 节的方法可从单幅图像中交互获取光照参数，因此从采集的图像集中选取 3 幅便可实现对于所选平面法向的求解。

对于图像的 R、G、B 通道，利用式(4.36)推导出点 p 对于不同颜色分量时的入射光漫反射系数之间的关系。以 R、G 通道为例，有：

$$k_d(p,\text{G})=\frac{L_{\text{sun}}(\text{R},t)I_{\text{sun}}(p,\text{G})}{L_{\text{sun}}(\text{G},t)I_{\text{sun}}(p,\text{R})}k_d(p,\text{R}) \tag{4.38}$$

其中，令$(\bar{X}_p,\bar{Y}_p,\bar{Z}_p)=\omega_{\text{sun}}k_d(p,\text{R})(x_p,y_p,z_p)$，对于 R、G、B 3 个通道，式(4.36)可写为以 $\bar{X}_p$、$\bar{Y}_p$ 和 $\bar{Z}_p$ 为未知数的线性方程。为了减小误差，本节加入竖直平面的约束。令 $\bar{Z}_p$ 的值接近 0，通过求解带约束最小二乘问题确定其法向。对位于同一平面内的点，取其平均法向作为该平面的法向 $\boldsymbol{N}'$。值得注意的是，上面的求解仅适合理想的情况。由于图像中存在噪声，因此这样求出的法向存在较大的误差，无法满足光照计算的需求，为此需要借助用户的帮助估计最终的法向。

2）交互优化

法向估计如图 4.16 所示，根据在现实世界中的观察，对于室外场景中的一个竖直平面 M，存在一个时刻 t' 使得太阳与 M 共面，在 t' 前后该平面的太阳照射状态（即能否被太阳照射到）是不同的，如表 4.6 所示。根据前后时刻的照射状态便可确定太阳与 M 共面的时刻，此时 M 的法向同太阳光入射方向垂直，并且其在 z 方向上的分量值为 0。综合以上两点便可计算出 M 法向。因此确定太阳同 M 共面的时刻是估计 M 法向的关键。在计算过程中，可以利用初步估计过程中计算得到的 M 的初始法向 $\boldsymbol{N}'$ 对 M 的法向进行优化，先计算太阳光入射方向同 $\boldsymbol{N}'$ 垂直的两个时刻 t_1（较早）、t_2（较晚），选择其中位于白天的时刻，观察在采样图像集合中该时刻前后两幅图 I_{before} 和 I_{after} 中平面 M 的光照状态，再按所示方式对 $\boldsymbol{N}'$ 做出调整，对调整后的 $\boldsymbol{N}'$ 继续进行上述过程直至确定太阳同 M 共面的时刻。由于初始的 $\boldsymbol{N}'$ 已经比较接近真实值，因此只需少数几步判断就可确认最终法向。

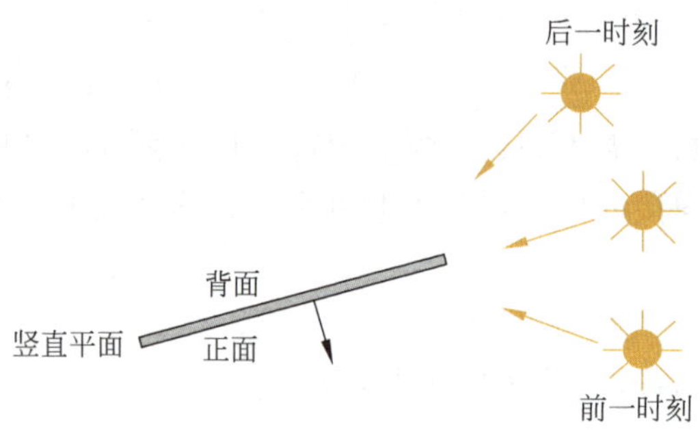

图 4.16　法向估计

表 4.6　t' 前后平面的太阳照射状态

光照状态	t_1 在白天	t_2 在白天
I_{before} 和 I_{after} 均被太阳照到	$\boldsymbol{N}'$ 垂直于 I_{before} 拍摄前 15min 太阳光入射方向	$\boldsymbol{N}'$ 垂直于 I_{after} 拍摄后 15min 太阳光入射方向
I_{before} 和 I_{after} 均不被太阳照到	$\boldsymbol{N}'$ 垂直于 I_{before} 拍摄后 15min 太阳光入射方向	$\boldsymbol{N}'$ 垂直于 I_{after} 拍摄前 15min 太阳光入射方向
I_{before} 和 I_{after} 光照状态不同	$\boldsymbol{N}'$ 垂直于当前太阳光入射方向	$\boldsymbol{N}'$ 垂直于当前太阳光入射方向

2. 漫反射材质估计

本节在几何已知的基础上对所选平面的漫反射系数进行计算。从采样图像集中选取一幅图像，使用平面法向估计的方法交互计算其光照参数和太阳光分量图像，通过太阳光分量图像即可判断所选图像的非阴影区域，进而完成材质的估计。该过程分为初步估计和迭代优化两步。

1）初步估计

记剩余的球面积分结果为 π，公式如下：

$$I(p,\lambda,t)=L_{\text{sun}}(\lambda,t)S_{\text{sun}}(p,t)k_d(p,\lambda)\cos\theta(p,t)\omega_{\text{sun}}+L_{\text{sky}}(\lambda,t)\bar{S}_{\text{sky}}(p,t)k_d(p,\lambda)\pi \tag{4.39}$$

若点 p 位于非阴影区域，则有：

$$\bar{S}_{sky}(p,t)=\frac{\dfrac{I(p,\lambda,t)}{k_d(p,\lambda)}L_{sun}(\lambda,t)\cos\theta(p,t)\omega_{sun}}{L_{sky}(\lambda,t)\pi} \tag{4.40}$$

其中，式(4.39)对 R、G、B 3 个通道均成立。类似地，利用式(4.38)将 3 个通道的材质系数用某一通道的材质系数表示，不妨均用 $k_d(p,\mathrm{R})$ 表示，R、G、B 3 个通道两两联立方程组即可求得 $k_d(p,\mathrm{R})$。然后将 $k_d(p,\mathrm{R})$ 代入式(4.40)可求得 $\bar{S}_{sky}(p,t)$。由于 $\bar{S}_{sky}(p,t)$ 在同一平面内具有光滑性，因此可对同一平面内的 $\bar{S}_{sky}(p,t)$ 进行光滑处理，再将光滑后的结果代入式(4.40)，分别求出点 p 关于 3 个通道颜色分量入射光的漫反射系数。

2）迭代优化

使用上面的方法初步获取场景的材质属性后，结合平面法向的估计结果，求解出光照参数，然后使用新的光照参数重新计算材质系数，两步交替进行，直至收敛。需要说明的是，本节方法仅可恢复所选平面中非阴影区域的材质，对于阴影区域则做舍弃处理。图 4.17 展示了一个场景的材质求解结果，图 4.17(a)为拍摄的场景，图 4.17(b)为对应所选平面材质的求解结果。为显示图像，将材质的数值线性地映射到[0,255]。

(a) 输入图像拍摄场景

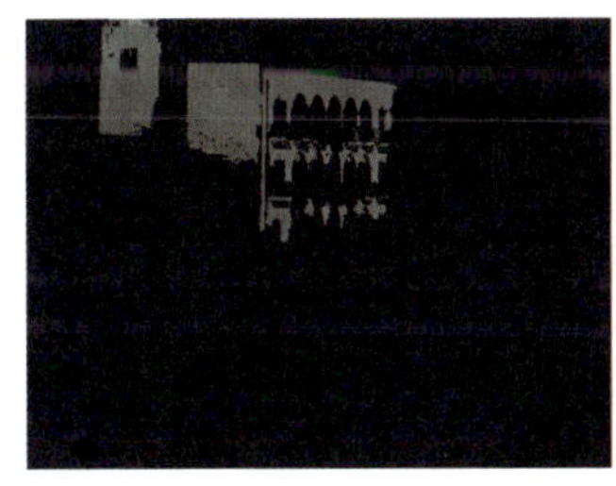

(b) 对应所选平面材质的求解结果

图 4.17　材质求解结果

4.4.2　光照参数在线计算

在材质和几何已知的情况下，式(4.39)中的未知量仅剩 L_{sun}、L_{sky} 及 S_{sun}、$\bar{S}_{sky}$。本节首先介绍求解这些参数的方法，然后提出一个框架来实现光照参数的位线实时计算，最后再对光照计算方法进行讨论。

1. 光照参数求解

对于场景中法向不同的两点 p_1、p_2，由式(4.39)得：

$$\begin{cases} k_d(p_1,\lambda)(S_{sun}(p_1,t)\cos\theta(p_1,t)\omega_{sun}L_{sun}(\lambda,t)+\pi\bar{S}_{sky}(p_1,t)L_{sky}(\lambda,t))=I(p_1,\lambda,t) \\ k_d(p_2,\lambda)(S_{sun}(p_2,t)\cos\theta(p_2,t)\omega_{sun}L_{sun}(\lambda,t)+\pi\bar{S}_{sky}(p_2,t)L_{sky}(\lambda,t))=I(p_2,\lambda,t) \end{cases} \tag{4.41}$$

在遮挡因子已知的情况下，上述方程组的系数线性无关，因此有唯一解。由于一般情况下太阳光颜色偏红，因此在求解光照时还需考虑对太阳光的颜色约束，即太阳光参数需满足 R>G>B。光照求解示意如图 4.18 所示，在实际计算时，将所选择点的所有通道联立在一起通过求解带约束最小二乘法问题来完成光照参数的计算。

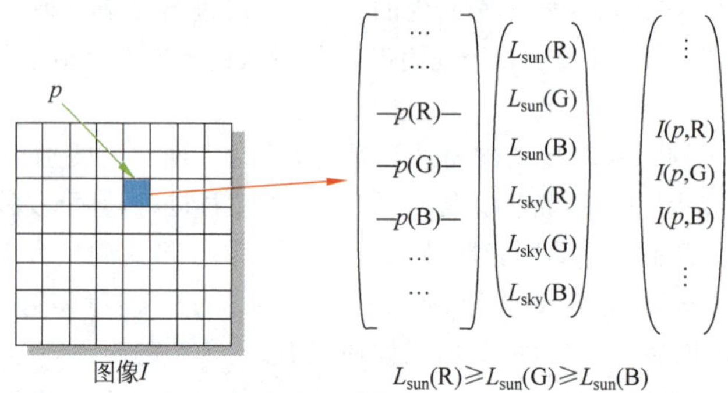

图 4.18 光照求解示意

2. 遮挡因子求解

对天空光遮挡因子输入一个初始值作为初始约束，记此初始值为 $\bar{S}^0_{sky}$。由于之前的计算已经获得场景的材质属性和光照参数，故根据式(4.39)，$\bar{S}^0_{sky}$ 可由采集的一幅阴天图像(该图像对应的太阳光强度为 0)求得。对于任意视频帧 $I(p,\lambda,t)$，在光照参数已知的情况下，可通过最小化下面的目标函数获取遮挡系数：

$$\arg\min_{S_{sun},\bar{S}_{sky}} \sum_{p\in C}\sum_{\lambda\in\{R,G,B\}} (I(p,\lambda,t)-I^*(p,\lambda,t))^2+\mu_1(\bar{S}_{sky}(p,t)-\bar{S}^0_{sky}(p,t))^2+ \mu_2|\nabla\bar{S}_{sky}(p,t)|^2 \tag{4.42}$$

其中，S_{sun}、$\bar{S}_{sky}$ 为包含所有选择点遮挡因子的向量，C 为选择点的集合，$I^*(p,\lambda,t)$为由当前遮挡因子根据式(4.39)计算得到的新图像，μ_1、μ_2 为权重系数。

式(4.42)中的目标函数共有 3 项。第一项用于保证按照式(4.39)重建的图像与原始图像误差足够小；第二项用来控制天空光遮挡因子不会过多地偏离初始值，这是由于天空光的变化通常不会导致物体遮挡因子的巨大改变，因此可用初始值对其进行控制；第三项为光滑项，主要利用了 $\bar{S}_{sky}(p,t)$的光滑性。

记该优化过程求解得到的太阳光遮挡因子、天空光遮挡因子分别为 $S'_{sun}(p,t)$和 $\bar{S}'_{sky}(p,t)$，由于太阳光遮挡因子仅取 0 或 1，因此可根据阈值对其进行取值：

$$S_{sun}(p,t)=\begin{cases}0, & S'_{sun}(p,t)\leqslant 0.5 \\ 1, & S'_{sun}(p,t)>0.5\end{cases} \tag{4.43}$$

对于天空光遮挡因子，利用 $S_{\langle sun,final\rangle}(p,t)$和式(4.39)反求天空光遮挡因子得到 $\bar{S}''_{sky}(p,t)$，最终计算结果为：

$$\bar{S}_{\langle sky,final\rangle}(p,t)=0.5(\bar{S}'_{sky}(p,t)+\bar{S}''_{sky}(p,t)) \tag{4.44}$$

其中,若 $\bar{S}_{\langle sky,final\rangle}(p,t)$小于 0 或大于 1,则将其分别设置为 0 或 1。

4.4.3 实验结果

为了验证本节方法的正确性,本节设计了一些实验,实验中用到的视频是从 N. Jacobs 等人制作的数据集 AMOS 中下载的,共 3 个场景,分别为广场、教堂、海滨,对每一场景下载了 2～3 天的数据。

在广场场景中选取平面,利用本节算法计算其光照参数和遮挡因子,其中光照条件计算结果如图 4.19 所示,详细展示了按式(4.39)计算得到的太阳光分量图和天空光分量图及将这两部分图像相加后得到的重建图像与原始图像的误差(两幅图像对应像素差的绝对值),其中,图 4.19(b)、图 4.19(c)中的灰色像素和图 4.19(d)中的白色像素是没有用于光照计算的像素。在所选区域没有阴影的情况下(第一行)该算法也能实现太阳光和天空光的分离,从图 4.19(b)可以看到本节算法基本正确地识别出了场景中的阴影,而图 4.19(d)的误差图说明本节算法能够准确地重建原图。

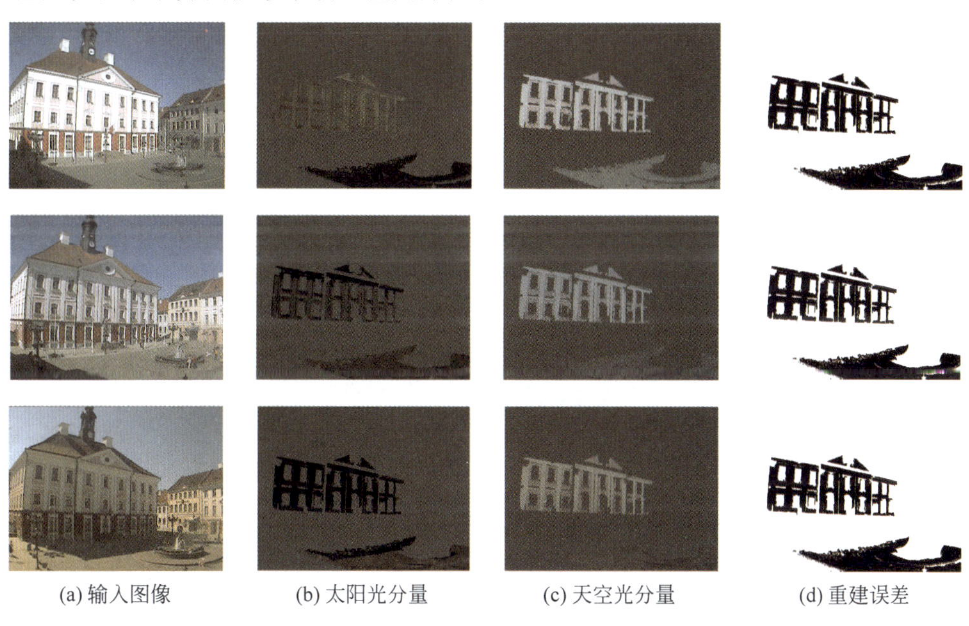

(a) 输入图像 (b) 太阳光分量 (c) 天空光分量 (d) 重建误差

图 4.19 光照条件计算结果

本节算法可以在天空光分布发生改变时对天空光分量图做出正确更新,为了验证这一结论,本节选取了在阴天拍摄的海滨场景的若干幅照片进行实验。由于天空光分布变化可能会引起法向不同的两个竖直平面亮度比发生改变,因此可通过比较原始视频帧和计算得到的天空光分量图在不同平面点处的亮度比来验证算法的正确性。输入图像如图 4.20(a)所示,选择 A、B、C 3 个点,其中 B、C 位于同一平面,A 位于与之垂直的另一平面。图 4.20(b)展示了 B 与 A 的亮度比,可以看到本节计算得到的天空光图像在这两点的亮度比十分接近原始视频帧中这两点的比值,C 与 A 亦如此(图 4.20(c)),这说明本节算法能够正确反映天空光分布变化对场景带来的影响。

(a) 输入图像

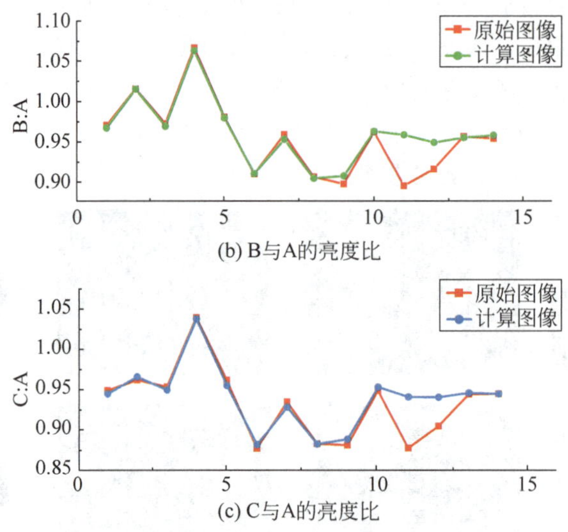

(b) B与A的亮度比

(c) C与A的亮度比

图 4.20　天空光图像估计结果

最后，用估计得到的光照参数绘制虚拟物体，并将虚拟物体融入真实视频，以此来验证计算得到的光照参数的准确性。3 个场景的虚实融合的部分视频帧结果如图 4.21 所示，其中图 4.21(a)中的虚拟物体为 HOTEL 广告牌和光场上的雕像；图 4.21(b)中的虚拟物体为广场上的卡车和卡车旁边的白色轿车；图 4.21(c)中的虚拟物体为房顶上的 GRAPHICS 广告牌和热水器。

(a) 广场场景

图 4.21　3 个场景的虚实融合的部分视频帧结果

(b) 教堂场景

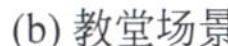

(c) 海滨场景

图 4.21 (续)

4.5 基于完备天空光模型/球面调和函数的室外光照计算

前面介绍的方法对于天空光的建模较为粗糙,同时也忽略了来自周围环境的间接光照,降低了虚实融合场景的真实感。本节将介绍一种基于完备天空光模型/球面调和函数的室外光照计算方法。该方法较为完整地考虑了室外场景的直接光照和间接光照,同时对天空光进行了较为准确的建模,可以获得更为真实的虚实融合效果。注意到天空的亮度分布与太阳位置及大气条件相关,而图像本身又能够提供部分来自环境的间接光照信息,利用这些先验信息,本节方法尽可能多地从图像中获取有利于光照计算的信息。本节方法还引入了天空分布模型,通过球面调和函数(Spherical Harmonic,SH)将室外光照简化为仅含6个光照参数的简单模型,在恢复场景的材质系数后,仅通过求解线性问题获取最终材质系数,具有较高的运行效率。为了提高算法的稳定性,本节方法通过一些简单的交互对场景进行重建。

本节的创新点如下。

(1) 提出了一种新的基于完备天空光模型/球面调和函数的室外光照计算方法,提高了虚实融合场景的真实感;

(2) 充分利用了场景先验信息,将光照计算简化为一个仅含6个未知参数的线性优化问题,提高了计算效率。

4.5.1 球面调和函数

球面调和函数 $Y_{lm}(l>0、-l<m<l)$是一组定义在球面上的正交函数。与傅里叶函数类似,任意一个定义在球面上的函数都可用SH线性表示。基于该表示,Ravi Ramamoorthi 将SH引入真实感绘制。本小节主要介绍如何利用SH对凸朗伯物体进行绘制。

假设 L 为一特定的光照分布，对于物体表面一点 p，其接收到的光能可通过下式计算：

$$E(n)=\int_{\Omega(n)} L(\boldsymbol{\omega})(\boldsymbol{n}\cdot\boldsymbol{\omega})\mathrm{d}\boldsymbol{\omega} \tag{4.45}$$

其中，$\boldsymbol{n}$ 为物体表面法向，$\Omega(\boldsymbol{n})$为上半球面，$\boldsymbol{\omega}$ 为一个单位向量。p 点反射的光亮度可通过其接收的光能 E 和表面反射率 ρ_p 的乘积计算：

$$I_p(\boldsymbol{n})=\rho_p E(\boldsymbol{n}) \tag{4.46}$$

显然，为了计算物体的亮度，需要先计算 E 的值。$L(\theta,\phi)$和 $E(\theta,\phi)$可通过 SH 线性表示。令 L_{lm} 和 E_{lm} 分别代表它们的组合系数，因此有：

$$\begin{aligned} L(\theta,\phi) &= \sum_{l,m} L_{lm} Y_{lm}(\theta,\phi) \\ E(\theta,\phi) &= \sum_{l,m} E_{lm} Y_{lm}(\theta,\phi) \end{aligned} \tag{4.47}$$

Ravi Ramamoorthi 的工作证明了 E_{lm} 可被 L_{lm} 表示：

$$E_{lm}=\sqrt{\frac{4\pi}{2l+1}}A_l L_{lm} \tag{4.48}$$

其中，A_l 是函数 $A=(\boldsymbol{n}\cdot\boldsymbol{\omega})$对应于 SH 的组合系数。由于 A 与方位角无关，因此其组合系数仅含下标 l，在计算时 A_l 是一常数。为了方便表示，本节定义一个新的符号：

$$\hat{A}_l=\sqrt{\frac{4\pi}{2l+1}}A_l \tag{4.49}$$

将上述符号代入式(4.48)，有

$$E_{lm}=\hat{A}_l L_{lm} \tag{4.50}$$

从而可将式(4.47)简化为：

$$E(\theta,\phi)=\sum_{l,m}\hat{A}_l L_{lm} Y_{lm}(\theta,\phi) \tag{4.51}$$

其中，$\hat{A}_l$ 可以用解析式求解。其求解式为：

$$\begin{aligned} &l=1 && \hat{A}_l=\frac{2\pi}{3} \\ &l>1\text{，为奇数} && \hat{A}_l=0 \\ &l\geqslant 0\text{，为偶数} && \hat{A}_l=2\pi\frac{(-1)^{\frac{l}{2}-1}}{(l+2)(l-1)}\left[\frac{l!}{2^l\left(\frac{l}{2}!\right)^2}\right] \end{aligned} \tag{4.52}$$

按照此式，$\hat{A}_l$ 前几项的值为：

$$\hat{A}_0=3.141593\quad \hat{A}_1=2.094395\quad \hat{A}_2=0.785398$$

$$\hat{A}_3=0.000000\quad \hat{A}_4=-0.13090\quad \hat{A}_5=0.000000$$

注意到 $\hat{A}_l$ 的值随着 l 的增大迅速减小，现在已有许多论文证实，采取 9 个低阶的 SH 便能很好地逼近原函数。令$(x,y,z)=(\sin\theta\cos\phi,\sin\theta\sin\phi,\cos\theta)$，这 9 个低阶的 SH 可以写为：

$$\begin{aligned} &Y_{00}(\theta,\phi)=0.282095 \\ &(Y_{11};Y_{10};Y_{1-1})(\theta,\phi)=0.488603(x;y;z) \\ &(Y_{21};Y_{2-1};Y_{2-2})(\theta,\phi)=1.092548(xz;yz,xy) \end{aligned} \tag{4.53}$$

$$Y_{20}(\theta,\phi)=0.315393(3z^2-1)$$

$$Y_{22}(\theta,\phi)=0.546274(x^2-y^2)$$

L_{lm} 是光照分布 L 的组合系数，可通过 L 与 Y_{lm} 的卷积求得：

$$L_{lm}=\int_{\theta=0}^{\pi}\int_{\phi=0}^{2\pi}L(\theta,\phi)Y_{lm}(\theta,\phi)\sin\theta\mathrm{d}\theta\mathrm{d}\phi \tag{4.54}$$

需要说明的是，上述方法仅针对凸朗伯物体成立。实际上 SH 还可应用于复杂材质物体的绘制（Peter-Pike Sloan 等人提到的方法）。注意到用这种方法计算物体外观时，L_{lm} 可被提前计算，从而可以实现对虚拟物体的实时绘制。研究者将这类绘制方法称为预计算辐射传递算法（Precomputed Radiance Transfer，PRT）。

4.5.2 室外场景光照计算

首先利用 SH 重构室外场景光照模型，重构后的模型充分利用了场景光照先验信息，大大减少了需要求解的光照参数数量。根据这个模型，本节提出了一种新的方法来交替求解光照参数和场景材质信息。

1. 室外场景光照模型

本节将天空光及来自周围物体的光统称为环境光。对于位于室外场景的一个物体，其所接受的光可分为太阳光和环境光。于是，场景中的一点 p 的亮度可以表示：

$$I_p(\lambda)=I_p^{\text{sun}}(\lambda)+I_p^{\text{env}}(\lambda) \tag{4.55}$$

其中，λ 代表 R、G、B 通道。

使用平行光源建模太阳光后，可将 $I_p^{\text{sun}}(\lambda)$ 表示为：

$$I_p^{\text{sun}}(\lambda)=s_p^{\text{sun}}L_{\text{sun}}(\lambda)[\rho_p(\lambda)(\boldsymbol{n}_p\cdot\boldsymbol{l})+k_p(\lambda)(\boldsymbol{n}_p\cdot\boldsymbol{h}_p)^{\alpha_p}] \tag{4.56}$$

其中，L_{sun} 为太阳光入射强度，$\boldsymbol{l}$ 为太阳光入射方向，$\boldsymbol{n}_p$ 为 p 点处的法向，$\boldsymbol{h}_p$ 是 p 点处太阳入射方向和视线方向的角平分线方向，ρ_p 是 p 点的漫反射系数，k_p 和 α_p 则是镜面反射系数，$s_p^{\text{sun}}\in[0,1]$是太阳光遮挡系数，其值在本影处为 0，非阴影处为 1，而在其余软影区域则为 0 到 1 之间的一个实数。

环境光可被近似为分布在球面上的面光源。由于室外场景存在大量接近于漫反射的物体，因此本节在计算环境光时忽略物体的镜面反射。这一近似简化了模型，提高了运算效率。后续的实验数据显示这种近似不会对恢复的光照带来过大的影响。将环境光用环境贴图记录，L^{env} 表示环境光的分布，那么，根据式（4.46）和式（4.50），可将环境光部分的亮度表示为：

$$I_p^{\text{env}}(\lambda)=\rho_p(\lambda)\sum_{l,m}\hat{A}_l L_{lm}^{\text{env}}(\lambda)Y_{lm}(\boldsymbol{n}_p) \tag{4.57}$$

L_{lm}^{env} 可以通过式（4.54）计算，其中的积分操作可以通过 L^{env} 与 Y_{lm} 的内积运算求得：

$$L_{lm}^{\text{env}}(\lambda)=\sum_{(\theta,\phi)\in\Omega}L^{\text{env}}(\lambda,\theta,\phi)Y_{lm}(\theta,f)\sin\theta\Delta\theta\Delta\phi \tag{4.58}$$

其中，Ω 为单位球面，它可以分为两部分：天空区域 Ω_{sky} 和周围物体区域 Ω_{obj}。根据此分类，有：

$$L_{lm}^{\text{env}}(\lambda)=L_{lm}^{\text{sky}}(\lambda)+L_{lm}^{\text{obj}}(\lambda)$$

$$= \sum_{(\theta,\phi)\in\Omega_{sky}} L^{env}(\lambda,\theta,\phi)Y_{lm}(\theta,\phi)\sin\theta\Delta\theta\Delta\phi + \sum_{(\theta,\phi)\in\Omega_{obj}} L^{env}(\lambda,\theta,\phi)Y_{lm}(\theta,\phi)\sin\theta\Delta\theta\Delta\phi \tag{4.59}$$

由于缺乏场景的相关信息，来自于周围物体的光只能通过环境贴图合成算法从图像中获取，因此可以直接计算出$L_{lm}^{obj}(\lambda)$。但是，这种方法仅能得到一个近似的环境，与真实光照条件仍有区别。为了保证恢复的光照环境同真实的光照具有接近的照明效果，必须对天空的亮度分布进行计算。尽管有些方法可直接根据场景中物体的几何和亮度计算天空分布，但是这样处理忽略了天空本身的特点，给计算带来了较大的难度。为此，本节引入了 Perez 天空分布模型。该模型能够比较准确地模拟天空光分布。其所模拟的天气状态是由天空浑浊度来确定的。一般来说，浑浊度越低，天空越晴朗。对于天空中一点q，其相对亮度l_q为：

$$l_q = f(\theta_q,\gamma_q) = [1 + a\exp(b/\cos\theta_q)] \times [1 + c\exp(d\gamma_q) + e\cos^2(\gamma_q)] \tag{4.60}$$

其中，θ_q为q点处的天顶角，γ_q为q同太阳的夹角，a、b、c、d、e为天气参数，由天空浑浊度所确定。q点的绝对亮度L_q可通过天顶点亮度L_z和太阳所在位置的天顶角θ_s计算：

$$L_q = L_z \frac{f(\theta_q,\gamma_q)}{f(0,\theta_s)} \tag{4.61}$$

对于入射方向(θ,ϕ)，记函数：

$$F(\theta,\phi) = \frac{f(\theta,\gamma(\theta,\varphi,\theta_s))}{f(0,\theta_s)} \tag{4.62}$$

其中，$\gamma(\theta,\varphi,\theta_s)$是用来计算该方向同太阳位置的夹角的，因此：

$$L_{lm}^{sky}(\lambda) = L_z(\lambda) \sum_{(\theta,\phi)\in\Omega_{sky}} F(\theta,\phi)Y_{lm}(\theta,\phi)\sin\theta\Delta\theta\Delta\phi \tag{4.63}$$

将式(4.63)中的和式用R_{lm}^{sky}表示，根据式(4.59)，有：

$$L_{lm}^{env} = L_z(\lambda)R_{lm}^{sky} + L_{lm}^{obj}(\lambda) \tag{4.64}$$

将其代回式(4.57)得到：

$$I_p^{env}(\lambda) = \rho_p(\lambda)\left[L_z(\lambda)\sum_{l,m}\hat{A}_l R_{lm}^{sky} Y_{lm}(\boldsymbol{n}_p) + \sum_{l,m}\hat{A}_l L_{lm}^{obj}(\lambda)Y_{lm}(\boldsymbol{n}_p)\right] \tag{4.65}$$

为了更好地表示参数的意义，在式(4.65)中，用L_{sky}代替L_z，将第一个和式记为P_p^{sky}，第二个和式记为$E_p^{obj}(\lambda)$，本方法最终使用的光照模型为：

$$I_p(\lambda) = s_p^{sun}L^{sun}(\lambda)[\rho_p(\lambda)(\boldsymbol{n}_p\cdot\boldsymbol{l}) + k_p(\lambda)(\boldsymbol{n}_p\cdot\boldsymbol{h}_p)^{\alpha_p}] + \rho_p(\lambda)P_p^{sky}L^{sky}(\lambda) + \rho_p(\lambda)E_p^{obj}(\lambda) \tag{4.66}$$

其中，仅有$L^{sun}(\lambda)$和$L^{sky}(\lambda)$是与光照相关的参数。由于是在 R、G、B 3 个通道分别计算的，因此共有 6 个光照参数。

2. 初始数据获取

为了求解式(4.66)中光照相关的参数，需要减少该式中未知参数的数量。本节通过用户交互实现对于式(4.67)中部分参数的计算。

1）几何估计

第一步是要对相机进行标定。由于算法的输入只有一幅图像且不含标定物，因此本节选择基于灭点的相机标定算法实现对相机的标定，其关键在于寻找图像中的灭点。Varsha Hedau 等人提出了一种自动检测灭点的方法。先使用该算法自动检测灭点，对于检测效果不佳的，再通过手工干预获得较为准确的检测结果。为了简化场景重建，假定场景中含有水平地面和若干竖直平面。方便起见，在相机标定时将坐标系进行特殊的设置，使地面的方程为 $z=0$，之后再由用户在地面上标注竖直平面同地面的交线，根据此交线获得场景中竖直平面的方程(场景交互重建示意如图 4.22 所示，其中(a)为输入的人工交互，(b)为重建场景，不同颜色对应于不同的平面)。当然，这种重建方法仅能保证部分场景获得准确的几何信息，因此在光照计算时，尽可能多地选择重建较为准确的区域进行运算。根据重建的几何信息，式(4.66)中的($\boldsymbol{n}_p \cdot \boldsymbol{h}_p$)部分即可求解。

(a) 输入的人工交互

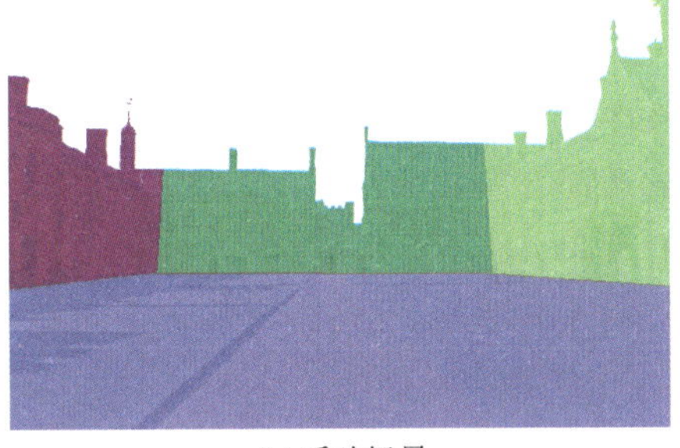
(b) 重建场景

图 4.22　场景交互重建示意

2) HDR 环境贴图合成

为了计算光照模型中的 $E_p^{\text{obj}}(\lambda)$，需要合成一幅不含天空区域的 HDR 环境贴图。为此，使用 Derek Hoiem 等人提出的方法自动生成一幅天空掩膜，然后使用该掩膜剔除图像中的天空区域。

先将场景划分为地面和竖直平面，再根据 Lalonde 等人的方法合成场景 HDR 环境贴图。该方法将场景划分为水平地面及竖直墙面，通过相机标定获取相机参数和平面方程。由于缺乏相机视野后场景的信息，因此该方法将重建场景关于相机平面进行对称复制作为整个场景的几何。对场景中一点 p，其接收到的来自方向 $\boldsymbol{v}$ 的光照亮度可通过如下方法得到。

(1) 求取 p 沿 $\boldsymbol{v}$ 方向与场景中平面的交点 p_i，利用之前恢复的相机参数，计算 p_i 在图像平面的坐标(通过旋转、平移、透视变化便可将 3D 点转换到图像平面上)。

(2) 如果 p_i 在图像上是可见的，那么通过对图像像素进行双线性插值就可获得 $\boldsymbol{v}$ 方向的亮度值；如果 p_i 不可见，则计算 p_i 关于相机平面的对称点 p_i^s。

(3) 若 p_i^s 在图像中可见则亦可获取光照亮度；若 p_i^s 仍旧不可见，则寻找与 p_i^s 最为接近的可见区域点，以 p_i^s 关于该点的对称点在图像中的值作为光照亮度(上面的讨论中假设 p_i^s 位于相机平面之前)。

由于这个方法无法计算天空区域亮度，因此需要单独模拟天空，两者合在一起便得到了最终的 HDR 环境贴图。根据该方法合成的不含天空的 HDR 环境贴图如图 4.23 所示。

3) 太阳入射方向估计

根据式(4.60)可知，天空的亮度分布是与太阳位置相关的，因此可采用 Lalonde 等人的

(a) 输入图像

(b) 不含天空的HDR环境贴图

图 4.23　合成的不含天空的 HDR 环境贴图

方法估算图像的太阳位置，但是这个方法要求图像中必须同时含有一定面积的天空区域、多个竖直墙面及条状的阴影，无法处理不满足上述条件的照片。对于这些照片，用户需要手动指定太阳入射方位。实际上，这种交互非常简单，只需指定场景中的一个竖直物体和其在地面的投影即可。然后，便可直接计算 P_p^{sky} 和$(\boldsymbol{n}_p \cdot \boldsymbol{l})$。

4）太阳光遮挡参数求解

根据式(4.56)，令：

$$C^{\text{sun}} = L^{\text{sun}}(\lambda)\left[\rho_p(\lambda)(\boldsymbol{n}_p \cdot \boldsymbol{l}) + k_p(\lambda)(\boldsymbol{n}_p \cdot \boldsymbol{h}_p)^{\alpha_p}\right] \tag{4.67}$$

则式(4.55)可写为：

$$\begin{aligned} I_p(\lambda) &= s_p^{\text{sun}} C_p^{\text{sun}}(\lambda) + I_p^{\text{env}}(\lambda) \\ &= s_p^{\text{sun}}(C_p^{\text{sun}}(\lambda) + I_p^{\text{env}}(\lambda)) + (1 - s_p^{\text{sun}}) I_p^{\text{env}}(\lambda) \end{aligned} \tag{4.68}$$

式(4.68)可以理解为图像分割中常用到的抠图公式，其中$(C^{\text{sun}} + I^{\text{env}})$(阴影去除图像)为前景图，$I^{\text{env}}$(阴影图)为背景图，太阳光遮挡参数可通过抠图算法确定。本节选用 Levin 等人的抠图算法来获取太阳光遮挡参数。该算法虽然需要用户指定前景像素和背景像素，但是相对于很多全自动抠图方法，其结果更鲁棒。只要给予正确的交互，算法就能给出令人满意的抠图结果。使用该方法计算遮挡因子的结果如图 4.24 所示，其中(a)展示了所需的用户交互，白色笔刷标记非阴影区域，黑色笔刷为阴影区域，(b)显示了计算结果，黑色代表 0，白色代表 1。由于本节方法仅需使用部分区域求解光照，因此只需算出部分区域的太阳光遮挡参数即可。

3. 光照参数计算

到目前为止，式(4.66)中的未知参数仅剩 $L^{\text{sun}}(\lambda)$、$L^{\text{sky}}(\lambda)$、$\rho_p(\lambda)$、$k_p(\lambda)$及 α_p。本小节将会讨论如何计算这些未知参数，主要流程如下。

(1) 初始化材质系数。

(2) 通过迭代的方法对材质系数进行优化。

(3) 利用优化后的材质系数求解光照参数。

1）初始化材质系数

如果忽略镜面反射，则式(4.66)可以写为：

(a) 用户交互

(b) 遮挡因子计算结果

图 4.24　计算遮挡因子的结果

$$I_p(\lambda)=\rho_p(\lambda)\left[P_p^{\mathrm{sun}}L^{\mathrm{sun}}(\lambda)+P_p^{\mathrm{sky}}L^{\mathrm{sky}}(\lambda)+E_p^{\mathrm{obj}}(\lambda)\right] \tag{4.69}$$

其中，$P_p^{\mathrm{sun}}=s_p^{\mathrm{sun}}(\boldsymbol{n}_p\cdot\boldsymbol{l})$。式(4.69)等号两侧同时除以 $\rho_p(\lambda)$，有：

$$P_p^{\mathrm{sun}}L^{\mathrm{sun}}(\lambda)+P_p^{\mathrm{sky}}L^{\mathrm{sky}}(\lambda)-I_p(\lambda)\frac{1}{\rho_p(\lambda)}=-E_p^{\mathrm{obj}}(\lambda) \tag{4.70}$$

注意到式(4.70)是一个以 $L^{\mathrm{sun}}(\lambda)$、$L^{\mathrm{sky}}(\lambda)$及 $1/\rho_p(\lambda)$作为未知数的线性方程，如果从场景中选择 n 个点，那么就可以构建一个线性方程组。该方程组共有 $3n$ 个方程，但却有 $3n+6$ 个未知数，因此是一个欠约束的方程组。考虑到场景中不同的点可能具有相同的材质系数，利用这一点可以大大减少方程组中未知数的个数。为此，让用户选择若干具有相同材质的点(所选点的材质尽可能接近漫反射)。用户可使用笔刷工具进行选择，被同一笔刷覆盖的点具有相同的漫反射系数。图 4.25 展示了算法所需的交互。需要说明的是，对于用户交互的每一笔，系统都将针对该笔画生成一幅低分辨率的环境贴图，然后以此环境贴图来计算笔画所覆盖的像素点对应的 P_p^{sky} 和 $E_p^{\mathrm{obj}}(\lambda)$。因此，适当地多交互几笔有助于获得更为准确的初始材质。

为了进一步提高求解的准确性，求解过程中还加入了一些额外的约束。首先是室外光照颜色的约束。根据 2.1.1 节对室外光照特点的分析，太阳光偏红，因此有 $L^{\mathrm{sun}}(\mathrm{R})>L^{\mathrm{sun}}(\mathrm{G})>L^{\mathrm{sun}}(\mathrm{B})$；而天空光偏蓝，所以 $L^{\mathrm{sky}}(\mathrm{R})<L^{\mathrm{sky}}(\mathrm{G})<L^{\mathrm{sky}}(\mathrm{B})$。另外，物体的漫反射系数不可能大于 1，因此可令 $1/\rho_p(\lambda)\geqslant 1$。但是，在实际应用中利用这一约束得到的天空在视觉效果上偏暗，对于大部分场景将 $1/\rho_p(\lambda)\geqslant 5$ 作为材质约束会得到更好的计算结果。

这一线性系统可通过带约束的最小二乘法求解。根据求解到的光照参数，便可通过式(4.69)求解更多区域的材质系数。实际上，对全图所有区域进行材质求解是没有必要的，在实验中仅对交互笔画的包围盒区域进行上述操作。将这些点的集合记为 Q，对于 Q 中一点 p，将此步求得的材质系数记为 $\rho_p^0(\lambda)$，下面将对其进行优化。

2）材质系数优化

由于求解初始材质系数时忽略了镜面反射系数，因此需要做进一步优化。整个优化过

图 4.25　算法所需交互

程包括两步：更新材质系数和更新光照参数。以上两步交替进行，直至收敛。

首先是材质系数更新。与材质相关的参数为 $\rho_p(\lambda)$、$k_p(\lambda)$ 和 α_p。为了方便计算，本节假设所有像素点都具有相同的镜面高光指数 α_p，并且使用了基于 Retinex 的本征图像分解对于场景中光照和材质的假设。对于集合 Q 内的点通过最小化以下能量函数来对物体材质进行更新：

$$\underset{\rho,k,\alpha}{\operatorname{argmin}}\sum_{p\in Q}\sum_{\lambda\in C}|I_p(\lambda)-I_p^*(\lambda)|^2+\mu_1 w_p|\nabla\rho_p(\lambda)|^2+\mu_2(\rho_p(\lambda)-\rho_p^0(\lambda))^2+\mu_3|\nabla k_p(\lambda)| \tag{4.71}$$

其中，$C=\{\mathrm{R,G,B}\}$，μ_1、μ_2、μ_3 是权重系数，在实验中将其设为 $\mu_1=0.7$，$\mu_2=0.9$，$\mu_3=0.2$。在上面的能量函数中，第一项用来保证求解材质的正确性，即通过求解材质重建的图像 $I_p^*(\lambda)$ 要同原始图像尽可能接近；第三项为初始约束项，它使得更新参数不会过多地偏离初始值；第二项和第四项则为光滑项，用以保证材质的光滑性。w_p 是一个权重函数，主要用来惩罚梯度较大的点，其定义为 $w_p=1-1/(1+\exp(-s(|\nabla I|^2-c)))$，其中 $s=20$、$c=0.15$。

接下来是光照参数更新。在已知材质系数的条件下，式(4.66)可以重新写为：

$$M_p^{\mathrm{sun}}(\lambda)L^{\mathrm{sun}}(\lambda)+M_p^{\mathrm{sky}}(\lambda)L^{\mathrm{sky}}(\lambda)=B_p(\lambda) \tag{4.72}$$

其中

$$\begin{aligned}B_p(\lambda)&=I_p(\lambda)-\rho_p(\lambda)E_p^{\mathrm{obj}}(\lambda)\\M_p^{\mathrm{sky}}(\lambda)&=\rho_p(\lambda)P_p^{\mathrm{sky}}\\M_p^{\mathrm{sun}}(\lambda)&=s_p^{\mathrm{sun}}[\rho_p(\lambda)(f(\boldsymbol{n}_p)\cdot\boldsymbol{l})+k_p(\lambda)(\boldsymbol{n}_p\cdot\boldsymbol{h}_p)^{\alpha_p}]\end{aligned} \tag{4.73}$$

从 Q 中均匀采样，然后基于采样点建立线性方程组，继续使用光照颜色约束便可对光照系数进行更新。需要指出的是，大部分场景初始化时得到的漫反射系数已经比较接近最终结果，因此上述迭代过程只需很少几次便可收敛。对于效率要求较高的应用，使用初始化阶段的结果基本可以满足光照求解的需求。最终求解得到的漫反射系数如图 4.26 所示，从中可以看到本方法基本消除了阴影对求解的影响。注意，为了显示图像，本节将漫反射系数线性地映射到[0,255]。

图 4.26 最终求解得到的漫反射系数

3）光照参数求解

根据求解得到的材质系数，迭代更新光照参数便可实现对最终光照参数的求解。在求解得到的光照参数中，$L^{sun}(\lambda)$为太阳光的亮度，$L^{sky}(\lambda)$为天顶点亮度，将其代入天空模型，并同之前合成的周围物体 HDR 环境贴图组合在一起，便得到最终用来模拟环境光的 HDR 环境贴图，如图 4.27 所示。其中图 4.27(a)和图 4.27(c)为输入图像，图 4.27(b)和图 4.27(d)为生成的环境贴图。在此，4 个例子所采用的天空浑浊度分别为 2.17、2.17、5.0、15.0。

图 4.27 模拟环境光的 HDR 环境贴图

4.5.3 实验结果

本节所有实验都在一台配置为 Core2 Duo E7400 2.80GHz CPU，3GB 内存的计算机上进行。首先选择一些室外场景的照片，然后使用本节算法计算它们的光照，最后利用求出的光照参数绘制虚拟物体并把虚拟物体合成到背景照片中。图 4.28 展示了虚拟物体和两幅阴天图像的融合结果。图 4.29 为虚拟物体和 3 幅晴天图像的融合结果。从图 4.28 和图 4.29 可以看到，由于获取了周围环境的信息，本方法可以得到具有高度真实感的合成结果。

图 4.28 虚拟物体和阴天图像的融合结果

图 4.29 虚拟物体和晴天图像的融合结果

为了验证算法的先进性，本节将算法得到的融合结果与已有的 3 种方法的结果进行了对比。这 3 种方法分别是均匀半球面光源、镜面球及 Karsch 等人的方法。图 4.30 给出了比较结果，其中虚拟物体为龙和篮球、路障和足球。从中可以看到均匀半球面光源无法提供场景环境信息，其绘制的虚拟物体表面的色彩层次不如其余 3 种丰富，另外由于缺少地面反射光，虚拟物体底部明显偏暗。镜面球可以捕获场景的真实光照，但是用镜面球采集到的光照绘制的虚拟阴影完全不像室外场景的阴影，这主要是由于太阳亮度太亮以至于相机无法正确记录造成的。Karsch 等人的方法使用平行光束和平面光源模拟场景光源，无法很好地实现天空光光照效果。另外，该方法仅对平面光源的亮度进行计算，对于平行光束则采用手动设定，因此不能准确地模拟太阳光，其绘制的阴影同周围真实阴影在亮度和色度上难以保持一致。本节方法将太阳光和环境光分开建模，通过 SH 准确地计算出这两个光源的亮度，因此获得了最好的融合效果。

(a) 均匀半球面光源　(b) 镜面球　(c) Karsch等人的算法　(d) 本节算法

图 4.30　本节算法与已有方法的融合效果对比

为了检验本节光照计算方法的准确性，还将融合结果与真实情况进行了对比。先将一些石膏模型放入真实场景，通过拍摄这些含有模型的场景获取真实数据；再将石膏模型拿开，拍摄相应的场景照片作为实验图像；最后，对这些石膏模型建模，使用本节方法计算的光照参数绘制虚拟模型并将绘制结果融入实验图像以得到合成结果。实验中一共对 10 个不同的场景进行了合成结果同真实图像的对比，每个不同的场景均含有 2～4 个石膏模型，图 4.31 展示了两个测试场景的对比结果。对于每一个模型，计算其合成结果同真实图像像素值(为 0 和 1 之间的实数)的 RMSE，合成结果的 RMSE 大致为 0.116±0.05。为了比较虚实物体明暗分布的一致性，本节又采用了另一种误差计算方式对结果进行分析，计算这种误差时需将模型像素值减去其亮度平均值，再计算调整后像素的 RMSE。实验结果显示调整后的 RMSE 为 0.107±0.05。

图 4.32 展示了对不同场景进行阴影去除的结果。根据本节的光照模型(式(4.66))，将 $s_p^{\text{sun}}<1$ 处点的值均换为 $s_p^{\text{sun}}=1$，则可实现对图像中阴影区域的去除。

本节还介绍了材质更新和光照计算这两个操作。显然，这两步操作的运行速度都与参与运算的像素数量相关。表 4.7 展示了选取不同数量的像素时，本节方法在材质和光照计算时所消耗的时间。在计算光照时，可均匀地从已选点中采样，并将这些采样点用于光照的计算。本实验设定的采样步长为 5，材质更新时间指一次迭代所需时间，一般来说算法在 2～5 步内就会收敛。

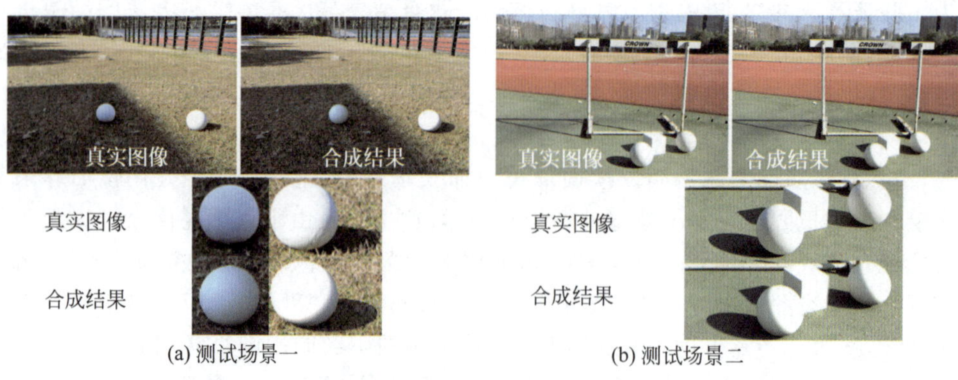

(a) 测试场景一　　(b) 测试场景二

图 4.31　两个测试场景的对比结果

(a) 原始图像1　(b) 阴影移除图像1　(c) 原始图像2　(d) 阴影移除图像2

图 4.32　阴影去除结果

表 4.7　本节方法在不同数量的像素下在材质和光照计算的耗时

像素数量	材质更新耗时/s	光照计算耗时/ms
110×110	2.17	554
190×190	12.57	903
270×270	25.485	1318
360×360	44.596	3017

表 4.7 表明材质计算占用了较多的算法时间，但是材质属于场景的本征属性，一般不会随着拍摄位置或光照的变化而改变，因此材质可以在离线阶段提前计算，不会对在线运行造成影响。与此相反，室外场景光照是经常变化的，并且无规律可循，因此必须实时计算。本节方法在光照计算时只涉及线性问题的求解，并且仅有 6 个未知参数，但仍未达到实时。在未来工作中，可进一步去除方程组中的冗余信息，设计一种像素选取策略以降低方程组的规模，提高算法的效率。

4.6 移动视点下基于特征点跟踪的实时光照计算

本章前 5 节的方法都是针对固定视点下拍摄的在线视频进行光照计算。为了满足移动端 AR 系统光影一致性的需要，本节将介绍一种从移动视点拍摄的在线视频中计算户外场景的光照计算方法。该方法的基本思想是通过跟踪不同帧的平面特征点实现场景 3D 点的对齐,然后根据光照模型求解光照参数。为此,算法假设相机的内参标定和外参求解已经在线完成,同时要求在初始化期间可以检测场景的一些平面和表面,如地面、建筑物表面等。

本节方法的创新之处主要包括以下三点。

(1) 提出了一个基于特征点跟踪的移动视点下室外视频实时光照计算方法。根据调研,该方法是第一个移动视点视频的实时光照计算方法。

(2) 通过设计特征点选取策略选取可靠的稀疏特征点集来估计光照,使跟踪更加高效并适合在线处理。

(3) 为了处理移动视点和所产生的特征点的误匹配,提出了一种基于室外光照特性的参数优化方法。

实验数据表明该方法提供了基于稀疏特征点的稳定的光照跟踪结果。在速度方面,该方法未经优化的 MATLAB 实现就可达到几乎实时处理的效果。

4.6.1 方法概述

1. 照明模型

二色反射模型将大多数真实世界的物体表面建模为界面反射(镜面反射)和体反射(漫反射)的混合。基于该模型,计算机视觉领域的研究人员推导出了广泛使用的中性界面反射假设,即镜面反射的颜色与入射光的颜色相同。本节方法基于中性界面反射假设建立光照模型。另外,与现有的大多数室外光照计算方法相同,本节将太阳光模拟为一个时序变化的平行光,记其 RGB 通道值为 $L^{\text{sun}}(t)$,其方向为 $\boldsymbol{l}(t)$,天空光是一个时变环境光 $L^{\text{sky}}(t)$。

在上述假设下,视频每一帧 t 中像素 p 的 RGB 值 $I_p(t)$ 通过以下方式计算:

$$\boldsymbol{I}_p(t)=[k_p\langle \boldsymbol{n}_p,\boldsymbol{h}_p(t)\rangle^{m_p}+\rho_p\langle \boldsymbol{n}_p,\boldsymbol{l}(t)\rangle]\,s_p^{\text{sun}}L^{\text{sun}}(t)+\rho_p s_p^{\text{sky}}L^{\text{sky}}(t) \tag{4.74}$$

其中,$\boldsymbol{n}_p$ 是 p 的表面法向量,$\boldsymbol{h}_p(t)$ 是 $\boldsymbol{l}(t)$ 与 p 处视线方向的角平分线方向,ρ_p 是像素 p 的漫反射系数(R、G、B 3 通道),k_p 与 m_p 分别是表面的镜面反射系数和高光指数,$s_p^{\text{sun}}\in[0,1]$ 与 $s_p^{\text{sky}}\in[0,1]$ 分别是太阳光和天空光的遮挡系数。

2. 图像特征点

理论上估计光照分布需要已知 3D 几何(至少有法线)与每个像素的 BRDF 属性的信息。由于本节方法处理的目标是移动视点视频,因此这些属性需要在每一帧中进行估计。由于使用所有像素会使优化过程受到太高约束并且计算成本太高,因此本节使用一组有限的图像特征点进行光照计算。进一步地,为了更容易地获取场景点的法向信息,将图像特征点范围缩小为平面特征点。在实际应用中,通过估计单应性矩阵和计算帧之间的重新投影误差来完成平面特征点的识别。为方便叙述,本节将特征点对应的 3D 点法向、BRDF 材质参数及 3D 点所处的阴影情况统称为特征点的属性。

3. 在线处理

假设已知前一帧的光照、法线和 BRDF，对于当前帧 t，根据其图像内容和前一帧的特征点提供的信息计算当前帧的光照参数，并根据时间连续性和前一帧的估计光照参数对当前帧的光照参数进行优化。对于新出现的平面特征点，使用当前光照参数来计算其表面属性(BRDF 和法线)。

本节方法的流程如图 4.33 所示。

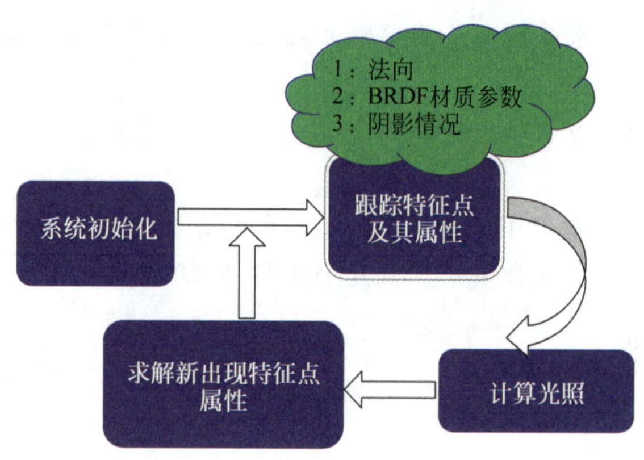

图 4.33 方法流程

4.6.2 光照参数计算

本节方法的主要假设之一是室外光照与视频帧速率相比变化非常缓慢。为了证实这一假设，实验中采用了 4.3 节的方法进行验证，观察到在小于 1/5s 的时间间隔内光照没有明显变化，即使是天气阴晴急剧变化的情况下也是如此。因此，对于高于 15f/s 的视频序列，可以通过最小化两个连续帧之间的强度差异来跟踪当前帧 t 中的光照参数。

本节建立的最小化能量函数是数据项 $E^{\text{data}}(t)$ 和光滑项 $E_{t,t-1}^{\text{smooth}}$ 的加权和，其中最小化数据项可实现当前帧 t 的光照参数的粗略估计，光滑项则用来考察当前帧 t 的光照参数与前一帧光照参数的接近程度：

$$E(t)=(1-\lambda)E^{\text{data}}(t)+\lambda E_{t,t-1}^{\text{smooth}} \tag{4.75}$$

其中，光滑因子 $\lambda\in[0,1]$，图 4.34 给出了分别使用不同光滑度计算出的太阳光参数(RGB)。当 $\lambda=0$ 时，可仅使用当前帧中粗略估计的光照参数，没有跟踪光照变化导致不同帧光照参数呈现大幅振荡，这使得用其渲染的虚拟物体表面出现明暗闪烁的现象；当 $\lambda=1$ 时，该方法忽略了不同帧间光照的变化，导致渲染的虚拟物体的外观无法随光照的变化而改变。

为了简化表达，本节在后续的公式中省略掉数据项中的 t。记 $\widetilde{I}_p(t)$ 为使用式(4.74)计算的帧 t 中的像素 p 处的光亮度，$\widetilde{I}_p(t)$ 为其对应的实际光亮度，数据项定义为所有帧中像素的实际亮度和所计算亮度的差之和：

$$E^{\text{data}}=\sum_p |I_p-\widetilde{I}_p|^2 \tag{4.76}$$

对所有帧的像素执行这样的最小化计算代价太大。为此，将特征点聚成若干个类 Ω_{ij}，

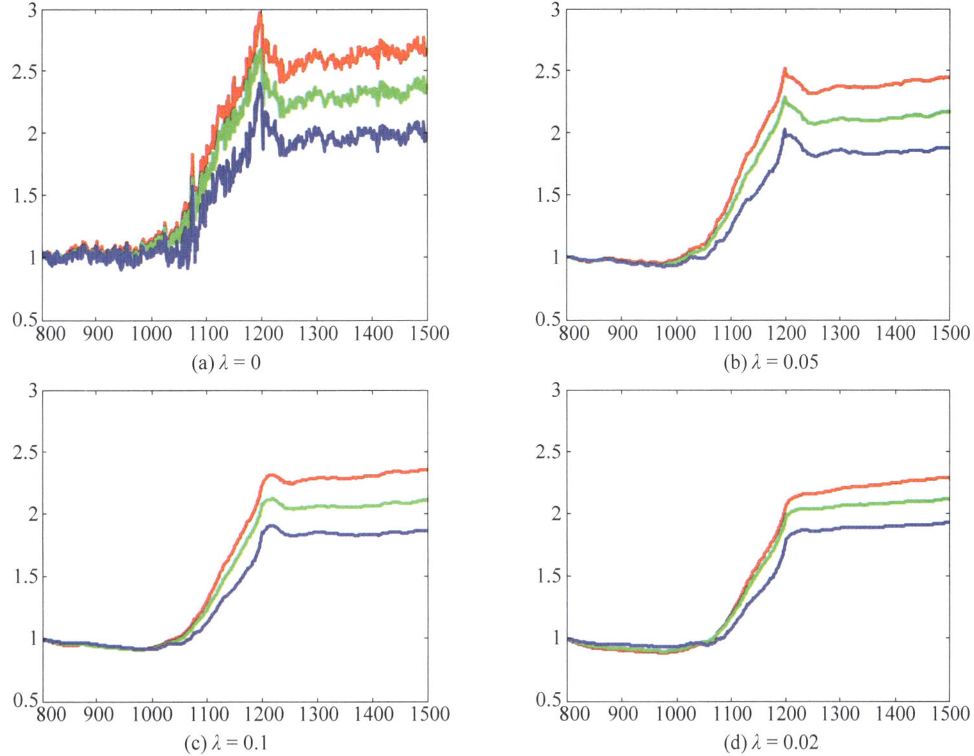

图 4.34　分别使用不同光滑度 λ 计算出的太阳光参数(RGB)

由于每个聚类里的特征点很可能具有相同的 BRDF 和法向，因此可仅使用这些点来计算能量函数并进行最小化，以减少数据项的计算量，从而提高计算效率：

$$E^{\mathrm{data}}=\sum_{i,j}\sum_{p\in\Omega_{ij}}\left|I_p-\tilde{I}_p\right|^2 \tag{4.77}$$

在实际应用中，由于相机运动导致特征点不可避免地不能完全对齐，这样两个连续帧之间的特征点的亮度差异可能由光照变化和特征点未准确对齐共同造成。因此，选择可以最好地揭示光照变化的可靠特征点是必不可少的。考虑到光照变化是全局性的，而特征未对齐是局部性的，将聚类 Ω_{ij} 中的每个平面特征点 p 的可靠性评分设为：

$$\omega_{ijp}=\frac{1}{Z_{ij}}\mathrm{e}^{-(I_p-\bar{I}_{ij})^2/\sigma^2} \tag{4.78}$$

其中，$\bar{I}_{ij}$ 是 Ω_{ij} 中所有平面特征点的平均图像亮度，Z_{ij} 是归一化因子：

$$Z_{ij}=\sum_{p\in\Omega_{ij}}\mathrm{e}^{-(I_p-\bar{I}_{ij})^2/\sigma^2} \tag{4.79}$$

最终，式(4.75)中的数据项定义为图像像素亮度与计算出的亮度之间的加权距离：

$$E^{\mathrm{data}}=\sum_{i,j}\sum_{p\in\Omega_{ij}}\omega_{ijp}\left|I_p-\tilde{I}_p\right|^2 \tag{4.80}$$

平滑项则简单地定义为两个连续帧之间的太阳光和天空光差异的和：

$$E_{t,t-1}^{\mathrm{smooth}}=\left|L^{\mathrm{sun}}(t-1)-L^{\mathrm{sun}}(t)\right|^2+\gamma\left|L^{\mathrm{sky}}(t-1)-L^{\mathrm{sky}}(t)\right|^2 \tag{4.81}$$

求解式(4.75)是一个标准的非线性最小二乘最小化问题，可以使用传统的 Levenberg-Marquadt 或 MATLAB 中的 fminsearch 优化技术迭代求解。考虑到室外场景中的主要光源是太阳光，迭代求解时先使用 $L^{\text{sun}}(t-1)$ 和 $L^{\text{sky}}(t-1)$ 估计 $L^{\text{sun}}(t)$，再使用 $L^{\text{sun}}(t)$ 估计 $L^{\text{sky}}(t)$。注意到天空光的变化通常都小于太阳光的变化，通过设置因子 $\gamma>1$ 平衡太阳光和天空光的能量优化。根据实验效果，将 $\lambda=0.1$、$\gamma=5$ 和 $\sigma=1$ 作为本节方法参数的默认设置。

4.6.3 特征点的选取

本节方法使用 KLT 算法检测视频帧中的特征点。为了方便地在线更新特征点的法向信息和材质信息，降低总体计算成本，需进一步对特征点进行筛选。

1. 聚类的定义和初始化

本节方法计算光照时主要使用具有法线和 BRDF 一致性的稀疏特征点集，系统初始化如图 4.35 所示。先在整个特征点集合(图 4.35(a))中保留受到阳光照射的特征点子集(图 4.35(b))；然后根据平面法向(图 4.35(c))和颜色(图 4.35(d))进一步对子集内的特征点进行聚类，得到最终的聚类结果(图 4.35(e))。系统在初始化步骤中构建稀疏特征点集，然后通过在帧之间跟踪特征点获得特征点属性信息。

(a) 特征点集合

(b) 受到阳光照射的特征子点集

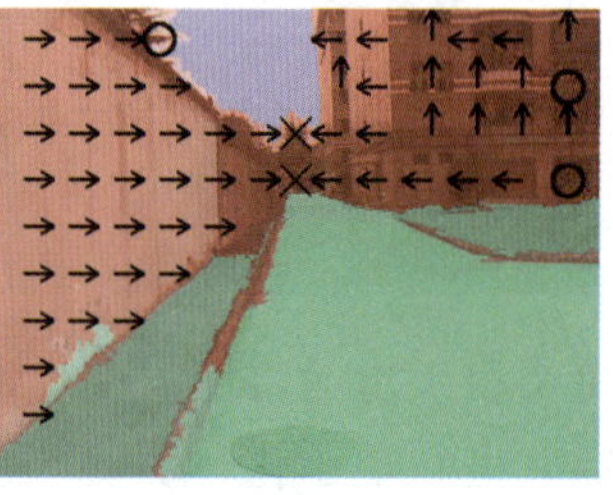

(c) 平面法向

(d) 颜色

(e) 最终聚类结果

图 4.35 系统初始化

注意到利用式(4.74)和式(4.75)计算每帧的光照时需要已知遮挡项 s_p。在动态变化的光照下准确、稳定地检测阴影需要已知场景的 3D 几何信息，基于图像的阴影检测技术想要达到足够准确的估计仍然非常耗时。基于上述考虑，本节方法仅使用稀疏的非阴影特征点 $s^{\text{sun}}=s^{\text{sky}}=1$ 计算光照，这些特征点更容易通过亮度上的简单阈值进行检测。

为了简化对每个特征点法向的估计，本节假设场景包含一些平面或准平面，并通过算法自动检测出这些平面区域，然后在每帧跟踪这些平面区域。对于包含一些建筑物的传统户外场景，最具代表性的平面是建筑物表面和地面(O. Kahler 等人的方法)。算法根据法向对特征点进行聚类。为了确保法向聚类后的特征点具有相似的 BRDF,本节进一步使用均值漂移算法根据颜色对特征点进行聚类。将 M_i 表示为 φ_i 中的颜色聚类的数量,最终获得聚类的集合。

2. 特征点的跟踪与聚类

与 C. Tomasi 等人的方法类似,本节方法提取每帧 t 的图像特征点,并利用描述符的相似性将它们与 $t-1$ 帧的特征点进行匹配。根据匹配结果,将当前帧的特征点分为 3 类:未匹配上任何特征点的点、与已经聚类的特征点成功匹配的点及与先前未聚类的特征点成功匹配的点(称为新的特征点)。前两类特征点很容易处理:对于第一类特征点,仅保留这些点,但不用它们计算光照参数;对第二类特征点,将每个新的特征点都加入与其配对的聚类中,这样它们的法向和反射属性被直接获取;对于第三类特征点,则需要更多步骤来确保特征点具有所需的属性,并且可以以足够的可靠性进行聚类。为此,对于每个平面区域 φ_i,先计算来自帧 t 的已聚类特征点与来自帧 $t-1$ 的已聚类特征点之间的单应矩阵 $\boldsymbol{H}_i$。基于 $\boldsymbol{H}_i$,计算来自帧 t 的特征点 p 与来自帧 $t-1$ 的其成对特征点 q_p 之间的重投影误差:

$$h_i(p)=|q_p-\boldsymbol{H}_i\cdot p|^2 \tag{4.82}$$

其中,较小的 $h_i(p)$ 确保 p 属于平面区域 φ_i。

为了判断 p 是否属于聚类 Ω_{ij},还需要检查 BRDF 的一致性,因此本节引入了基于颜色差异的判断标准。具体地,对于每个聚类 Ω_{ij},计算其当前帧 t 的已匹配特征点的平均像素值 $\bar{I}_{ij}$,对于每个新的特征 p,计算其像素值 I_p 与平均值之间的距离 $c_{ij}(p)$:

$$c_{ij}(p)=|I_p-\bar{I}_{ij}|^2 \tag{4.83}$$

p 与聚类 Ω_{ij} 的最终距离函数的定义为:

$$d_{ij}(p)=\alpha h_i(p)+(1-\alpha)c_{ij}(p) \tag{4.84}$$

其中,α 是用户设定的参数,用于对两个距离进行加权。p 所属的类为与 p 距离最小的类:

$$p\in\Omega_{\underset{(i,j)}{\operatorname{argmin}}\, d_{ij}(p)} \tag{4.85}$$

为了提高鲁棒性,本节方法还考虑了几何一致性,引入了一个新的标准拒绝未满足以下条件的特征点:

$$\left(\min_{ij} d_{ij}(p)\right)\langle\varepsilon \text{and} T_{ij}(N_p)\rangle N_{\min} \tag{4.86}$$

其中,ε 是用户设定的参数,确保 p 的类别标记不会引入太大的错误,$T_{ij}(N_p)$是在 p 的邻域 N_p 中最终被标记为 Ω_{ij} 的特征点的数量,$N_{\min}$ 是另一个用户设定的参数,它选择合理的最小邻域的大小以确保足够准确的估计。实验结果中的所有例子都使用了 $N_{\min}=3$ 的设置。

3. 跟踪未被遮挡的特征点

在初始化之后,为了仍然只保留最有可能受阳光照射的特征点来计算光照参数,对于当前帧 t,使用类似于 BRDF 聚类的方法,检查帧 $t-1$ 中 Ω_{ij} 的每个特征点是否已变成帧 t 中的阴影点。如果一个特征点完全满足以下两个条件,则该特征点为非阴影点。

(1) 特征点与未处在阴影的特征点相匹配。先测试与前一帧的聚类点配对的点集,如果它们的匹配点是阴影点，则不能将它们标记为非阴影点。再测试与先前未聚类的点匹配的点，如果它们的相邻特征点未被遮蔽，则不能将它们设置为非阴影点。

(2) 特征点未进入阴影。检查聚类 Ω_{ij} 内部的强度变化，记 $I_{ij}^{\text{mean}}(t-1)$ 为前一帧 $t-1$ 中聚类的平均亮度，当特征点 p 的强度 $I_p(t)$ 满足式(4.87)时，将其记为非阴影点。

$$|I_p(t)-I_{ij}^{\text{mean}}(t-1)|<\mu \tag{4.87}$$

在本实验中，设置 $\mu=3$。方便起见，仍将选定的受到阳光照射的、具有相同法线 i 和颜色 j 的特征点聚类记为 Ω_{ij}。为了提高系统稳定性，剔除像素个数小于阈值 $\#\Omega_{\max}$ 的聚类 Ω_{ij}。默认情况下，$\#\Omega_{\max}=5$。

4.6.4 特征点属性传递

前面介绍了如何通过特征点跟踪和聚类将特征点的法向和 BRDF 属性信息传递到后续帧中并用于光照计算。现在仅需介绍如何在初始两帧中进行特征点属性的初始化即可。根据前面的相邻两帧之间光照没有明显变化的假设，可知特征点 p 的亮度差异只与视点的变化有关。由于相机运动是已知的，按照式(4.74)，处于非阴影区域的点 p 在两帧之间的图像差异可以用高光参数 k_p 和 m_p 表示：

$$\begin{aligned}\hat{I}_p^{\text{diff}}&=I_p(2)-I_p(1)\\&=k_pL^{\text{sun}}[\langle \boldsymbol{n}_p,\boldsymbol{h}_{2p}\rangle^{m_p}-\langle \boldsymbol{n}_p,\boldsymbol{h}_{1p}\rangle^{m_p}]\end{aligned} \tag{4.88}$$

类似于 Y. Yu、P. Debevec 等人提出的方法，将物体的 BRDF 近似建模为分段常数的镜面反射部分和空间变化的漫反射部分，即所有 Ω_{ij} 的特征点有相同的 k_i 和 m_i，则有：

$$\hat{I}_p^{\text{diff}}=k_pL^{\text{sun}}[\langle \boldsymbol{n}_p,\boldsymbol{h}_p(2)\rangle^{m_i}-\langle \boldsymbol{n}_p,\boldsymbol{h}_p(1)\rangle^{m_i}] \tag{4.89}$$

相应地，通过最小化下面的能量函数可以求解出 k_i 和 m_i 的最小值：

$$E(k_i,m_i)=\sum_{i,j}\sum_{p\in\Omega_{ij}}|I_p(t)-I_p(t-1)-\hat{I}_p^{\text{diff}}|^2 \tag{4.90}$$

进行上述最小化时需要已知 L^{sun}。对于视频来说，只需要求解视频每一帧相对于第一帧的光照变化即可，因此可假设第一帧的 L^{sun} 为 1，结合 k_i、m_i 的初始值，利用最小化函数可以得到相对于太阳光的 k 和 m 值。然后，对每个特征点 p，利用下式计算相对的漫反射特性系数 ρ_p：

$$\rho_p=\frac{1}{T}\sum_{q\in N_p}\frac{I_{qt}^t-k_i\langle \boldsymbol{n}_q,\boldsymbol{h}_{qt}\rangle^{m_i}L_t^{\text{sun}}}{\langle \boldsymbol{n}_q,\boldsymbol{l}_t\rangle L_t^{\text{sun}}+L_t^{\text{sky}}} \tag{4.91}$$

其中，N_p 表示 p 的邻域，T 表示 N_p 的像素个数。

初始化之后，通过平面特征点即可在每一帧传递 k_i 和 m_i 的值。对于后续帧中新出现的特征点，本节方法在得到光照参数后可通过式(4.91)计算出它们的漫反射系数。

4.6.5 实验结果

1. 实验设置

本节使用了 3 个具有不同复杂度的真实视频来测试提出的光照计算方法。3 个视频中的场景特点见表 4.8。这 3 个视频由非专业人士手持佳能 SD780 IS 相机拍摄，分辨率为 640×480。在整个拍摄过程中固定焦距不变而自由移动相机。为了展示融合效果，摄像机移动时需要确保虚拟对象在视野范围内。本节方法使用 MATLAB 语言在配置为 Intel i7 2.67GHz CPU，RAM 为 6GB 的计算机上实现。

表 4.8 3 个视频的场景特点

场　景	场 景 特 点	特征点数量	帧率(f/s)
建筑	1 个颜色聚类，2 个平面	58	12.5
实验室	1 个颜色聚类，1 个平面	97	16.4
墙面	2 个颜色聚类，2 个平面	181	10.7

注意到本节仅重建了真实场景中的平面区域，可将虚拟对象放置于这些平面上，并假设它不处于真实物体投射的阴影内。然后，直接使用式(4.74)绘制虚拟物体。为了使虚拟物体在真实场景上投射阴影，利用式(4.74)根据估计的场景光照和 BRDF 分别计算出有阴影遮挡的亮度 $\widetilde{I}_p^{\text{shad}}$ 和没有阴影的亮度 $\widetilde{I}_p^{\text{unshad}}$。在虚拟物体的阴影区域，原始像素的亮度由下式进行调整：

$$I'_p = \frac{\widetilde{I}_p^{\text{shad}}}{\widetilde{I}_p^{\text{unshad}}} I_p \tag{4.92}$$

2. 实验结果展示

本节方法需要初始化，图 4.35 展示了对建筑场景进行平面特征聚类的初始化过程。这个场景中存在两个主要平面，分别是地面和图像左边的墙面。最终的特征点聚类结果如图 4.35(e)所示，其中不同颜色表示不同的类。图 4.36 显示了对同一个场景进行平面特征点跟踪与聚类的效果，其中左列没有使用几何一致性与阴影检测约束，右列则使用了上述两约束，实验中 $\alpha=0.3$、$\varepsilon=0.8$。注意到，利用几何一致性和阴影检测约束基本去除了 3 帧中错误的特征点(如左墙上的红点、建筑物和树木上的点及阴影地面上的点)。

由于目前还没有公开的移动视点下室外照明的在线计算方法可以用来比较，因此比较本节方法与使用每帧所有像素亮度的平均值作为光照值的策略(图 4.37(a)与图 4.37(b)中的黑色曲线)，结果如图 4.37 所示。从图 4.37 中可以看到，本节方法提供了更丰富且更准确的光照参数，实验结果显示太阳光和天空光的变化是相关的，但又不同，太阳光的变化更强烈，而天空光的变化更平缓。

将虚拟对象更好地融入真实视频不仅是本节方法的一个重要目标，也是一种有效检验光照计算准确度的方法。图 4.38 展示了 3 个测试场景的虚实融合结果。需要说明的是，这 3 个视频场景中平面和非阴影区域的选择都是手动完成的，说明本节方法对不同的初始化策略是鲁棒的，3 个场景中的虚拟物体从图 4.38(a)至图 4.38(c)依次为两个花盆、黄色轿车和茶壶。这 3 个视频都在多云环境下拍摄，太阳时而被云层遮挡。融合结果显示虚拟物体的外观与视频的整体照明效果非常匹配。这表明虽然本节方法使用了一组稀疏的平面特征点，但估计结果是稳定的。

(a) 第150帧

(b) 第700帧

(c) 第1000帧

图 4.36 对同一个场景进行平面特征点跟踪与聚类的效果

本节方法性能测试结果通过表 4.8 及表 4.9 展示，表 4.8 中的帧率显示基于本节方法开发的未作任何优化的程序能达到准实时性能。表 4.9 进一步展示了本节方法各个步骤的计算开销比例，从左至右依次为光照计算的优化过程、阴影检测、单应性估计和几何一致性测试，可以看到大量的时间用来拟合单平面的单应性矩阵。因此，本节方法的效率与不同平面的数目密切相关（见表 4.8）。该算法的内存复杂度是 $O(n)$，其中 n 表示选定特征点的数量。理论上，每个平面拟合一个单应性矩阵至少需要 4 个特征点。另外，本节还使用 SIFT 特征检测器测试了本节方法的性能。实验发现本节方法对特征点检测算法不是很敏感。考虑到 KLT 在 CPUs 和 GPUs 上都比 SIFT 更快，尤其是 CPUs 上，所以选择 KLT 检测特征点。如果不考虑时间效率，那么仍可以使用 SIFT 及其他方法检测特征点。

表 4.9 本节方法各个步骤的计算开销比例

场景	所有特征点		新特征点	
	光照计算	阴影检测	单应性估计	几何一致性
建筑	9.82%	0.09%	89.38%	0.71%
实验室	13.27%	0.12%	84.94%	1.67%
墙面	8.01%	0.2%	91.1%	0.69%

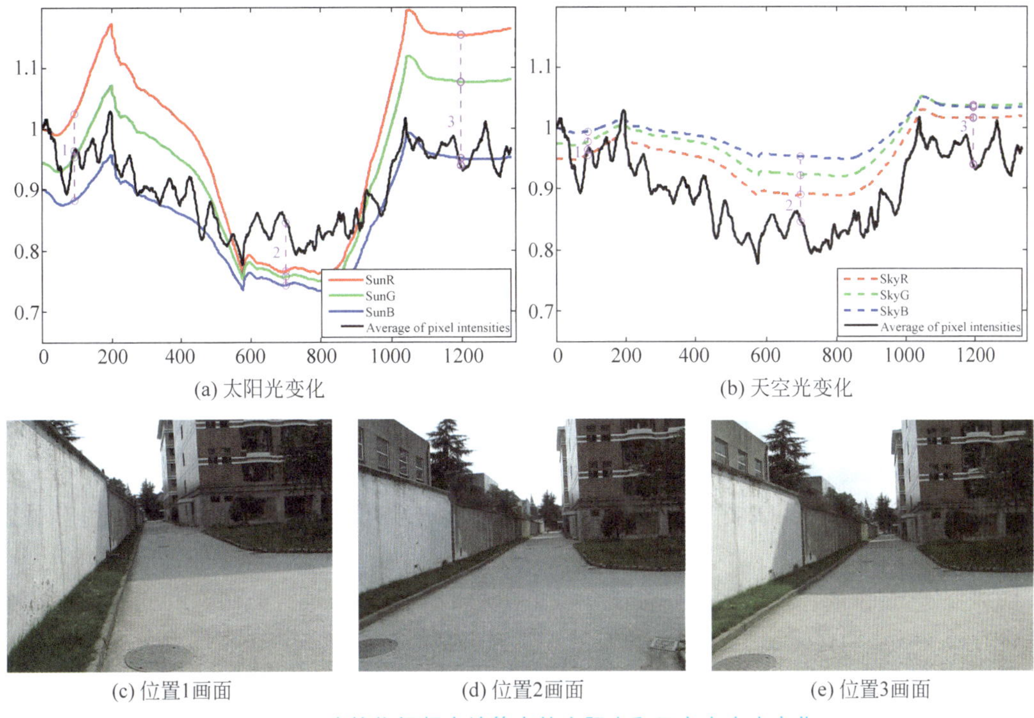

(a) 太阳光变化　　(b) 天空光变化

(c) 位置1画面　　(d) 位置2画面　　(e) 位置3画面

图 4.37　建筑物视频中计算出的太阳光和天空光亮度变化

(a) 实验室场景

(b) 墙面场景

(c) 建筑场景

图 4.38　3 个测试视频的虚实融合结果

第5章 本征图像分解与图像重光照

重光照的目的在于根据预先采集的图像生成同一场景在新光照条件下的图像，利用有限的图像生成任意光照条件下的图像不仅能够大大降低数据采集所消耗的时间和精力，还可以生成多样的光照效果，在图像视频处理、深度学习训练数据生成、AR 等领域具有广泛的应用前景。物体的外观是场景几何、场景表面材质和场景光照共同作用的效果，因此从图像中恢复上述场景本征信息，再通过修改分解出的光照分量将是实现场景重光照的一种有效手段。本征图像分解技术旨在将一幅自然图像分解成材质图像和光照图像的乘积。借助深度传感器捕获到的深度信息，本章将首先在 5.1 节和 5.2 节介绍两种基于单幅 RGB-D 图像的本征图像分解方法，其中第一个方法利用与用户交互指定的材质类似但光照不同的像素，在考虑光照空间变化性的条件下实现了对室内场景材质图像和光照图像的分离；第二个方法则在上一方法的基础上进一步解决了场景里存在多个不同颜色光源时本征属性的自动估计问题。然后，针对户外场景，5.3 节介绍了一种在场景几何未知的情况下，利用同一场景在不同光照条件下采集到的多幅图像实现场景重光照的方法。最后，5.4 节针对人脸图像介绍了一种基于深度学习的人脸图像光照归一化算法，以降低光照变化对人脸识别等应用的影响。

5.1 基于用户交互的单幅室内 RGB-D 图像本征图像分解

本节将介绍一种基于用户交互的本征图像分解方法，以实现对于单幅室内 RGB-D 图像的本征图像分解。与已有方法相比，该方法考虑了光照的空间变化性，采用了基于物理的光照先验，并且有效地引入了用户交互，最终获得了更为准确的分解结果。该方法将光照图像进一步分解为远距离光照分量和近距离光照分量，以模拟光照的空间变化性，并基于此设计了一个本征图像模型。然后，基于球面调和函数，该方法提出了一种远距离光源分布计算算法，利用计算的远距离光源和深度图像可合成初步的远距离光照图，在计算最终的远距离光照图时可将该光照图像作为约束。考虑到准确恢复场景近距离光照分量的困难性，该方法让用户交互地指出部分材质相同但光照条件不同的像素，并设计算法，将用户的交互信息传递至没有交互的像素，从而实现对场景本征属性的分解。

5.1.1 本征图像模型

将输入的 RGB 图像记为 I，本征图像分解主要解决如何将图像 I 分解为材质图像 A 和光照图像 S 的乘积，即 $I_p = A_p \cdot S_p$。其中，p 表示图像中的像素，本节算法将不同颜色的通道分开处理。为了解决光照的空间变化性，本节将光照图像 S 分解为两部分：远距离光照图像 D 和近距离光照图像 K。远距离光照图像 D 对应于无穷远处光源所生成的光照图像(忽略投射阴影),用于描述场景中各面的平均亮度;近距离光照图像 K 则对应于场景内的阴影及由场景内光源所引起的光照空间变化。基于上述描述,像素 p 最终可表示为:$I_p=A_p \cdot K_p \cdot D_p$。不同于传统本征图像分解方法,本节方法分为以下 2 步。

(1) 记 A 与 K 的乘积为 V,通过解能量最小化问题求解 D 和 V。

(2) 基于用户交互,通过求解另一个能量最小化问题获得 A 和 K。

5.1.2 远距离光源分布计算

物体的明暗是物体几何和所受光照共同作用的结果,如果能够获得场景光照信息,本征图像分解就会有更为可靠的约束。本节将会讨论远距离光源分布计算算法。

本节假设场景中所有光源具有相似的色度,对于具有彩色光源的场景,可使用白平衡算法消除光源颜色。本节方法仅讨论光源为白色的情况,而计算光源强度便为本节的重点。

设无穷远光源分布为 L,对于场景中一点 ,其表面亮度计算公式为:

$$I_p=R_p\int_{\Omega(\boldsymbol{n}_p)} L(\boldsymbol{\omega})(\boldsymbol{n}_p\cdot\boldsymbol{\omega})\mathrm{d}\boldsymbol{\omega} \tag{5.1}$$

其中,R_p 为 p 处反射系数,$\Omega(\boldsymbol{n}_p)$ 为上半球面,$\boldsymbol{n}_p$ 为 p 点处法向量,$\boldsymbol{\omega}$ 为单位向量。Ramamoorthi 等人提出式(5.1)可表示为球面调和函数 $Y_{lm}(l\geqslant 0,-l\leqslant m\leqslant l)$ 的线性组合,即:

$$I_p=R_p\sum_{l,m}\hat{A}_l L_{lm,p}Y_{l,m}(\boldsymbol{n}_p) \tag{5.2}$$

其中,$\hat{A}_l$ 同$(\boldsymbol{n}_p\cdot\boldsymbol{\omega})$相关,$L_{lm,p}$ 为常数,可通过下面的积分求解:

$$L_{lm,p}=\int_0^{\pi}\int_0^{2\pi}L(\theta,\phi)Y_{lm}(\theta,\phi)\sin\theta\mathrm{d}\theta\mathrm{d}\phi \tag{5.3}$$

式(5.3)离散化后,可使用求和的方式进行逼近:

$$L_{lm}=\sum_{(\theta,\phi)\in\Omega}L(\theta,\phi)Y_{lm}(\theta,\phi)\sin\theta\Delta\theta\Delta\phi \tag{5.4}$$

其中,Ω 为单位球面。将式(5.4)代入式(5.2)中可得:

$$I_p=R_p\sum_{l,m}\hat{A}_l Y_{lm}(\boldsymbol{n}_p)\sum_{(\theta,\phi)\in\Omega}L(\theta,\phi)Y_{lm}(\theta,\phi)\sin\theta\Delta\theta\Delta\phi \tag{5.5}$$

式(5.5)经过简单的整理可写为:

$$I_p=R_p\sum_{(\theta,\phi)\in\Omega}L(\theta,\phi)\sin\theta\Delta\theta\Delta\phi\sum_{l,m}\hat{A}_l Y_{lm}(\boldsymbol{n}_p)Y_{lm}(\theta,\phi) \tag{5.6}$$

记 $P_{\theta\phi}=\sin\theta\Delta\theta\sum\limits_{l,m}\hat{A}_l Y_{lm}(\boldsymbol{n}_p)Y_{lm}(\theta,\phi)$,则有:

$$I_p=R_p\sum_{(\theta,\phi)\in\Omega}P_{\theta\phi}L(\theta,\phi) \tag{5.7}$$

式(5.7)等号两边同除以 R_p 得:

$$\sum_{(\theta,\phi)\in\Omega}P_{\theta\phi}L(\theta,\phi)-\frac{I_p}{R_p}=0 \tag{5.8}$$

注意到,式(5.8)是一个以 $L(\theta,\phi)$和 $1/R_p$ 为未知数的线性方程。如果在场景中选 n 个采样点,便可建立一个线性方程组。然而,求解该线性方程组将会得到值为 0 的解。为了避免这种情况，令 $1/R_p=1+\rho_p$，其中 ρ_p 是一个非负值（由于 R_p 为小于 1 的材质系数），可得到如下方程：

$$\sum_{(\theta,\phi)\in\Omega} P_{\theta\phi}L(\theta,\phi)-\rho_p I_p=I_p \tag{5.9}$$

该方程组有 n 个方程，但却有 $n+|\aleph_d|$ 个未知数，其中 $\aleph_d$ 是采样方向的集合，因此该方程组是欠约束的。但是，场景中不同点可能具有相同的材质，这便可极大地减少未知数的个数。为了找到具有相似材质的点，可在图像色度空间进行均值漂移（mean shift）聚类，属于同一类的像素点将具有相同的材质。丢弃像素个数小于 500 的像素集，在剩余的像素中进行均匀采样。

为了进一步提高估计准确度，本节又引入了额外约束。由于光源强度和 ρ_p 都是正值，因此可引入非负约束，即 $L(\theta,\phi)\geqslant 0$ 及 $\rho_p\geqslant 0$。图 5.1(e)展示了计算得到的光照分布。

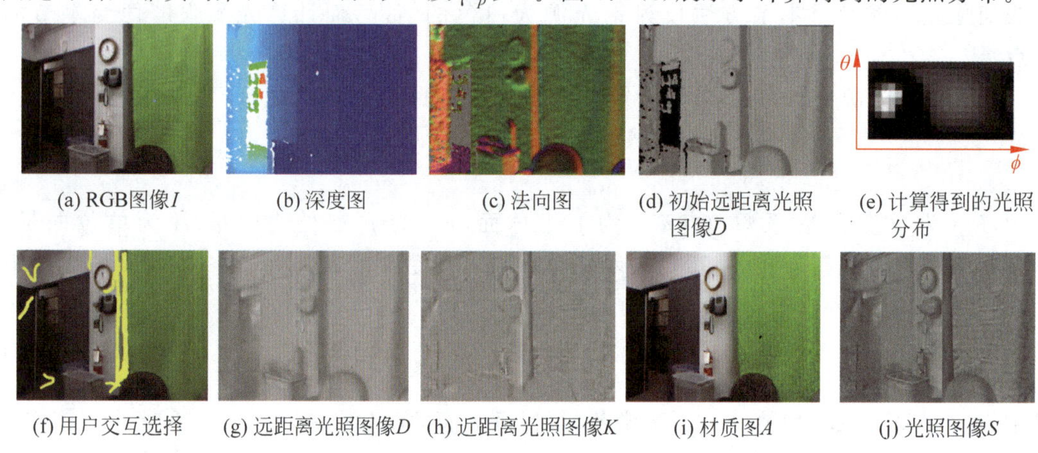

图 5.1　分解结果展示

5.1.3　本征图像分解

本节的本征图像分解方法包含 2 步。第一步将输入图像 I 分解为 D 和 V，其中 V 为 A 和 K 之积；第二步则通过用户交互，从 V 中提取 A 和 K。

1. 远距离图像计算

本节将讨论如何计算远距离光照图像 D。通过 5.1.2 节估计得到的远距离光源参数生成初始远距离光照图像 $\bar{D}$。事实上，如果能够使用准确的深度图，$\bar{D}$ 就是要求解的远距离光照图像 D。但是，本节所使用的深度图均具有噪声，这也使得 $\bar{D}$ 存在一定的误差，图 5.1(d)展示了根据 Kinect 捕获的深度图求得的初始远距离光照图像。尽管不能直接将其作为远距离光照图像 D，但 $\bar{D}$ 非常接近 D，所以本节试图结合传统 Retinex 模型和初始远距离光照图像 $\bar{D}$，以得到更为准确的分解结果。

先分析近距离-材质项。用 V 表示 A 与 K 之积，方便起见，称 V 为近距离-材质图像，则得到方程 $I_p=V_pD_p$。按照大多数本征图像分解算法所使用的策略，应将图像转化到对数域上进行分解。对方程两边取对数得到 $i_p=v_p+d_p$。对于 v 和 d 的求解则可通过最小化能量方程 $E(v,d)=E_V(v,d)+E_D(d)$实现。其中，E_V 为近距离-材质项，E_D 为远距离光照项，这两项将在下面详细描述。

根据近距离-材质图像 V 的定义，其包含了场景中光源、阴影及物体材质等因素，而当场景中像素值发生较大变化时，一般均是由阴影、场景中光源产生的高光区域及物体材质本身变化而引起的。因此，当图像中两点的像素值不同时，其在 V 中的值也很有可能不同，特别当这两点的法向相同时，其在 V 中的值一定会不同。据此，将近距离-材质项定义为：

$$E_V(v,d)=\lambda_V\sum_{c\in\{R,G,B\}}\sum_{p\in\aleph_I}\sum_{q\in\boldsymbol{N}_p}\alpha_{p,q}(v_p^c-v_q^c)^2 \tag{5.10}$$

其中，λ_V 是该项的权重系数，$\aleph_I$ 是图像 I 中所有像素点的集合，$\boldsymbol{N}_p$ 则为以像素 p 为中心的 3×3 邻域。令 $v_p^c=(i_p^c-d_p^c)$，有

$$E_V(v,d)=\lambda_V\sum_{c\in\{R,G,B\}}\sum_{p\in\aleph_I}\sum_{q\in\boldsymbol{N}_p}\alpha_{p,q}((i_p^c-d_p)-(i_q^c-d_q))^2 \tag{5.11}$$

$\alpha_{p,q}$ 计算公式为：

$$\alpha_{p,q}=\begin{cases}0 & w_{p,q}<0.3\text{ 且 }\|\boldsymbol{n}_p-\boldsymbol{n}_q\|<0.1\\ w_{p,q} & \text{其他}\end{cases} \tag{5.12}$$

其中，$\boldsymbol{n}_p$ 是 p 处的法向量，$w_{p,q}$ 的定义见式(5.13)：

$$w_{p,q}=\mathrm{e}^{(-100\|\boldsymbol{I}_p-\boldsymbol{I}_q\|)} \tag{5.13}$$

通过权重 $\alpha_{p,q}$ 的定义可知，近距离-材质项可使具有相同 R、G、B 值的像素在 V 中具有相同的值，同时惩罚具有相同法向但 R、G、B 值却有较大差异的像素。

接下来分析远距离光照项。此项包含两个部分：其中一项用以保证远距离光照图像的光滑性，即法向相同的点在远距离光照图像中具有相同的值；另一项则用于保证恢复的远距离光照图 D 接近初始远距离光照图。将这 2 项分别定义为光滑项 E_D^s 与初始约束项 E_D^i：

$$E_D(d)=\lambda_D^sE_D^s(d)+\lambda_D^iE_D^i(d) \tag{5.14}$$

其中，λ_D^s 和 λ_D^i 为权重系数。下面将对这两项进行详细的讨论。

1）光滑项

本节中远距离光照图像所对应的光源均位于无穷远处，并且忽略了场景中的阴影，因此如果两个点具有相同法向，则它们在 D 中的值也相同。光滑项就是为了保证分解得到的远距离光照图像具有这一特性，其定义为：

$$E_D^s(d)=\sum_{p\in\aleph_I}\sum_{q\in\boldsymbol{N}_p}\beta_{p,q}(d_p-d_q)^2 \tag{5.15}$$

式(5.15)中 $\aleph_I$ 和 $\boldsymbol{N}_p$ 的定义与式(5.11)中相同，权重参数 $\beta_{p,q}$ 的定义为 $\beta_{p,q}=\mathrm{e}^{(-100\cdot\|\boldsymbol{n}_p-\boldsymbol{n}_q\|)}$。该权重参数主要用于惩罚具有不同法向的像素对。

2）初始约束项

之前已经获得了一幅初始远距离光照图像 $\bar{D}$，尽管该图像受到了噪声干扰，但其与真实的远距离光照图还是非常接近的，因此，该项的主要作用就是保证分解结果同 $\bar{D}$ 相似。另外，为了减小 $\bar{D}$ 中噪声对分解结果的影响，本节仅对部分采样像素进行初始化约束，其影响将通过光滑性传递至其他像素，因此初始约束项的定义为：

$$E_D^i(d)=\sum_{p\in\aleph_{\text{init}}}\gamma_p(d_p-\bar{d}_p)^2 \tag{5.16}$$

其中，$\bar{d}_p$ 为 $\bar{D}_p$ 的对数，权重 γ_p 计算公式为：

$$\gamma_p=\begin{cases}\dfrac{z_p}{t_{\min}}, & z_p<t_{\min}\\ 0.8+0.2\dfrac{t_{\min}-z_p}{t_{\max}-z_{\min}}, & t_{\min}\leqslant z_p<t_{\max}\\ 0.8-0.8\dfrac{2t_{\min}-z_p}{t_{\max}}, & t_{\max}\leqslant z_p<2t_{\max}\\ 0, & z_p\geqslant 2t_{\max}\end{cases} \tag{5.17}$$

其中，$t_{\min}$ 和 $t_{\max}$ 记录了深度传感器的有效工作范围，z_p 为像素 p 处深度。本节采用 Kinect 的有效工作距离 $t_{\min}=1.2\text{m}$、$t_{\max}=4.0\text{m}$。$\aleph_{\text{init}}$ 是采样像素集合，本节根据像素所采集的深度值精确度构建集合 $\aleph_{\text{init}}$。对于深度已知的像素 p，记 $\eta_p=\mathrm{e}^{5(\gamma_p-1)}$，同时按照均匀分布原则生成一个位于区间[0，0.7]的随机变量 σ_p，若 $\eta_p>\sigma_p$ 则将 p 加入 $\aleph_{\text{init}}$，否则丢弃 p，采样结果如图 5.2(c)所示。

(a) 输入图像

(b) 输入深度图

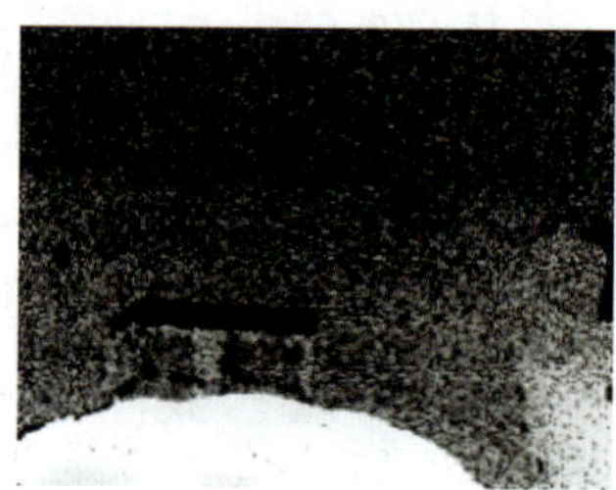
(c) 采样结果

图 5.2　采样结果展示

用于求解远距离光照图像 D 的能量方程的定义为：

$$\begin{aligned}E(v,d)=\lambda_V&\sum_{c\in\{\mathrm{R,G,B}\}}\sum_{p\in\aleph_I}\sum_{q\in\boldsymbol{N}_p}[\alpha_{p,q}((i_p^c-d_p)-(i_q^c-d_q))^2+\\ &\lambda_D^s\sum_{p\in\aleph_I}\sum_{q\in\boldsymbol{N}_p}\beta_{p,q}(d_p-d_q)^2+\lambda_D^i\sum_{p\in\aleph_{\text{init}}}\gamma_p(d_p-\bar{d}_p)^2]\end{aligned} \tag{5.18}$$

本节中大部分实验将权重参数设置为：$\lambda_V=20$、$\lambda_D^s=30$、$\lambda_D^i=10$。可以看到，若将远距离光照图 D 中所有像素逐行写入一列向量 $\boldsymbol{x}_d$，则式(5.18)可写为以 $\boldsymbol{x}_d$ 为未知数的二次型：

$$E(v,d)=\frac{1}{2}\boldsymbol{x}_d^{\mathrm{T}}\boldsymbol{A}\boldsymbol{x}_d-\boldsymbol{b}^{\mathrm{T}}\boldsymbol{x}_d \tag{5.19}$$

其中，$\boldsymbol{A}$ 为一个 $M\times M$ 的正定稀疏矩阵，$\boldsymbol{b}$ 为一个 $M\times1$ 列向量，M 表示图像中像素的个数。式(5.19)可通过共轭梯度法最小化，估计得到的远距离光照图如图 5.1(g)所示。

2. 材质图像估计

本节将讨论如何将近距离-材质图像 $\boldsymbol{V}$ 分解为近距离光照图像 K 与材质图像 A 的乘积。由于自动辨别图像像素值变化是由光照条件改变还是材质属性改变引起的具有较大难度，因此，为了保证算法的稳定性，本节选择通过用户交互的方式实现这一目的。让用户在图像 V 上交互地选择材质类似但光照条件不同的像素(如图 5.1(f)所示)，更多具有相似材质的像素将通过“漫水填充”算法得到，将通过第 i 笔交互得到的具有相似材质的像素记为$\aleph_S^i$（包括用户交互及自动检测得到的像素）。最终本征属性分解可通过最小化下述能量方程实现：

$$E(a,k)=\lambda_A E_A(a,k)+\lambda_K^s E_K^s(k)+\lambda_K^i E_K^i(k) \tag{5.20}$$

式(5.20)中所有项均是在对数域中进行运算。

材质项 $E_A(a,k)$的定义非常类似于式(5.11)，主要区别在于用近距离-材质图像 V 和近距离光照图像 K 分别代替 RGB 图像 I 和远距离光照图 D，权重 $\alpha_{p,q}$ 的定义为：

$$\alpha_{p,q}=\begin{cases}1 & w_{p,q}>0.5 \quad 且 \quad p,q\in\aleph_S^i \\ w_{p,q} & w_{p,q}>0.5 \quad 且 \quad p,q\notin\aleph_S^i \\ 0 & 其他\end{cases} \tag{5.21}$$

其中，$w_{p,q}$ 可通过式(5.13)将 I 变为 V 后进行计算。可以看到，集合$\aleph_S^i$中的像素具有较高的权重，这保证了这些像素可具有相同的材质。

对于近距离光照光滑项 $E_K^s(k)$，除了阴影和高光边缘区域，其余部分也满足光滑性，故该项只需将式(5.15)中的 d 换为 k 即可。而近距离光源在非阴影及高光区域对场景亮度的影响有限，故初始约束项 $E_K^i(k)$则需让近距离光照图像 K 接近 1。同时，为了使用户交互对分解结果产生较大影响，设置权重系数 $\lambda_A=70$、$\lambda_K^s=10$、$\lambda_K^i=1$。图 5.1(h)和图 5.1(i)展示了恢复得到的近距离光照图 K 和材质图 A，最终获得的光照图像 S 如图 5.1(j)所示。可以看到，近距离光照图 K 体现了光照的空间变化性。

5.1.4 实验结果

为了验证本节方法的准确性，本节从 MPI-Sintel 数据库中选取了 8 个虚拟场景，然后将本节方法与 Chen 等人提出的方法和 Barron 等人提出的方法均应用于这些场景，接着分别计算 3 种方法分解结果的局部均方误差(LMSE)，其结果如表 5.1 所示。可以看到，即使在不考虑光源颜色的情况下，本节方法仍能比其他两种方法获得更小的均方误差，这证明了本节方法的准确性。图 5.3 展示了在 sleeping 场景下 3 种方法的比较结果。可以看到，本节方法可以得到基本准确的结果，光照图像中包含了场景中的阴影和高光，而材质图像也基本消除了由于光照变化而引起的像素值改变。本节方法假设场景中的光源为白色光源，因此分解得到的本征图像在色调上同真实值有一些偏差，这点可通过引入白平衡算法得以改善。

表 5.1　3 种方法分解结果 LMSE 比较

场　景	Chen 等人提出的方法	Barron 等人提出的方法	本 节 方 法
ally1	0.0615	0.0550	0.0397
ally2	0.0435	0.0506	0.0242
ambush	0.1439	0.1147	0.1023
bamboo	0.0835	0.0869	0.0692
bandage	0.0783	0.0804	0.0727
market	0.0795	0.1254	0.0381
shaman	0.1420	0.1554	0.1019
sleeping	0.0323	0.0438	0.0248

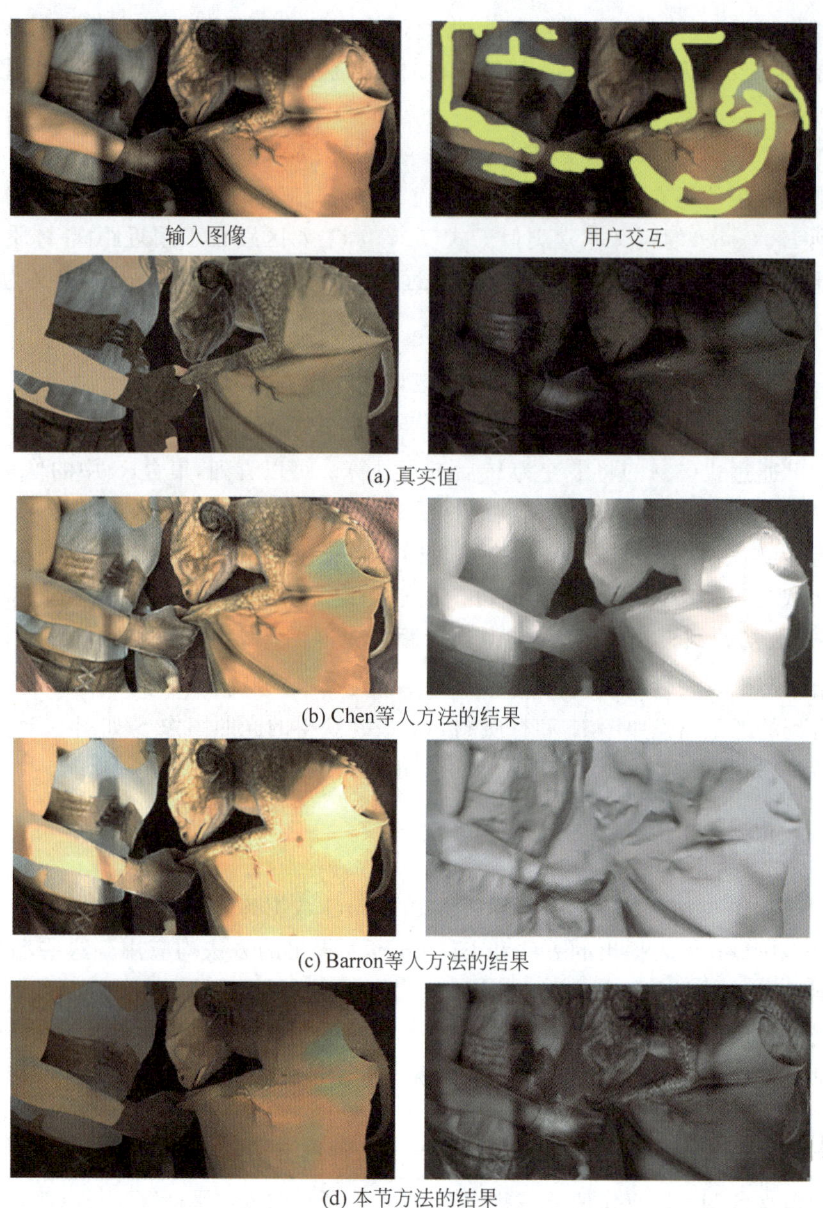

(a) 真实值

(b) Chen等人方法的结果

(c) Barron等人方法的结果

(d) 本节方法的结果

图 5.3　在 sleeping 场景下 3 种方法的比较结果

对于真实场景，本节方法也同 Chen 等人和 Barron 等人的方法进行了比较，比较结果如图 5.4、图 5.5 和图 5.6 所示。可以看到用 Chen 等人的方法得到的光照图像并不是非常准确，图 5.4(b)中的马桶、图 5.5(b)中床上的白色纱巾同周围环境相比均显得过亮，而图 5.6(b)中蓝色的椅子则又过暗。用 Barron 方法得到的结果过多地受到了深度图噪声的影响，因此使得光照图中的一些物体难以识别，如图 5.5(c)中墙上的挂灯有些难以辨识。

本节方法对于材质相似的点可得到非常接近的材质值，光照图像也能正确捕获场景的光照。通过本节方法获得的另外 3 个场景的本征图像分解结果如图 5.7 所示。

本节的本征图像分解方法可应用于图像颜色编辑。改变分解得到的材质图像的颜色，最终颜色编辑的结果为编辑后的材质图像同光照图像的乘积。图 5.8 展示了两个图像颜色

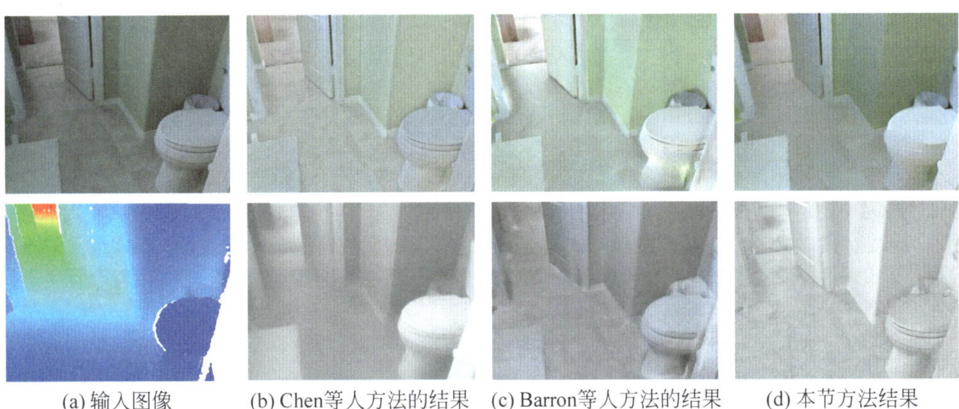

图 5.4 在 restroom(洗手间)场景中本节方法分解结果同其他方法分解结果的比较

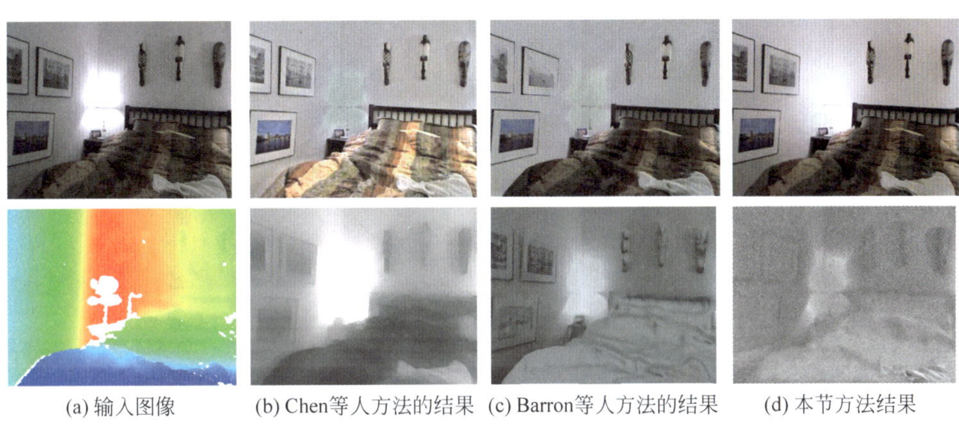

图 5.5 在 bed(床)场景中本节方法分解结果同其他方法分解结果的比较

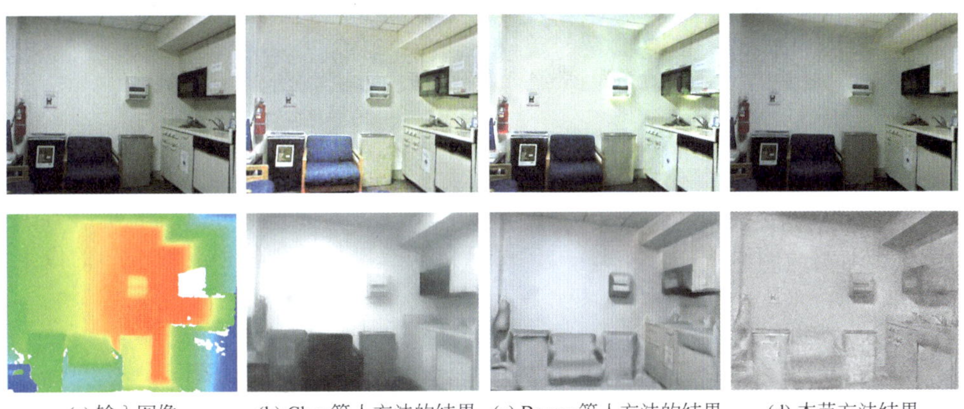

图 5.6 在 kitchen(厨房)场景中本节方法分解结果同其他方法分解结果的比较

编辑的实例。

本节算法测试所用计算机的配置为：Core i5-4570 3.2GHz CPU、16GB 内存。如果忽略用户交互所需时间，本节方法处理完一幅分辨率为 561×427 的图像需要大约 6min 的时间；Chen 等人的方法需要 10 多分钟，而 Barron 等人的方法则需要 1 个多小时。本节方法

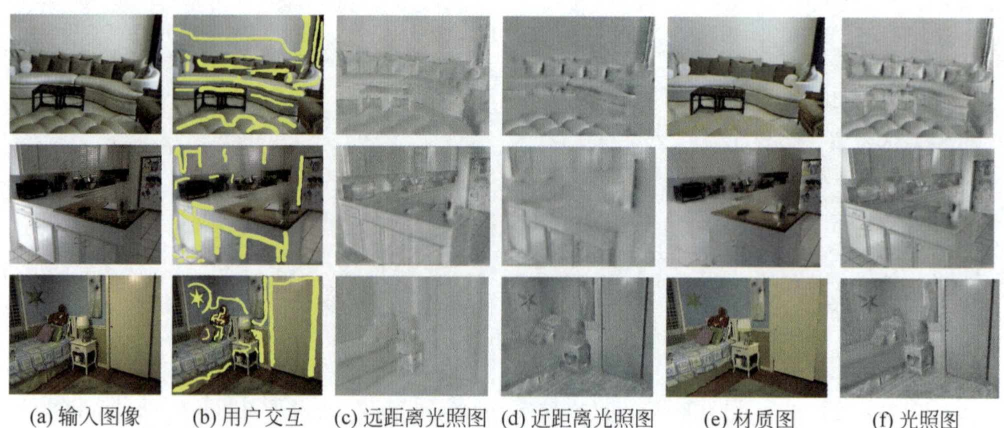

(a) 输入图像　(b) 用户交互　(c) 远距离光照图　(d) 近距离光照图　(e) 材质图　(f) 光照图

图 5.7　本节方法获得的本征图像分解结果

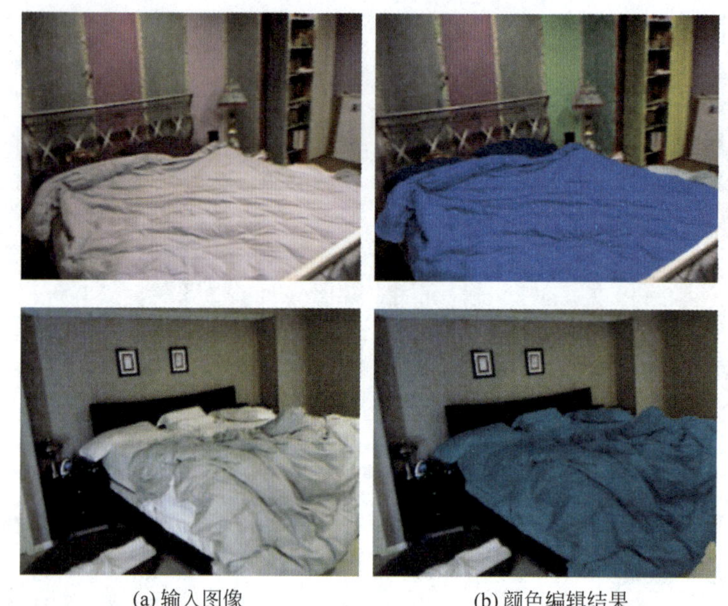

(a) 输入图像　(b) 颜色编辑结果

图 5.8　图像颜色编辑结果实例

所需求解的未知数个数大大少于 Chen 等人和 Barron 等人的方法并且仅需求解若干优化问题，因此拥有较高的效率。实际上，用户用于交互指出材质类似但光照不同的像素的时间也仅为 1～2min。

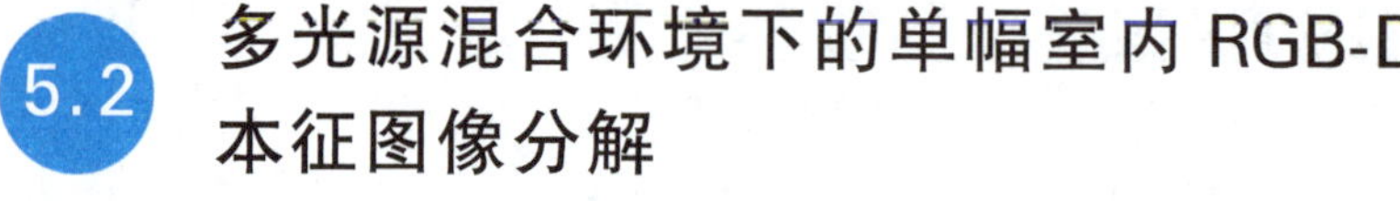

5.2 多光源混合环境下的单幅室内 RGB-D 图像本征图像分解

本节将介绍一种从单幅室内 RGB-D 图像中自动分解场景本征属性的方法，主要解决场景中存在多个不同颜色光源时本征属性的自动估计问题。考虑到光源混合和室内场景光照分布的空间变化性问题，本书提出了一种新的混合光源本征图像模型，将光照图分解为 3 个组成部分，即照明颜色分量、远距离光照分量和局部光照分量。为了实现 3 个光照分量的求解，本节首先介绍了一种迭代策略，以实现对于场景光源颜色的自动估计；然后利用光照分布的稀疏性和非负性约束进行远距离光照分布的求解，借助恢复的光照分布和深度图共同合成粗糙的远距离光照图像，并将其作为远距离光照分量估计时的附加约束；最后，利用场景反射材质的局部和全局相似性，为材质图像提供可靠的约束，从而实现对各本征属性对应分量的求解。

5.2.1 混合光源本征图像模型

本征图像分解尝试将图像分解成材质图 A 和光照图 S 的乘积。对于 RGB 图像 I：

$$I_p(c)=S_p(c)A_p(c),\quad c\in\{\mathrm{R,G,B}\} \tag{5.22}$$

其中，I_p 表示观察到的像素的 RGB 颜色，S_p 和 A_p 表示每个像素的光照和材质属性。

本节的混合光源模型假设场景中有两种不同的光源，这与大部分室内场景包含的光源种类相符，例如，透过窗户进入房间的室外光照和室内安装的人工光源，或者在使用闪光灯时物体接收到的闪光灯和环境光等。因此有：

$$S_p(c)=S_{\langle 1,p\rangle}L_1(c)+S_{\langle 2,p\rangle}L_2(c) \tag{5.23}$$

其中，L_1 和 L_2 表示光源颜色，$S_{\langle 1,p\rangle}$ 和 $S_{\langle 2,p\rangle}$ 是 p 点在两个灰度光照图像上的值，对应于不同的光源，有：

$$I_p(c)=(S_{\langle 1,p\rangle}L_1(c)+S_{\langle 2,p\rangle}L_2(c))A_p(c) \tag{5.24}$$

大多数本征图像分解方法假设光源远离观察场景，因此，在没有遮挡的情况下，法线方向相同的点将具有相同的像素值。然而，在现实世界中往往存在一些距离场景较近的光源，物体之间也会存在相互的遮挡，实际情况下室内场景不同位置的光照分布可能存在较大的差异，即光照分布具有空间变化性。为了能够处理光照的空间变化性，本节使用远距离光照图 D 来编码仅由远距离光源照明且忽略光源遮挡的场景，因此式(5.25)可以写为：

$$I_p(c)=\left(\frac{S_{\langle 1,p\rangle}}{D_p}L_1(c)+\frac{S_{\langle 2,p\rangle}}{D_p}L_2(c)\right)D_pA_p(c) \tag{5.25}$$

将 $\dfrac{S_{\langle 1,p\rangle}}{D_p}$ 和 $\dfrac{S_{\langle 2,p\rangle}}{D_p}$ 用 $k_{\langle 1,p\rangle}$ 和 $k_{\langle 2,p\rangle}$ 表示，有

$$I_p(c)=(k_{\langle 1,p\rangle}L_1(c)+k_{\langle 2,p\rangle}L_2(c))D_pA_p(c) \tag{5.26}$$

令 $W_p(c)=\dfrac{k_{\langle 1,p\rangle}+k_{\langle 2,p\rangle}}{k_{\langle 1,p\rangle}L_1(c)+k_{\langle 2,p\rangle}L_2(c)}$，在式(5.26)的两边同时乘以 $W_p(c)$，即 $W_p(c)I_p(c)=(k_{\langle 1,p\rangle}+k_{\langle 2,p\rangle})D_pA_p(c)$，所以：

$$I_p(c)=(k_{\langle 1,p\rangle}+k_{\langle 2,p\rangle})D_p\frac{1}{W_p(c)}A_p(c) \tag{5.27}$$

将 $(k_{\langle 1,p\rangle}+k_{\langle 2,p\rangle})$ 和 $1/W_p(c)$ 用 K_p 和 $C_p(c)$ 表示，最终模型为：

$$I_p(c)=D_pK_pC_p(c)A_p(c),\quad c\in\{\mathrm{R,G,B}\} \tag{5.28}$$

根据模型中 4 个项目的定义，C 编码了场景的光照颜色，称为光照颜色图；K 编码了由接近被检查场景的光源和遮挡引起的光照的空间变化，称为局部光照图；D 和 A 分别是远距离光照图和材质图。本节的其余部分将讨论如何计算它们。

5.2.2 远距离光照恢复

对于本征图像分解，如果已知场景的光照条件，那么可以建立一个更可靠的光照约束。

5.1.2 节已经给出了一种远距离光照的计算方法，本节对光照模型进行了一定的简化，提出了一种更为快捷的远距离光照恢复的方法。

在混合光源本征图像模型中，光照的颜色被描述为 3 个相互独立的通道，本节只考虑单一通道，此时计算各通道光源的强度是光照计算算法的主要目标。将远距离光源 L^d 的强度和方向向量分别表示为 $\boldsymbol{L}$ 和 $\boldsymbol{d}$。然后，可以生成与 L^d 相对应的去除阴影的场景图像 I^d，如下所示：

$$I_p^d(c) = \max(0, LA_p(c)\langle \boldsymbol{d}, \boldsymbol{n}_p \rangle), \quad c \in \{R, G, B\} \tag{5.29}$$

其中，$\boldsymbol{n}_p$ 是点 p 的反射率和法向量，$\langle , \rangle$ 表示两个向量的点积。为了方便，称 I^d/L 为基图像，它与光源 L^d 相关。显然，根据光源远离场景的假设，可以将图像表示为与不同远距离光源对应的基图像的线性组合。作为一种近似，可采样入射方向不同的若干光源，因此：

$$I_p(c) = \sum_{q \in \aleph_d} L_q A_p(c) \cdot \max(0, \langle \boldsymbol{d}_q, \boldsymbol{n}_p \rangle) \tag{5.30}$$

其中，$\aleph_d$ 是采样光源的集合。在采样过程中，光源入射方向极角 θ 的采样范围为 $\left[-\frac{\pi}{2}, \frac{\pi}{2}\right]$，方位角 ϕ 的采样范围为 $[0, 2\pi]$，采样间隔为 $\frac{\pi}{10}$。

在式(5.30)两侧都除以 $A_p(c)$，可得：

$$\sum_{q \in \aleph_d} L_q \cdot \max(0, \langle \boldsymbol{d}_q, \boldsymbol{n}_p \rangle) - \frac{I_p(c)}{A_p(c)} = 0 \tag{5.31}$$

注意到，这是一个带有未知数 L_q 和 $1/A_p(c)$ 的线性方程。如果在场景中选择 n 个采样点，就可以构建一个线性方程组。然而，解线性方程组可能得到值为 0 的解。为了避免这种情况，令 $\frac{1}{A_p(c)} = 1 + \rho_p$，其中 ρ_p 是非负值，因为 A_p 是小于 1 的反射参数。然后有：

$$\sum_{q \in \aleph_d} L_q \cdot \max(0, \langle \boldsymbol{d}_p, \boldsymbol{n}_p \rangle) - I_p(c)\rho_p = I_p(c) \tag{5.32}$$

然而，这个线性方程组仍然欠约束，因为有 n 个方程和 $n + |\aleph_d|$ 个未知数。幸运的是，场景中不同的点可能具有相似的材质，这将大幅减少未知数的数量。为了找到具有相似材质的点，可在色度领域中通过 mean-shift 算法对输入图像进行聚类，并假设属于同一类的点具有相似的材质。除此之外，还可采用其他约束来提高近似的准确性，如非负约束，即 $L_p \geqslant 0$（对于 $p \in \aleph_d$）和 $\rho_p > 0$；另一个约束则是稀疏约束，即由 Lambertian 场景生成的图像可以通过稀疏光源对应基图像的线性组合表示。

理论上讲，可以选择图像的任何通道来创建方程。在实验中发现使用由 Retinex 模型恢复的光照图像作为输入图像能够获得比其他模型更好的性能。图 5.9(e)展示了估计的光照分布图，可以看出估计的光照参数非常稀疏。

根据估计的光照分布就可生成一个初始的远距离光照图像 $\overline{D}$。对于像素 p 有：

$$\overline{D}_p = \sum_{q \in \aleph_d} L_q \cdot \max(0, \langle \boldsymbol{d}_q, \boldsymbol{n}_p \rangle) \tag{5.33}$$

事实上，如果捕获到的场景深度值完全准确，$\overline{D}$ 即是远距离光照图。遗憾的是，目前商用传感器捕捉到的深度图存在噪声且不完整，这使得 $\overline{D}$ 存在较大误差。图 5.9(d)展示了由原始深度图生成的初始远距离光照图，仍需结合 Retinex 模型对其进行进一步优化。

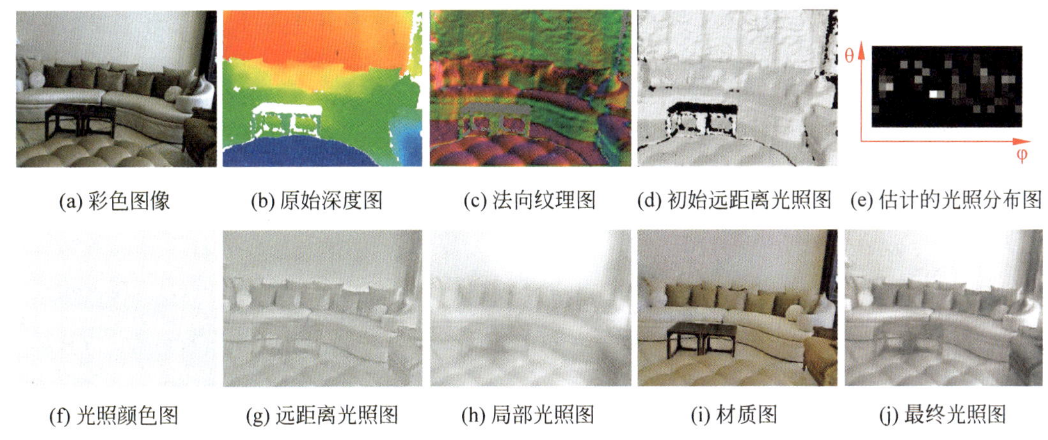

(a) 彩色图像　(b) 原始深度图　(c) 法向纹理图　(d) 初始远距离光照图　(e) 估计的光照分布图

(f) 光照颜色图　(g) 远距离光照图　(h) 局部光照图　(i) 材质图　(j) 最终光照图

图 5.9　多种图像处理结果

5.2.3　本征成分恢复

本节介绍的本征图像分解方法包含两个步骤：首先估计光照颜色图 C；然后求解远距离光照图 K、局部光照图 D 和材质图 A。

1. 光照颜色图计算

首先讨论如何计算光照颜色图 C。采用前面定义的所有符号，对于像素 p，$C_p(c)=\dfrac{k_{\langle 1,p\rangle}L_1(c)+k_{\langle 2,p\rangle}L_2(c)}{k_{\langle 1,p\rangle}+k_{\langle 2,p\rangle}}$，将$\dfrac{k_{\langle 1,p\rangle}}{k_{\langle 1,p\rangle}+k_{\langle 2,p\rangle}}$称为 α_p，它称为光混合参数，则有：

$$C_p=\alpha_p L_1+(1-\alpha_p)L_2 \tag{5.34}$$

式(5.34)说明，光照颜色图的估计被转化为求解 α_p 和光源颜色 L_1、L_2 的问题。类似的问题在 Hsu 等人的论文中已经讨论过，然而在该论文中，光源颜色由用户指定。本节将寻求一种自动估计的方法。

1）光源颜色计算

对于光源颜色，先使用一个简单的方法来粗略计算 L_1 和 L_2，再对其进行迭代优化。由于白色光源在实际生活中非常常见，故可将 L_1 的初始值设为$(1,1,1)^{\mathrm{T}}$。还注意到，镜面反射光相较于漫反射光更容易保持入射光的颜色，因此，本节采用高光区域的像素来计算 L_2，先通过主成分分析(PCA)获取所有高光像素的 R、G、B 值矢量的主成分，再将 L_2 设置为第一个主成分。在上述过程中，高光像素是通过 Zhai 等人的方法检测到的。

在完成初始化后，即可开始对光源颜色进行迭代优化，迭代过程分为两步，两个步骤交替进行，直至收敛。迭代过程中的两步具体如下。

(1) 采用 Hsu 等人提出的方法来估算场景的材质颜色，通过一种投票方案来决定图像中像素的最终材质。然而，该方法计算的材质参数与真实材质值相差一个尺度因子，因此，式(5.24)可以写成：

$$I_p(c)=\left(\frac{S_{\langle 1,p\rangle}}{\tilde{k}_p}L_1(c)+\frac{S_{\langle 2,p\rangle}}{\tilde{k}_p}L_2(c)\right)(\tilde{k}_p A_p(c)) \tag{5.35}$$

其中，$c\in\{\mathrm{R},\mathrm{G},\mathrm{B}\}$，$\tilde{k}_p$ 为计算的材质参数与真实材质值间相差的尺度因子。令 $\tilde{A}_p=\tilde{k}_pA_p$、$k'_{\langle 1,p\rangle}=\frac{S_{\langle 1,p\rangle}}{\tilde{k}_p}$ 和 $k'_{\langle 2,p\rangle}=\frac{S_{\langle 2,p\rangle}}{\tilde{k}_p}$ 有：

$$I_p(c)=(k'_{\langle 1,p\rangle}L_1(c)+k'_{\langle 2,p\rangle}L_2(c))\tilde{A}_p(c) \tag{5.36}$$

显然，$k'_{\langle 1,p\rangle}$ 和 $k'_{\langle 2,p\rangle}$ 也可以计算出来。此外，这种方法无法获得图像中所有像素的材质颜色、但这不会影响光源颜色的计算。

(2) 从图像中随机采样 n 个像素，对于第 i 个像素，将 $\left(\frac{I_{p_i}(\mathrm{R})}{\tilde{A}_{p_i}(\mathrm{R})},\frac{I_{p_i}(\mathrm{G})}{\tilde{A}_{p_i}(\mathrm{G})},\frac{I_{p_i}(\mathrm{B})}{\tilde{A}_{p_i}(\mathrm{B})}\right)$ 设置为 $n\times 3$ 矩阵 $\tilde{\boldsymbol{I}}$ 的第 i 行。根据式(5.36)，$\tilde{\boldsymbol{I}}=\tilde{\boldsymbol{K}}\cdot\tilde{\boldsymbol{L}}$，其中 $\tilde{\boldsymbol{K}}$ 是一个 $n\times 2$ 矩阵，其第 i 行为 $(k'_{\langle 1,p_i\rangle},k'_{\langle 2,p_i\rangle})$，$\tilde{\boldsymbol{L}}$ 是一个 2×3 矩阵，记录了光源颜色。矩阵 $\tilde{\boldsymbol{K}}$ 和 $\tilde{\boldsymbol{L}}$ 可以通过非负矩阵分解(Non-negative Matrix Factorization，NMF)来求解，步骤(1)的结果将用于 NMF 过程的初始化。

2) 光混合参数的计算

根据 Hsu 的推导，可得到表达式：

$$I'_p=\alpha_p\boldsymbol{A}'_p*\boldsymbol{L}'_1+(1-\alpha_p)\boldsymbol{A}'_p*\boldsymbol{L}'_2 \tag{5.37}$$

其中，α_p 是光混合参数，$I'_p=\left[\frac{I_p(\mathrm{R})}{I_p(\mathrm{B})},\frac{I_p(\mathrm{G})}{I_p(\mathrm{B})}\right]'$，$A'_p=\left[\frac{A_p(\mathrm{R})}{A_p(\mathrm{B})},\frac{A_p(\mathrm{G})}{A_p(\mathrm{B})}\right]'$，$L'_i=\left[\frac{L_i(\mathrm{R})}{L_i(\mathrm{B})},\frac{L_i(\mathrm{G})}{L_i(\mathrm{B})}\right]'$ $(i\in\{1,2\})$，符号 $*$ 表示 Hadamard 乘积。注意到，解 α_p 类似于 matting 方法中的经典前景/背景混合问题，因此，可采用 Levin 等人提出的 matting 方法来解决这个问题。

2. 光照和材质分量估计

在式(5.28)的两侧消除估计的颜色图像。方便起见，仍将 $I_p(c)/C_p(c)$ 表示为 $I_p(c)$，因此：

$$I_p(c)=K_pD_pA_p(c) \tag{5.38}$$

与大多本征图像分解一样，分解过程将在对数域中进行。对公式两侧取对数得到：

$$i_p(c)=k_p+d_p+a_p(c) \tag{5.39}$$

然后，分解问题即可表述为下列能量最小化问题：

$$E(k,d,a)=E_{\mathrm{data}}(k,d,a)+E_A(a)+E_D(d)+E_K(k) \tag{5.40}$$

式(5.40)中，将 E_{data} 称为数据项，E_A 称为材质项，E_D 称为远距离光照项，E_K 称为局部光照项，下面将具体介绍这几项。

1) 数据项

此项的目的是确保可以通过恢复的各本征分量重建原始图像 I，其定义为：

$$E_{\mathrm{data}}(k,d,a)=\sum_{c\in\{\mathrm{R,G,B}\}}\sum_{p\in\aleph_I}(i_p-k_p-d_p-a_p(c))^2 \tag{5.41}$$

其中，$\aleph_I$ 是图像 I 所有像素的集合。

2）材质项

本方法考虑了材质的局部相似性和全局相似性，材质项定义为：

$$E_A(a)=\lambda_A^l E_A^l(a)+\lambda_A^g E_A^g(a) \tag{5.42}$$

其中，λ_A^l 和 λ_A^g 是权重参数，$E_A^l(a)$ 和 $E_A^g(a)$ 分别是局部约束项和全局约束项。

局部约束项包括惩罚 I 中相邻像素之间的差异的成对项：

$$E_A^l(a)=\sum_{c\in\{\mathrm{R,G,B}\}}\sum_{p\in\aleph_I}\sum_{q\in\boldsymbol{N}_p}\alpha_{p,q}^l(a_p(c)-a_q(c))^2 \tag{5.43}$$

其中，$\aleph_I$ 是图像 I 中所有像素的集合，$\boldsymbol{N}_p$ 是像素 p 的 5×5 邻域，$\alpha_{p,q}^l$ 由下式计算：

$$\mathrm{e}^{-1\cdot\kappa_1\|\mathrm{ch}(I_p)-\mathrm{ch}(I_q)\|}\min(1,\sqrt{\kappa_2\cdot\mathrm{lum}(I_p)\mathrm{lum}(I_q)}) \tag{5.44}$$

其中，$\mathrm{ch}(I_p)$ 和 $\mathrm{lum}(I_p)$ 表示 p 的色度和亮度（在 HSV 色彩空间中计算）。式(5.44)中左侧的指数项表达了具有相似色度值的像素可能具有相似材质的事实，κ_1 可以调整本节方法对像素色度变化的敏感性，大多数情况下将其设置为 200，对于具有复杂纹理的场景，应采用较大的值。右侧项用于惩罚具有低亮度值的像素，因为暗区存在大量噪声，因此 κ_2 可以控制惩罚的强度，在本节所有真实场景的示例中可将其设置为 1，而对于虚拟场景，由于渲染图像中的噪声较小，可将其设置为 100。

全局约束项试图保持不相邻但具有相似材质的像素在估计的材质图像中具有相同的值。为了减少求解的维度，仅为图像中的每个像素选择一个匹配的像素。通过将权重参数 λ_A^g 设置为非常大的值，可以通过局部约束来保持两个非相邻区域的材质的相似性。匹配像素选择的策略为：在颜色图像估计时图像中有部分像素的材质颜色已经恢复，对于这些像素，可选择一个具有相似材质颜色和色度值但在图像平面上距离最远的像素作为匹配像素 p；对于其他像素，仅使用色度值的最小差异和最远距离作为判断。全局约束项 $E_A^g(a)$ 的定义如下：

$$E_A^g(a)=\sum_{c\in\{\mathrm{R,G,B}\}}\sum_{p\in\aleph_I}\alpha_{p,p'}^g(a_p(c)-a_{p'}(c))^2 \tag{5.45}$$

其中，$\alpha_{p,p'}^g=\mathrm{e}^{-20\|I_p-I_{p'}\|}$。这个权重参数用于确保具有相似的 RGB、色度和材质颜色的像素对全局材质相似性的贡献更大。

3）远距离光照项

该项包括两部分，一个是用于平滑生成的远距离光照图，一个是用于约束计算得到的远距离光照图 D 与 $\overline{D}$ 具有相近的值，它们称为平滑项 E_D^s 和初始约束项 E_D^i：

$$E_D(d)=\lambda_D^s E_D^s(d)+\lambda_D^i E_D^i(d) \tag{5.46}$$

其中，λ_D^s 和 λ_D^i 是权重参数。

注意到远距离光照图像 D 忽略了场景中的遮挡和高光，因此，如果两个相邻点具有相似的法线，那么它们将在光照图中具有相似的值，平滑项就是用来保证生成的远距离光照图具有上述特性，其形式如下：

$$E_D^s(d)=\sum_{p\in\aleph_I}\sum_{q\in\boldsymbol{N}_p}\beta_{p,q}^s(d_p-d_q)^2 \tag{5.47}$$

其中，$\aleph_I$ 和 $\boldsymbol{N}_p$ 的定义与式(5.43)中的相似。权重 $\beta_{p,q}^s$ 的定义如下：

$$\beta_{p,q}^s=\mathrm{e}^{(-100\|\boldsymbol{n}_p-\boldsymbol{n}_q\|)} \tag{5.48}$$

上述权重函数用于惩罚具有不同法线的像素。

5.2.2 节介绍了一个生成初始远距离光照图像 $\bar{D}$ 的方法。为了降低 $\bar{D}$ 中噪声的干扰，只需让待求解的光照图像的若干个采样像素接近初始图像 $\bar{D}$，其余像素的值可以根据光照图和材质图的平滑性进行估计。为此，使用初始约束项来添加上述约束，其定义为：

$$E_D^i(d)=\sum_{p\in\aleph_{\text{init}}^d}\beta_p^i(d_p-\bar{d}_p)^2 \tag{5.49}$$

其中，$\bar{d}_p$ 为 $\bar{D}_p$ 的对数，$\aleph_{\text{init}}^d$ 是采样像素。权重参数 β_p^i 的计算公式为：

$$\beta_p^i=\begin{cases}\dfrac{\text{dep}_p}{\text{dis}_{\min}} & \text{dep}_p<\text{dis}_{\min}\\[2ex] 0.8+0.2\dfrac{\text{dis}_{\min}-\text{dep}_p}{\text{dis}_{\max}-\text{dep}_{\min}} & \text{dis}_{\min}\leqslant\text{dep}_p<\text{dis}_{\max}\\[2ex] 0.8-0.8\dfrac{2\text{dis}_{\min}-\text{dep}_p}{\text{dis}_{\max}} & \text{dis}_{\max}\leqslant\text{dep}_p<2\text{dis}_{\max}\\[2ex] 0 & \text{dep}_p\geqslant 2\text{dis}_{\max}\end{cases} \tag{5.50}$$

其中，dep_p 是 p 的深度值，$\text{dis}_{\min}$ 和 $\text{dis}_{\max}$ 共同决定了深度传感器的有效范围。式(5.50)惩罚了超出深度传感器有效工作范围的点，因为它们的深度值非常不准确。本节方法将 $\text{dis}_{\min}$ 和 $\text{dis}_{\max}$ 设置为 1.2m 和 4.0m，对应于 Kinect 传感器的最佳工作范围。

为了获得像素集 $\aleph_d$，本节提出了一种采样策略，首先去除属于深度图像不完整区域的像素；然后使用由式(5.50)计算得到的权重参数 β_p^i 来决定是否应该对像素进行采样。对于像素 p，设 $\eta_p=\mathrm{e}^{-5(1-\beta_p^i)}$，并在[0,0.7]范围内生成一个满足均匀分布的随机变量 σ_p，如果 $\eta_p>\sigma_p$，则将 p 添加到 $\aleph_{\text{init}}^d$ 中。采样结果如图 5.10(a)所示，可以看到深度值较为准确的点具有更高的采样率，而远离摄像机的点具有较低的采样率。图 5.10 展示了使用(图 5.10(b))和不使用(图 5.10(c))上述采样策略计算得到的远距离光照图像，证明了本节提出的采样策略可以有效减少捕获的深度图的噪声。

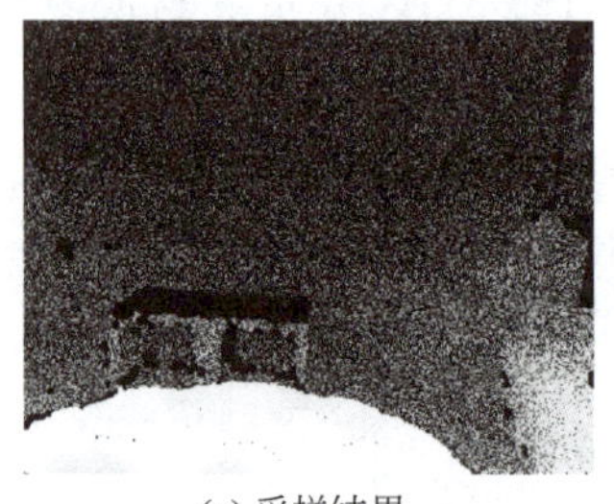
(a) 采样结果

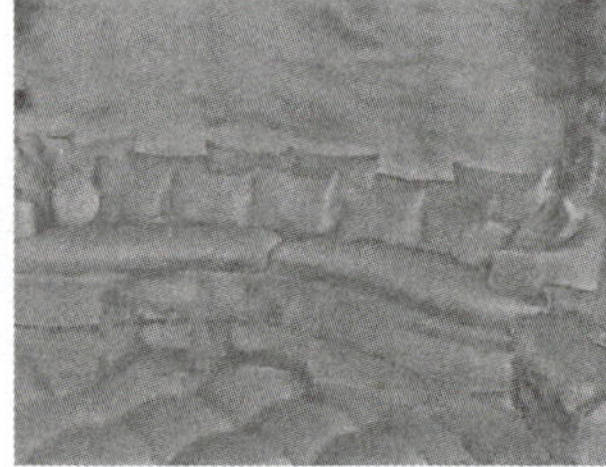
(b) 不使用采样策略的结果

(c) 使用采样策略的结果

图 5.10 使用和不使用采样策略计算得到的远距离光照图像

4) 局部光照项

与远距离光照项类似，局部光照项也包括两个组成部分：平滑项和初始约束项，因此：

$$E_K(k)=\lambda_K^s E_K^s(k)+\lambda_K^i E_K^i(k) \tag{5.51}$$

其中，平滑项用于保持局部照明的一致性，延用前面符号，$E_K^s(k)$的定义为：

$$E_K^s(k)=\sum_{p\in\aleph_I}\sum_{q\in N_p}(k_p-k_q)^2 \tag{5.52}$$

初始约束项则有助于捕捉场景中的遮挡和高光。为此，需要获得一个初始局部光照图像 $\overline{K}$。根据式(5.27)，$k'_{\langle 1,p\rangle}+k'_{\langle 2,p\rangle}=(S_{\langle 1,p\rangle}+S_{\langle 2,p\rangle})/\bar{k}_p$，注意到 $S_{\langle 1,p\rangle}+S_{\langle 2,p\rangle}$ 是 p 在最终光照图中的值，可将初始局部光照图 $\overline{K}$ 近似表示为：

$$K_p=\begin{cases}\dfrac{k'_{\langle 1,p\rangle}+k'_{\langle 2,p\rangle}}{\overline{D}_p} & p\in\aleph^l_{\text{init}}\\ 0 & 其他\end{cases}\tag{5.53}$$

其中，$\overline{D}_p$ 是在 5.2.2 节中计算得到的初始远距离光照图 $\overline{D}$ 在 p 处的值，$\aleph^l_{\text{init}}$ 是可以恢复材质颜色并记录深度值的像素集。初始约束项的定义如下：

$$E^i_K(k)=\sum_{p\in\aleph^i_{\text{init}}}(k_p-\bar{k}_p)^2\tag{5.54}$$

其中，$\bar{k}_p=\ln(\overline{K}_p)$。由于 $\overline{K}$ 只是真实局部遮挡图像的近似，因此与其他权重参数相比，可将 λ^i_K 设置为一个较小的值。

5.2.4　实验结果

本节使用 MPI-Sintel 数据集对所提方法进行评估，权重参数的设置为：$\lambda^l_A=15$，$\lambda^g_A=200$，$\lambda^s_D=1$，$\lambda^i_D=1$，$\lambda^s_K=0.5$，$\lambda^i_K=0.01$。实验共选择了 8 个不同的场景，使用本节方法获得了材质和光照图像，并与其他方法进行了比较，其他方法包括采用本节方法但不考虑光照颜色的情况（记为 NC）、Chen 等人的方法、Barron 等人的方法和 Bell 等人的方法。为了进行比较，本节对不同方法获得的结果进行了定量评估，这些方法计算得到的最小均方误差（Least Mean Squared Error，LMSE）如表 5.2 所示。从中可以看出，本节方法表现得比其他方法更好，考虑光照颜色可使算法更准确。需要注意的是，bamboo 场景在不考虑光照颜色时会有更小的 LMSE，这主要是由于场景中的竹子使恢复的光照颜色略带绿色，进而增大了误差。

表 5.2　不同方法计算得到的最小均方差

场　景	Bell 等人的方法	Barron 等人的方法	Chen 等人的方法	NC 方法	本节方法
ally1	0.0597	0.0550	0.0615	0.0399	0.0397
ally2	0.0459	0.0506	0.0435	0.0317	0.0242
ambush	0.1470	0.1147	0.1439	0.1664	0.1423
bamboo	0.0480	0.0869	0.0835	0.0669	0.0692
bandage	0.0762	0.0804	0.0783	0.0744	0.0727
market	0.0572	0.1254	0.0795	0.0403	0.0381
shaman	0.1122	0.1554	0.1420	0.1058	0.1019
sleeping	0.0300	0.0438	0.0323	0.0348	0.0248

利用绘制出的虚拟场景，对按照本节方法估计的本征图像与本征图像真值进行对比，对比结果如图 5.11 所示（左边是 market 场景，右边是 bamboo 场景）。可以看到，本节方法产生的本征分量与实际情况非常接近，尽管 bamboo 场景的光照图颜色与真实情况存在差异，但是绿色竹子之间存在的相互反射使得本节方法获得的结果仍然是合理的。

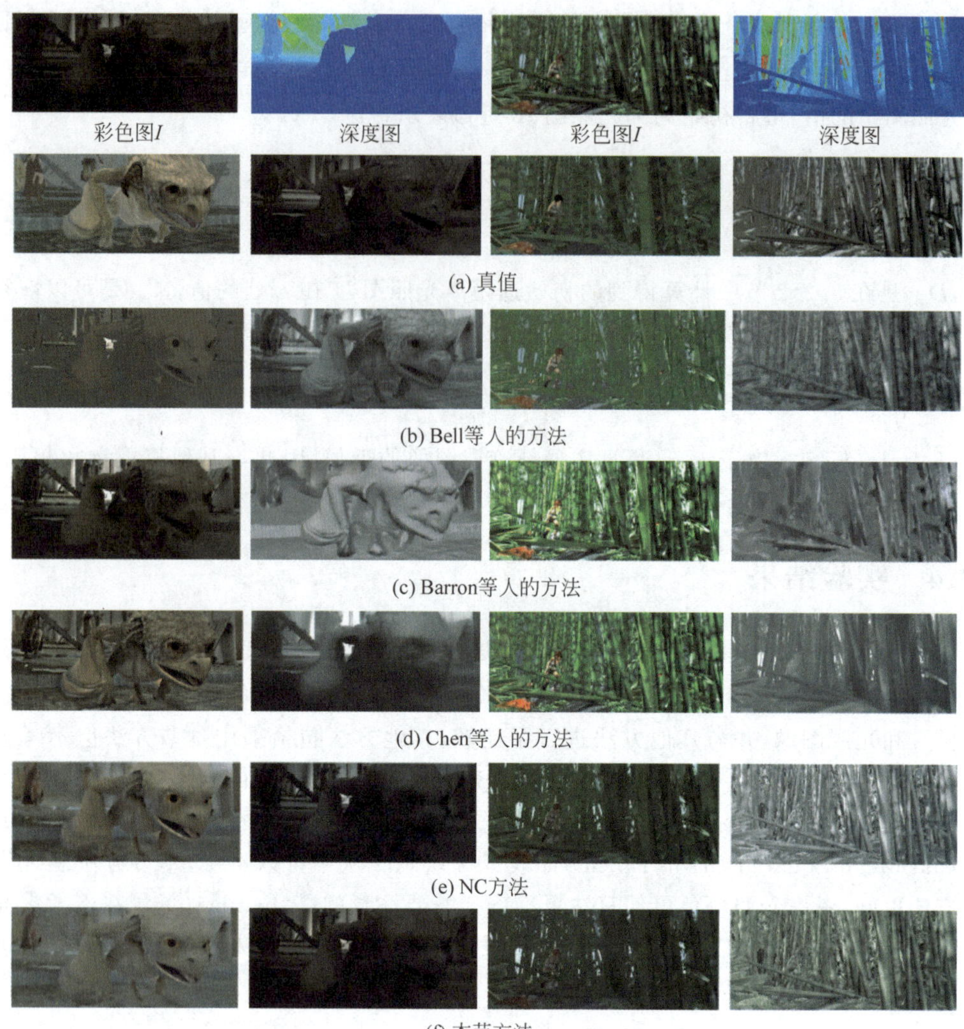

图 5.11　不同方法下的本征图像对比

本节方法还在由 Kinect 捕获的 RGB-D 图像构成的 NYU 数据集上进行了测试。图 5.12 展示了本节方法在 NYU 数据集上与 Bell 等人、Chen 等人和 Barron 等人的方法在获得本征图像分解结果方面的比较。图 5.13 展示了本节方法的本征图像分解结果，以及同 Bell 等人、Chen 等人和 Barron 等人的方法的比较。从图 5.12 和图 5.13 中可以看出，Bell 等人的方法恢复的材质图像太平滑，使光照图像具有较大误差；Chen 等人的方法使具有小 R、G、B 值的物体在恢复的光照图像中太暗，而具有大 R、G、B 值的物体太亮；Barron 等人的方法在分解图像中产生了不准确的区域，例如，图 5.12 中墙上的饰品很难根据光照图像进行识别。本节方法可以为具有相似反照率的点产生几乎均匀的反射率，并且光照图像仍然符合常识。光照颜色图像可以捕捉场景中的多光源混合现象，以图 5.13(a)中第一个场景为例，洗手间外部区域的光照颜色是白色，而洗手间略带蓝色，这与恢复的颜色图像一致。图 5.14 展示了另外 3 个场景的本征图像分解结果，可以看到，图 5.14(b)中的颜色图像可以捕捉室内光源和窗户光的颜色。

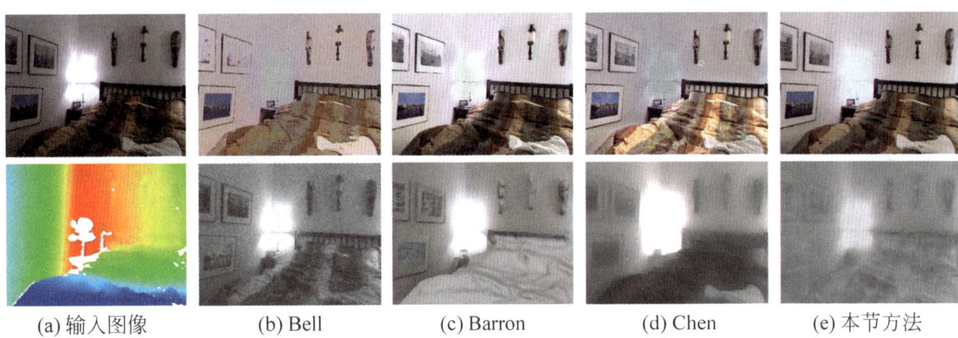

图 5.12 在 NYU 数据集中本节方法与 Bell 等人、Chen 等人和 Barron 等人的方法所获得的本征图像分解结果的比较

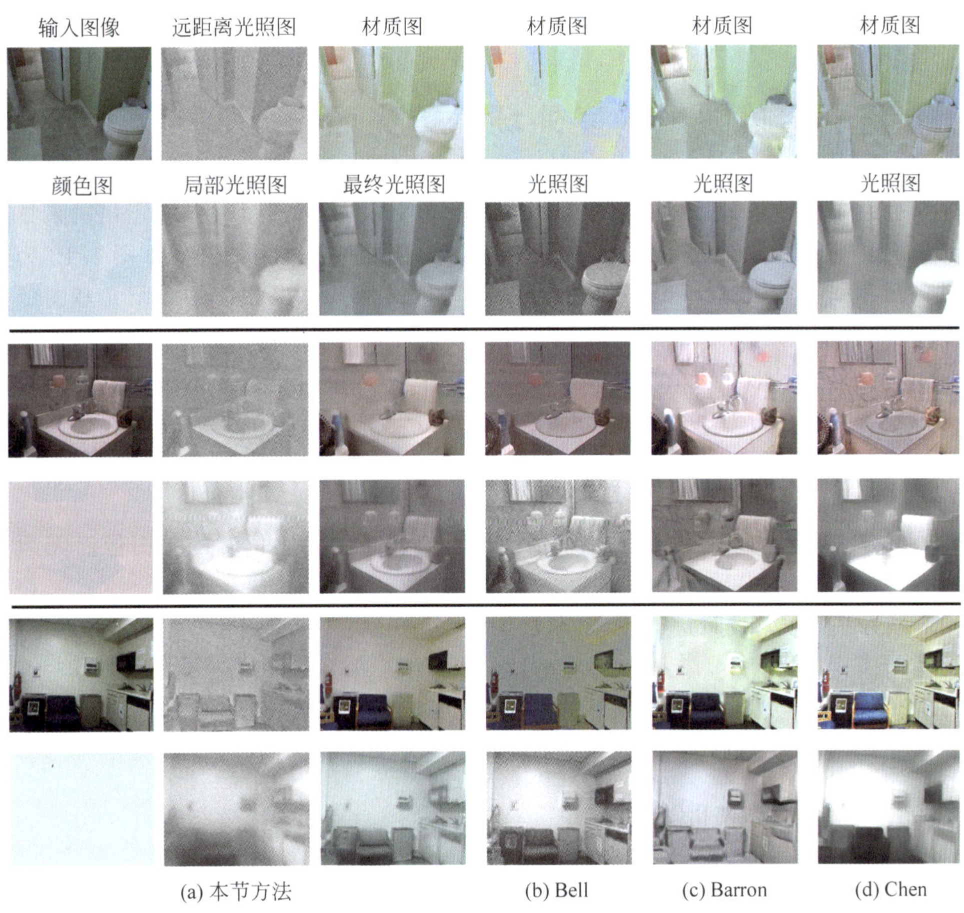

图 5.13 在 NYU 测试集中本节方法与 Bell 等人、Barron 等人和 Chen 等人的方法所获得的本征图像分解结果的比较

本节方法在一台配备为 Core i7-4790 4.0GHz CPU 和 16GB RAM 的计算机上实现。本节方法和 Bell 等人的方法的平均耗时接近 4min(对于分辨率为 561×427 的图像),而 Chen 等人的方法需要 10min,Barron 等人的方法需要 40min。本节方法只需要解决几个优化问题,而且未知参数的数量远远少于 Chen 等人和 Barron 等人的方法,这使得算法更高效。

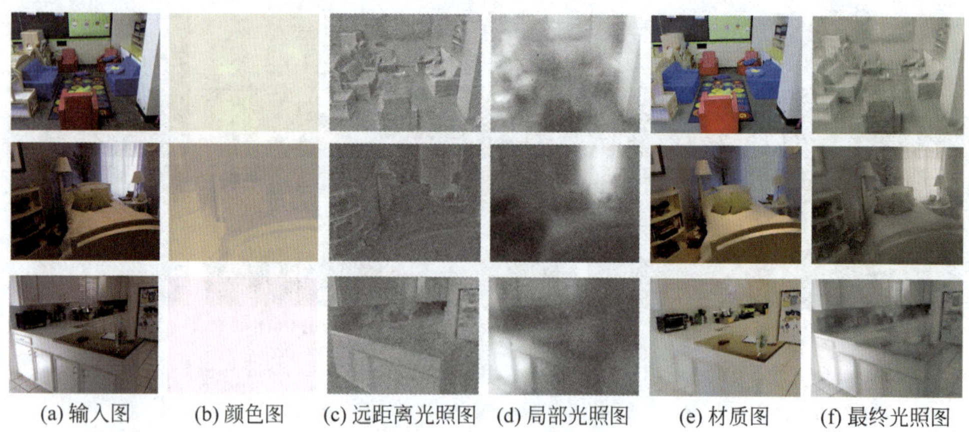

图 5.14　另外 3 个场景的本征图像分解结果

5.3 基于稀疏图像的室外场景重光照

本节介绍了一种基于稀疏图像的室外场景重光照方法，可通过视点固定相机采集到的 4 幅室外场景图像生成该场景在一天内任意时刻任意光照条件下的图像。图 5.15 为重光照方法的流程图，该方法基于基图像理论，根据采样图像计算出相应的太阳光基图像和天空光基图像，并采用迭代优化策略来获得较为准确的结点基图像，任意新的太阳位置及光照条件下的场景图像可利用结点基图像的线性组合来计算。图 5.15 的绿色部分为需要用户交互的步骤。与已有的重光照算法相比，本节方法的主要贡献如下：

(1) 该方法无须在预设光照条件下获取采样图像，也无须重建场景的 3D 模型，因此更加实用。

(2) 该方法能够从 4 幅采样图像中估计出对应于新的太阳位置的基图像而无须其他条件；

(3) 该方法无须对场景进行渲染，非常高效。

在本节下面的内容中，首先将介绍室外场景光照模型，阐述重光照算法的基本思想；然后详细讨论如何从 4 幅满足指定条件的采样图像中计算太阳光基图像和天空光基图像；最后给出基于基图像合成同一场景在新光照条件下的重光照图像的方法。

5.3.1 室外场景光照模型

本节采用与 4.3 节相同的室外场景光照模型，该模型将室外场景的光照环境近似认为是太阳光和天空光共同作用的结果。太阳光为平行光，天空光为呈半球面均匀分布的面光源。3D 空间中的一点 p 的光亮度可以表示为：

$$I(p,\lambda,t)=L_{\text{sun}}(\lambda,t)C_{\text{sun}}(p,\lambda,t)+L_{\text{sky}}(\lambda,t)C_{\text{sky}}(p,\lambda,t) \tag{5.55}$$

其中，C_{sun} 和 C_{sky} 的定义为：

$$\begin{aligned} C_{\text{sun}}(p,\lambda,t)&=\rho(p,\theta_{\text{in}},\theta_{\text{out}},\lambda)S_{\text{sun}}(p,t)\cos\theta(p,t)\omega_{\text{sun}} \\ C_{\text{sky}}(p,\lambda,t)&=\int_{\Omega_{\text{sky}}}\rho(p,\theta_{\text{in}},\theta_{\text{out}},\lambda)S_{\text{sky}}(p,\theta_{\text{in}})\cos\theta(p,\theta_{\text{in}})\mathrm{d}\omega \end{aligned} \tag{5.56}$$

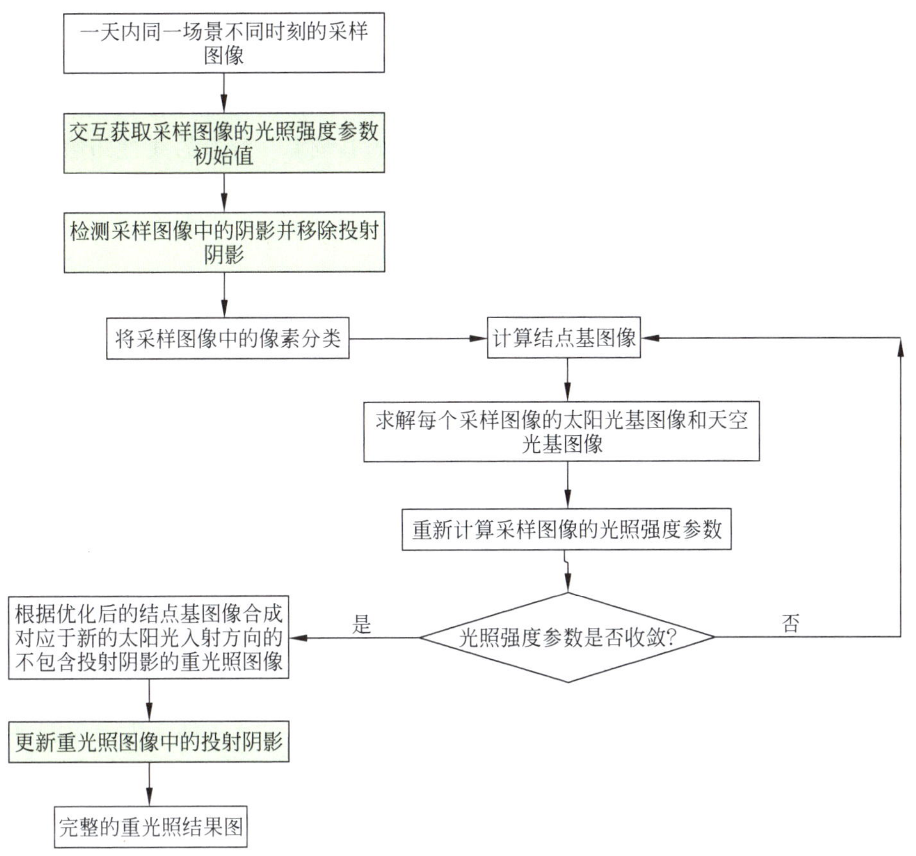

图 5.15 重光照方法的流程图

式(5.55)中的 λ 为入射光波长，ρ 代表点 p 的 BRDF，ω_{sun} 为太阳立体角，并且 $\omega_{sun}=2\pi(1-\cos(d/2))$，$d=0.53$；$S_{sun}(p,t)$ 和 $S_{sky}(p,\theta_{in})$ 为 p 点处太阳光和天空光的遮挡因子，取值为 0 或 1；L_{sun} 和 L_{sky} 分别为太阳光和天空光的入射强度；Ω_{sky} 是天空光立体角。可以看到，C_{sun} 和 C_{sky} 集合了场景的材质、几何、遮挡信息，这两项分别被称为太阳光基图像和天空光基图像。由于天空区域并不符合室外场景光照模型，因此本节算法忽略天空区域。

5.3.2 室外场景重光照方法

1. 重光照算法基本思路

本算法假设天空光是一个均匀分布的半球面光源，根据式(5.55)可知，同一天中天空光基图像保持不变。对于漫反射表面来说，式(5.55)中的 C_{sun} 可以改写为：

$$C_{sun}(p,\lambda,t)=k_d(p,\lambda)S_{sun}(p,t)\cos\theta(p,t)\omega_{sun} \tag{5.57}$$

其中，$k_d(p,\lambda)$ 为场景表面漫反射系数。为表达方便，暂时不考虑太阳光遮挡因子并记 $\bar{C}_{sun}(p,\lambda,t)=k_d(p,\lambda)\cos\theta(p,t)\omega_{sun}$，称 $\bar{C}_{sun}(p,\lambda,t)$ 为简化的太阳光基图像，即 s-基图像。

记 3D 空间中点 p 的单位法向量 $\boldsymbol{n}$ 为 (x_p,y_p,z_p)，t 时刻太阳光入射方向的单位向量 $\boldsymbol{e}$

为$(x_{\text{sun}}(t),y_{\text{sun}}(t),z_{\text{sun}}(t))$。式(5.57)中的余弦项可以表示：

$$\cos\theta(p,t)=\boldsymbol{n}(p)\cdot\boldsymbol{e}(t) \tag{5.58}$$

3个线性无关的向量都能构成3D空间的一组基。将相机位置作为3D世界的坐标原点，太阳光入射向量$\boldsymbol{e}(t)$便能够由3个线性无关的基向量$\boldsymbol{e}(t_i)$的线性组合来表示，即$\boldsymbol{e}(t)=\sum_i k_i\boldsymbol{e}(t_i)(i=1,2,3)$，其中$k_i$为组合系数，$\boldsymbol{e}(t)$为时刻$t$的太阳光单位入射向量。因此，式(5.58)可改写为：

$$\cos\theta(p,t)=\boldsymbol{n}(p)\cdot\sum_{i=1}^{3}k_i\boldsymbol{e}(t_i) \tag{5.59}$$

由此，可得：

$$\begin{aligned}\bar{C}_{\text{sun}}(p,\lambda,t)&=k_d(p,\lambda)\cos\theta(p,t)\omega_{\text{sun}}\\&=k_d(p,\lambda)\omega_{\text{sun}}\boldsymbol{n}(p)\cdot\sum_{i=1}^{3}k_i\boldsymbol{e}(t_i)\\&=\sum_{i=1}^{3}k_ik_d(p,\lambda)\omega_{\text{sun}}\cos\theta(p,t_i)\\&=\sum_{i=1}^{3}k_i\bar{C}_{\text{sun}}(p,\lambda,t_i)\end{aligned} \tag{5.60}$$

式(5.60)表明了时刻t的s-基图像能够由预先计算的3个线性无关的太阳光入射向量对应的s-基图像的线性组合来表示，本节将这3个预计算的s-基图像记为结点基图像，接下来的工作就是如何从4幅采样图像中获取结点基图像。

2. 结点基图像计算

由前述内容可知，天空光基图像在一天内保持不变。因此，对于一天内不同时刻拍摄的两幅采样图像，由式(5.55)和式(5.57)可得：

$$\begin{aligned}&\frac{L_{\text{sky}}(\lambda,t_2)}{L_{\text{sky}}(\lambda,t_1)}I(p,\lambda,t_1)-I(p,\lambda,t_2)\\&=\frac{L_{\text{sky}}(\lambda,t_2)}{L_{\text{sky}}(\lambda,t_1)}L_{\text{sun}}(\lambda,t_1)S_{\text{sun}}(p,t_1)k_d(p,\lambda)\cos\theta(p,t_1)\omega_{\text{sun}}-\\&\quad L_{\text{sun}}(\lambda,t_2)S_{\text{sun}}(p,t_2)k_d(p,\lambda)\cos\theta(p,t_2)\omega_{\text{sun}}\end{aligned} \tag{5.61}$$

对于场景中某点p，假设它在两幅采样图像中均不处于阴影区域，那么由式(5.61)可得：

$$\begin{aligned}&\frac{aI(p,\lambda,t_1)-I(p,\lambda,t_2)}{aL_{\text{sun}}(\lambda,t_1)}\\&=k_d(p,\lambda)\omega_{\text{sun}}\left[\cos\theta(p,t_1)-\frac{b}{a}\cos\theta(p,t_2)\right]\end{aligned} \tag{5.62}$$

其中，$a=L_{\text{sky}}(\lambda,t_2)/L_{\text{sky}}(\lambda,t_1)$，$b=L_{\text{sun}}(\lambda,t_2)/L_{\text{sun}}(\lambda,t_1)$。结合式(5.58)，可得到如下等式：

$$\frac{aI(p,\lambda,t_1)-I(p,\lambda,t_2)}{aL_{\text{sun}}(\lambda,t_1)}$$

$$=k_d(p,\lambda)\omega_{sun}\boldsymbol{n}(p)\cdot\left(\boldsymbol{e}(t_1)-\frac{b}{a}\boldsymbol{e}(t_2)\right) \tag{5.63}$$

记：

$$\boldsymbol{e}(t_{inter})=\boldsymbol{e}(t_1)-\frac{b}{a}\boldsymbol{e}(t_2) \tag{5.64}$$

那么式(5.63)可改写为：

$$\begin{aligned}k_d(p,\lambda)\cos\theta(p,t)\omega_{sun}&=k_d(p,\lambda)\omega_{sun}\boldsymbol{n}(p)\cdot\frac{\boldsymbol{e}(t_{inter})}{l}\\&=\frac{aI(p,\lambda,t_1)-I(p,\lambda,t_2)}{aL_{sun}(\lambda,t_1)l}\end{aligned} \tag{5.65}$$

其中，l 为 $\boldsymbol{e}(t_{inter})$的模长。从式(5.65)可以看出，在采样图像的太阳光入射方向和光照强度参数已知的情况下，便能够由两幅采样图像计算出一个新的太阳光 s-基图像，这个图像对应的太阳光入射方向为 $\boldsymbol{e}(t_{inter})$。

然而，当 p 点在采样图像中处于阴影区域时，上述讨论并不成立。对于 p 只在一幅采样图像中有阴影的情况，即 $S_{sun}(p,t_1)=0, S_{sun}(p,t_2)=1$，式(5.61)可以表示为：

$$\begin{aligned}&k_d(p,\lambda)\cos\theta(p,t_2)\omega_{sun}\\&=\frac{I(p,\lambda,t_2)}{L_{sun}(\lambda,t_2)}-\frac{L_{sky}(\lambda,t_2)}{L_{sun}(\lambda,t_2)L_{sky}(\lambda,t_1)}I(p,\lambda,t_1)\end{aligned} \tag{5.66}$$

式(5.66)即为所需的 s-基图像。

3. 合成目标太阳光 s-基图像

由地理知识可知，在本节的相机坐标系统中，一年中除了某些特殊时刻外，通常情况下一天中不同时刻太阳的坐标向量并不处于同一平面，太阳运动轨迹示意如图 5.16 所示。

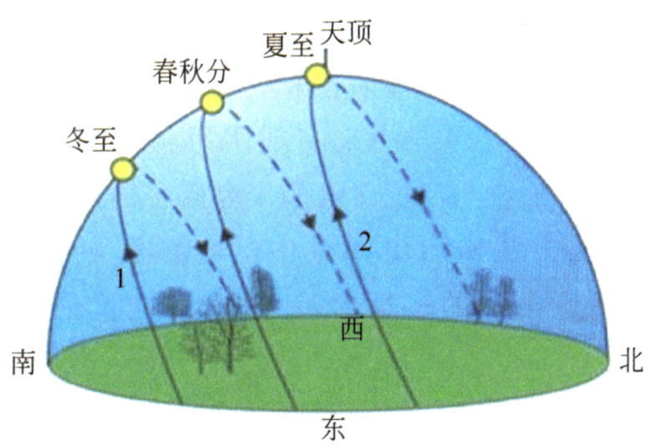

图 5.16　太阳运动轨迹示意

由对应于不同太阳位置的 4 幅采样图像，可以建立一棵最小生成树(Minimum Spanning Tree, MST)，如图 5.17 所示。其中图 5.17(b)和图 5.17(c)为图 5.17(a)所示的无向图的 MST。其中，每个结点 $Nd_i(i=1,2,3,4)$代表一个采样图像，每条边$\boldsymbol{v}_{ij}=\boldsymbol{e}(t_i)-(L_{sun}(t_j)L_{sky}(t_i)/(L_{sun}(t_i)L_{sky}(t_j)))\boldsymbol{e}(t_j)$代表由式(5.64)计算所得的一个中间时刻的太阳光入射方向向量。

在图 5.17(a)中，$\boldsymbol{v}_{12}$、$\boldsymbol{v}_{13}$、$\boldsymbol{v}_{23}$ 构成了一个回路，通过计算可知$(\boldsymbol{v}_{12}\times\boldsymbol{v}_{13})\cdot\boldsymbol{v}_{23}=0$，因

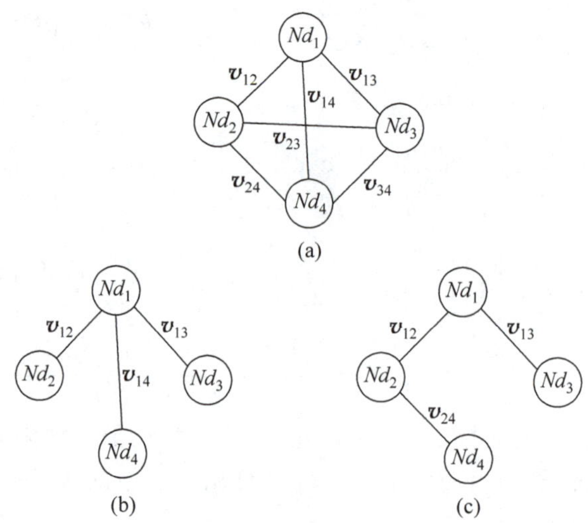

图 5.17　最小生成树

此可证明构成回路的 3 条边是共面的。同样，以图 5.17(b)中的 MST 为例，可计算得 $(\boldsymbol{v}_{12}\times\boldsymbol{v}_{13})\cdot\boldsymbol{v}_{23}\neq 0$，即 MST 中的 3 条边所代表的向量是线性无关的，因此根据式(5.65)便可以计算出 3 张线性无关的结点基图像，这样做的前提是 4 幅图像的采样间隔尽可能大，并且采样图像中无阴影区域。

基于同样 4 幅采样图像的不同形式的 MST 对于生成结点基图像来说是等价的。以图 5.17 中的两个 MST 为例，二者的差别仅在于$\boldsymbol{v}_{14}$ 和$\boldsymbol{v}_{12}$。然而，根据图 5.17(a)，$\boldsymbol{v}_{12}$、$\boldsymbol{v}_{14}$、$\boldsymbol{v}_{24}$ 构成了一个回路，可证明这 3 个向量共面。因此，$\boldsymbol{v}_{24}$ 可以由$\boldsymbol{v}_{12}$ 和$\boldsymbol{v}_{14}$ 的线性组合表示，这样就表明了向量组$(\boldsymbol{v}_{12},\boldsymbol{v}_{13},\boldsymbol{v}_{14})$与$(\boldsymbol{v}_{12},\boldsymbol{v}_{13},\boldsymbol{v}_{24})$属于同一个空间，并且各自的结点基图像能够相互转化，故能够选取任意 MST 对应的边向量来计算结点基图像。

前述讨论中均假设遮挡因子非 0 即 1，但是，在实际室外场景中通常有软影的存在。处于软影区域中的像素点的遮挡因子处于 0～1，与本节假设有冲突。为了避免软影区域对基图像估计结果的影响，本节在预处理阶段检测采样图像中的阴影区域并移除其中的软阴影。本节采用 Helor 等人提出的方法来实现阴影检测及移除，该方法要求用户交互地指定一些阴影区域和非阴影区域的像素点，然后基于支持向量机(Support Vector Machine，SVM)和区域增长的方法检测出场景中的阴影区域。在阴影移除阶段，用户交互地画出包围所需移除的阴影区域的多边形，通过求解能量最小化方程来获取阴影移除的结果。

尽管一天中太阳入射方向向量不共面，但是偏移量并不大。因此，本节根据 4 幅采样图像的太阳入射方向向量拟合出一个平面，并将一天中太阳的运动轨迹固定在该平面上。

令变量 χ_i 来表示点 p 在第 i 幅采样图像中是否处于自遮挡阴影区域：

$$\chi_i=\begin{cases}0, & p\ \text{处于自遮挡区域}\\ 1, & p\ \text{不处于自遮挡区域}\end{cases}\tag{5.67}$$

将采样图像中的投射阴影移除后剩余的阴影区域即为自遮挡区域。根据 χ_i 的值将场景中的像素点分为 5 个集合 $\psi_i(i=0,1,2,3,4)$，分类规则如表 5.3 所示。

表 5.3 场景中像素点的分类规则

所属集合	$\sum_{i=0}^{4}\chi_i$	所属集合	$\sum_{i=0}^{4}\chi_i$
ψ_0	4	ψ_3	1
ψ_1	3	ψ_4	0
ψ_2	2		

对于 ψ_0 中的像素点，可以计算出 3 个结点基图像，从而合成对应于新的太阳光入射方向的目标太阳光 s-基图像。

集合 ψ_1 中的像素点 p 仅在一幅采样图像中处于阴影区域，假设该图像为 $I(t_1)$，那么 $<I(t_1),I(t_2)>$、$<I(t_1),I(t_3)>$、$<I(t_1),I(t_4)>$构成 3 个有效图像对，运用式(5.66)计算出 3 个结点基图像。

对于集合 ψ_2 中的像素点 p，通过计算只能得出两个有效的结点基图像，因此，本节将新的太阳光入射向量固定于这两个有效结点基图像对应的中间入射向量所构成的平面上，这样，目标太阳光 s-基图像便表达为两个有效结点基图像的线性组合。

对于集合 ψ_3 中的像素点 p，通过计算只能得出一个有效的结点基图像 $\bar{C}_{\text{sun}}(p,\lambda,t)$，无法通过合成实现重光照。然而，在一天中一定能够找到 p 点的表面法向垂直于太阳光入射方向的时刻，根据采样图像的太阳位置便能够近似估计 p 点的表面法向 $\boldsymbol{n}_p$。根据式(5.58)，目标太阳光 s-基图像 $\bar{C}_{\text{sun}}$ 可表示为$\dfrac{\boldsymbol{n}_p\cdot\boldsymbol{e}_{\text{new}}}{\boldsymbol{n}_p\cdot\boldsymbol{e}_t}\bar{C}_{\text{sun}}(p,\lambda,t)$，其中 $\boldsymbol{e}_{\text{new}}$ 为目标太阳光入射方向。

最后，由于采样图像中的投射阴影在预处理阶段已被移除，集合 ψ_4 中的像素点在整个采样间隔中一定均位于背阴处，因此这些点的像素值仅由天空光决定，无须考虑太阳光基图像。图 5.18 以不同的颜色展示了场景中不同集合的点的分布，不考虑天空区域。由式(5.65)和式(5.66)可知，结点基图像的精确度依赖于 $L_{\text{sun}}(\lambda,t_i)$和 $L_{\text{sky}}(\lambda,t_i)$值的准确度，本节采用迭代优化的策略得到较为精确的结点基图像，该过程具体如下。

图 5.18 分类结果

(1) 运用 Nakamae 等人的方法获取 $L_{\text{sun}}(\lambda,t_i)$ 和 $L_{\text{sky}}(\lambda,t_i)$ 的初始值。

(2) 已知 $L_{\text{sun}}(\lambda,t_i)$和 $L_{\text{sky}}(\lambda,t_i)$，计算结点基图像，然后基于结点基图像合成每个采样图像的太阳光基图像 $C_{\text{sun}}(p,\lambda,t_i)$。

(3) 根据式(5.55)计算采样图像的天空光基图像 $C_{\text{sky}}(p,\lambda)$。

(4) 选取 n 个像素点，求解以下线性方程组：

$$\begin{cases} I(p_1,\lambda,t_i)=L_{\mathrm{sun}}(\lambda,t_i)C_{\mathrm{sun}}(p_1,\lambda,t_i)+L_{\mathrm{sky}}(\lambda,t_i)C_{\mathrm{sky}}(p_1,\lambda) \\ I(p_2,\lambda,t_i)=L_{\mathrm{sun}}(\lambda,t_i)C_{\mathrm{sun}}(p_2,\lambda,t_i)+L_{\mathrm{sky}}(\lambda,t_i)C_{\mathrm{sky}}(p_2,\lambda) \\ \vdots \\ I(p_n,\lambda,t_i)=L_{\mathrm{sun}}(\lambda,t_i)C_{\mathrm{sun}}(p_n,\lambda,t_i)+L_{\mathrm{sky}}(\lambda,t_i)C_{\mathrm{sky}}(p_n,\lambda) \end{cases} \tag{5.68}$$

(5) 将 $L_{\mathrm{sun}}(\lambda,t_i)$、$L_{\mathrm{sky}}(\lambda,t_i)$与初值相比，若收敛，则执行步骤(6)，否则，返回步骤(2)。

(6) 用 $L_{\mathrm{sun}}(\lambda,t_i)$和 $L_{\mathrm{sky}}(\lambda,t_i)$计算结点基图像，并基于结点基图像合成目标太阳光基图像，结束。

5.3.3 实验结果

本节用一个虚拟场景和两个真实场景来验证算法的有效性。对于每个真实场景，均有固定视点在一天中不同时刻拍摄的 4 幅采样图像作为算法的输入。本节所有方法均在一台配置为 Core2 Duo E7400 2.80GHz GPU 和 3GB RAM 的计算机上进行测试。

方法在包含一个足球的虚拟场景中进行测试，该场景的光源配置与室外场景相似，用平行光代替太阳光，用半球面光源代表天空光。选取用 4 幅不同光源位置和光照强度渲染出来的场景图像作为输入，将计算出的采样图像的太阳光基图像和天空光基图像与基准值进行对比，结果如图 5.19 所示。其中，图 5.19(a) 为采样图像。图 5.19(b)和图 5.19(c)分别为太阳光基图像和天空光基图像的对比图，第一行为计算所得结果，第二行为基准值。太阳光基图像和天空光基图像通过绘制得出。对比图证明本节方法的结果非常接近于真实绘制结果。

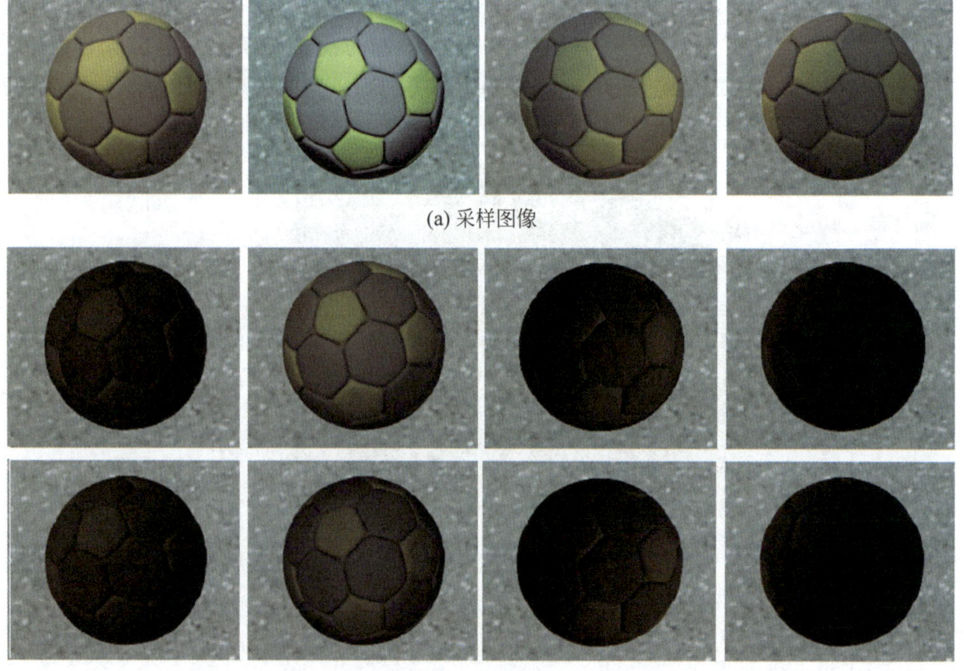

(a) 采样图像

(b) 太阳光基图像对比

图 5.19 对比结果

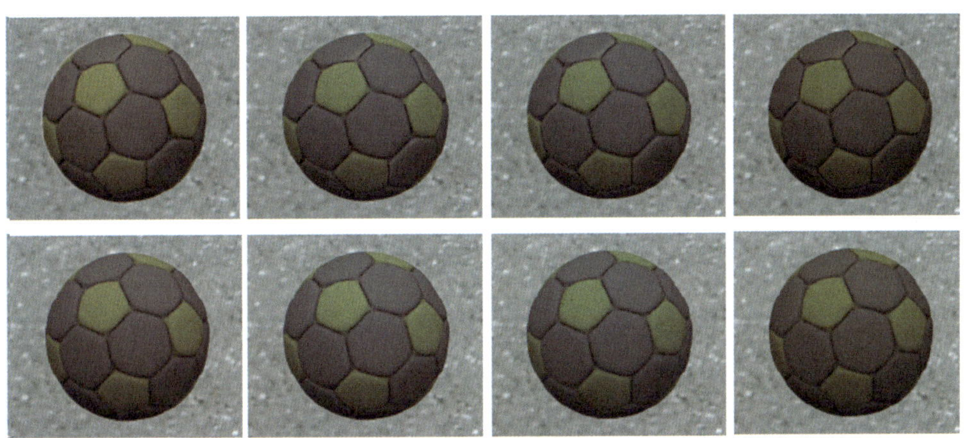

(c) 天空光基图像对比

图 5.19 （续）

另外，本节还生成了一段太阳光基图像随光源位置及强度变化而变化的视频，图 5.20 展示了合成的太阳光基图像中两个采样点的像素值随时间变化的曲线与基准曲线的对比。其中，红色曲线为估算值，蓝色曲线是基准值，图 5.20(b)～图 5.20(d)分别代表像素点 A 的 R、G、B 通道，图 5.20(e)～图 5.20(g)分别代表像素点 B 的 R、G、B 通道。

图 5.21 展示了对真实场景进行重光照的结果，图 5.21(a)为真实采样图像，图 5.21(b)为在预处理阶段移除采样图像中投射阴影后的结果。图 5.21(c)为计算得出的每个采样图像所对应的太阳光基图像，图 5.21(d)最左边的图为天空光基图像，其他为新的太阳位置和光照强度下的重光照结果，其中太阳光强度 $L_{\text{sun}}(t_i)$ 的 R、G、B 的比例分别为(1.0，0.788，0.5379)、(1.0，0.9256，0.759)、(1.0，0.6716，0.3358)。另外，用相同光照强度参数 $L_{\text{sun}}(\lambda, t_i)$ 和 $L_{\text{sky}}(\lambda, t_i)$ 合成的重光照结果图可以用来验证颜色恒常性，如图 5.21(e)所示。

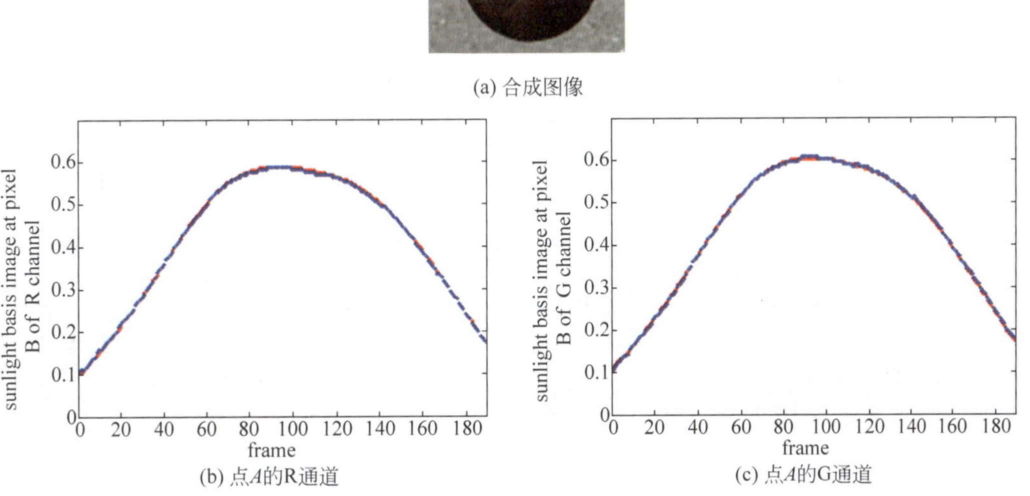

(a) 合成图像

(b) 点A的R通道

(c) 点A的G通道

图 5.20　合成的太阳光基图像中两采样点的像素值随时间变化的曲线与基准曲线的对比

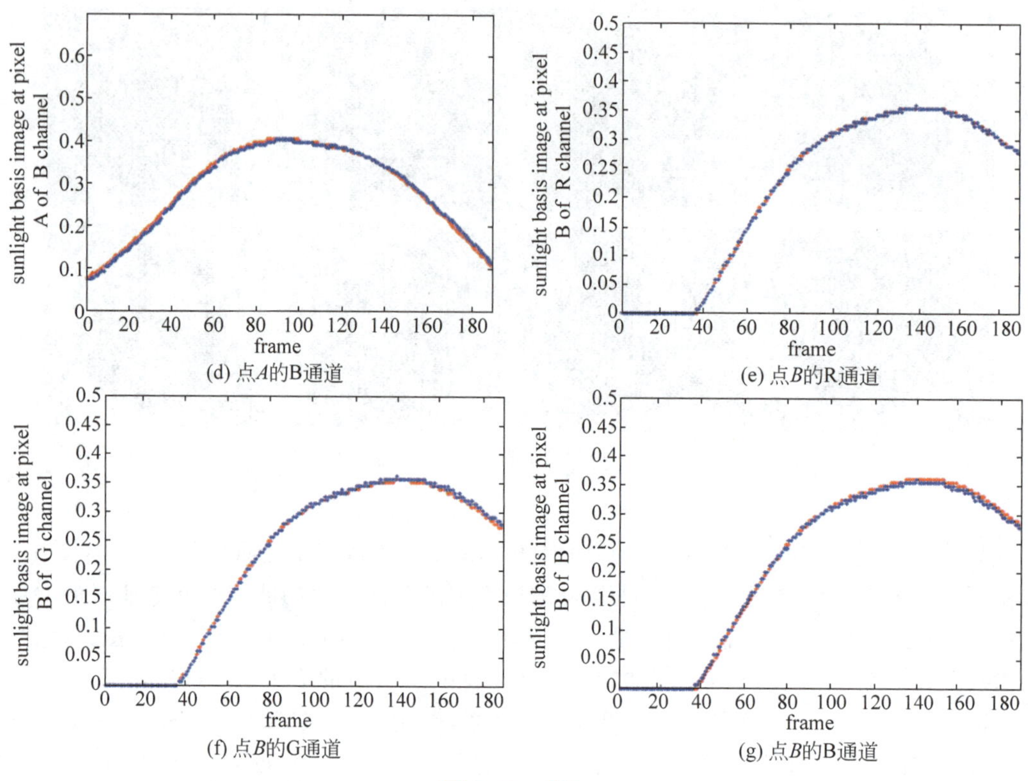

(d) 点A的B通道

(e) 点B的R通道

(f) 点B的G通道

(g) 点B的B通道

图 5.20 （续）

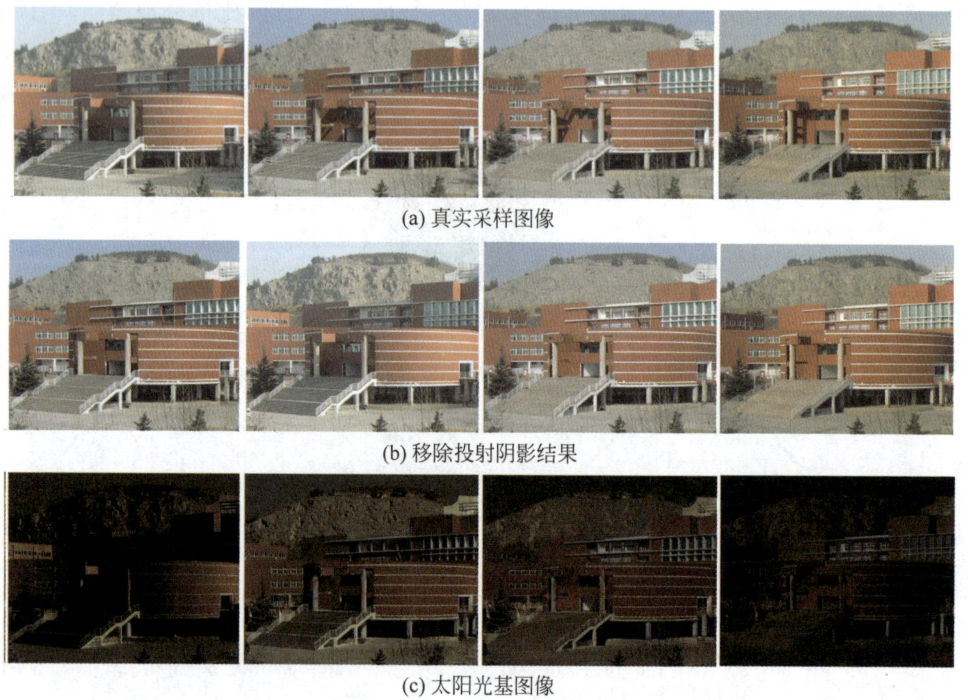
(a) 真实采样图像

(b) 移除投射阴影结果

(c) 太阳光基图像

图 5.21 对真实场景重光照的结果

(d) 天空光基图像(左一)及重光照结果

(e) 用重光照结果图验证颜色恒常性

图 5.21 （续）

图 5.22 展示了真实场景的重光照结果与基准图像的对比及误差。图 5.22(a)为基准图像,即去除投射阴影后的采样图像；图 5.22(b)为重光照结果,其光照参数与基准图像保持一致,光照强度参数 L_{sun} 和 L_{sky} 中 R、G、B 分量的比值分别为(1.0,0.7563,0.6181)和(1.0,1.059,1.069),图 5.22(c)～图 5.22(e)分别展示了重光照结果中 R、G、B 分量的绝对误差。在本例中,基准图像由相机拍摄而来,相应的太阳位置可以由拍摄时间、地点得出,光照强度参数 $L_{\text{sun}}(\lambda)$和 $L_{\text{sky}}(\lambda)$可由第 4 章中的方法估计得出。这样,根据本节提出的算法便可合成具有相同太阳位置和光照强度的重光照结果。该误差对比图同样证明了本节算法的有效性及准确性。

(a) 基准图像　　(b) 重光照结果

(c) R通道误差　　(d) G通道误差　　(e) B通道误差

图 5.22　真实场景的重光照结果与基准值的对比及误差

5.4 基于非对称生成对抗网络的人脸图像光照归一化

人脸图像光照归一化试图将非均匀光照条件下的人脸图像转换为均匀光照条件下的人脸图像，是提高非均匀光照环境下人脸识别正确率的有效手段。然而，人脸结构特征对图像的扭曲极为敏感，使用传统的图像转换或者翻译方法不可避免地会造成人脸面部结构的扭曲，在实际应用中即使轻微的扭曲都会对人脸识别算法产生干扰。为了解决这一问题，本节介绍了一种新的卷积神经网络——非对称联合生成对抗网络（Asymmetric Joint Generative Adversarial Network，AJGAN）。该网络可以在不需要人脸先验知识的情况下，对任意光照环境下采集的人脸图像进行归一化。

AJGAN 具有两组生成对抗网络结构——生成器 G_1 和生成器 G_2。其中，G_1 将不同光照类型的人脸图像进行光照归一化，G_2 则将归一化的人脸图像映射回不同的光照条件。G_1 和 G_2 是一组非对称性的网络结构，G_2 的引入保证了人脸身份属性在光照归一化的过程中恒定。为了解决 G_2 在重光照过程中无法控制光照条件，可在 AJGAN 中引入一个光源标签，以应对不同的光照条件。在标签的引导下，G_2 能够在众多的光照条件下，找到映射至特定光照下人脸图像的准确路径。此外，不同的光照标签组合，能够动态地扩展原始训练库中不具备的光照条件，在一定程度上减小了深度学习对数据的依赖。AJGAN 在 3 个公开数据库中进行定性和定量的测试。实验表明，该方法明显优于其他光照归一化方法。

5.4.1 算法思路

给定一个光照不均匀的人脸图像 I 和对应的均匀光照图像 J 作为光照归一化的图像对(I,J)。根据本征图像理论，图像是由材质图像 R 和光照图像 L 的像素乘积得到的。因此，可以将 I 和 J 表示为：

$$\begin{aligned} I(x,y) &= R_{\mathrm{I}}(x,y)L_{\mathrm{I}}(x,y) \\ J(x,y) &= R_{\mathrm{J}}(x,y)L_{\mathrm{J}}(x,y) \end{aligned} \tag{5.69}$$

其中，$I(x,y)$、$J(x,y)$分别是 I、J 在(x,y)位置处像素的 R、G、B 值，$R_I(x,y)$和 $R_J(x,y)$是 I、J 的反射率，$L_I(x,y)$和 $L_J(x,y)$是 I 和 J 的光照分量。对于固定的人脸姿势，反射率 R 是固定的。换句话说，同一个人的反射率在不同光照条件下是相似的，即 $R_I \approx R_J$。因此，式(5.69)可以简单地写成：

$$\| \log I(x,y) - \log J(x,y) \|_1 = \| \log L_I(x,y) - \log L_J(x,y) \|_1 + N(0,\sigma^2) \tag{5.70}$$

其中，高斯噪声解释了在姿态对齐过程中产生的 R_I 和 R_J 之间的微小差异。因此，从非均匀光照图像 I 到对应的均匀光照图像 J 的映射就是光照类型的相互变换。

此外，从映射的角度来看，在固定视点捕获的静态场景中，不同光照条件的图像与高维非线性函数有关。在基于图像的重光照中将光照的传输建模为像素坐标和光源位置的函数，并用已知的不同光照条件下拍摄的图像来训练神经网络，从而逼近该非线性函数。受此启发，不同光照条件下的同一个人之间的图像转换映射为非线性映射，这可以由生成器

G 来近似表达：

$$I \xrightarrow{G} J \approx L_I(x) \xrightarrow{G} L_J(x) \tag{5.71}$$

5.4.2 网络结构

AJGAN 的主要目标是将任意光照条件下的人脸图像转换为均匀光照下的图像。同时，在转换过程中，必须保证人脸的身份不变，因为这对于人脸识别是非常重要的。为了实现这一目标，AJGAN 具有两个闭环结构：光照归一化 G_1 和重光照 G_2。图 5.23 详细显示了 AJGAN 结构。橙色流程图显示了光照归一化 GANG_1，蓝色流程图显示重光照 GAN G_2，光照标签作为输入。在每一个网络流中，输入图像首先根据相应的真实图像和其光照标签进行变换，然后在重建损失的引导下重建图像。D_1 的功能是判断图像是真是假，D_2 不仅判断图像是真是假，还对光照标签进行分类。

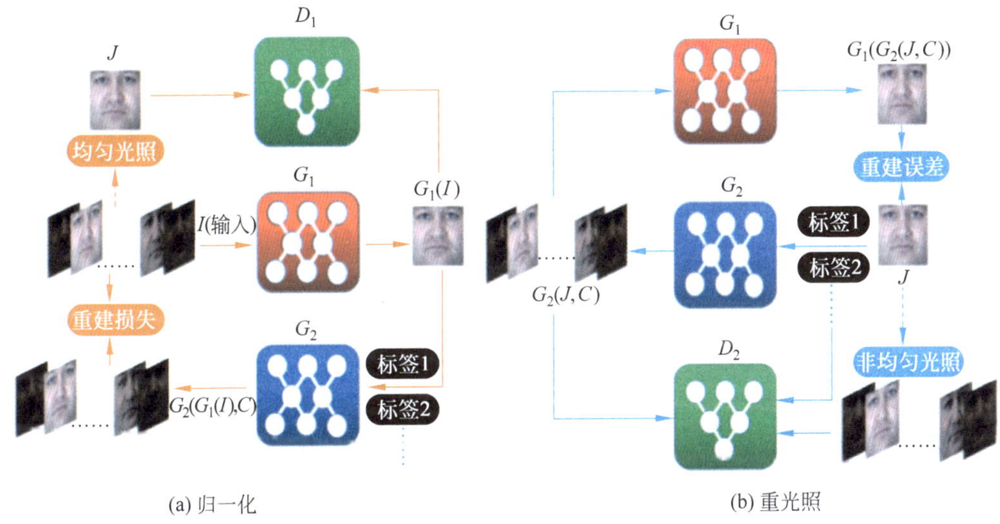

图 5.23 AJGAN 的光照归一化和重光照的数据流

在第一个橙色环路 L_1 中，光照归一化的输入是具有不均匀光照的人脸图像 I，而 J 是 I 所对应的均匀光照的真实人脸图像。循环过程如下：G_1 接收输入 I 并生成 $G_1(I)$，判别器 D_1 判别 $G_1(I)$ 和真实图像 J 孰真孰假；然后，$G_1(I)$ 通过 G_2 进行重光照，生成的 $G_2(G_1(I),C)$ 被约束为与输入 I 保持一致。其中，C 是 I 对应的光照标签。即 $G_1(I)$ 在 C 的指引下通过 G_2 重建 I。

在第二个蓝色闭环 L_2 中，J 是 G_2 的输入，而 I 是对应的不均匀光照图像。蓝色箭头显示了环路 L_2 的过程：G_2 的生成图像 $G_2(J,C)$ 在判别器 D_2 的引导下重建 I；然后，$G_2(J,C)$ 通过 G_1 进行光照归一化；最后，归一化图像 $G_1(G_2(J,C))$ 被约束为与原始的输入图像 J 保持一致。作为另一个重要的判别器 D_2，其结构不同于 D_1，因为 D_2 不仅要判定图像的真实性，还要对光照标签 C 进行分类。另外，在 G_1 中，I(具有任意的光照类型)和 J(均匀光照)之间的映射是多对一的映射，而将 J 映射回 I 的重光照过程是一对多的映射。重光照的过程依赖于光照标签 C，G_2 重光照示意图如图 5.24 所示。

在图像重建方面，环路 L_1 突出光照归一化的过程 G_1，重光照 G_2 辅助归一化网络 G_1

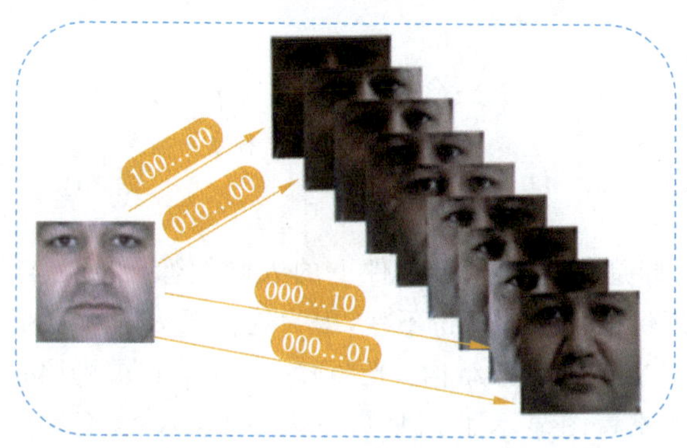

图 5.24 G_2 重光照示意图

重建输入图像，用以确保人脸身份特征不变。而 L_2 突出重光照过程 G_2，归一化网络 G_1 辅助 G_2 重建 G_2 的输入图像。在环路 L_1 和 L_2 中，重光照 G_2 的作用体现在两个方面，具体如下。

(1) 通过 G_1 和 G_2 构造的两个闭环结构，使得 AJGAN 能够将不同光照的人脸图像和光照均匀的人脸图像之间的差异的消除强制为光照的转换。利用 G_1 和 G_2 的合作，AJGAN 可以更好地保护人脸结构。

(2) 当面对不充分的训练数据时，通过给出新的光照标签 C，可以指导均匀光照的人脸图像 J 转换为新的光照类型的人脸图像。

该方法动态地扩展了训练数据库，减少了模型对数据集大小的依赖。图 5.25 显示了 G_2 的两个角色。同时，该不对称的闭环结构为其他深度学习方法在遇到数据量不足时提供了一个很好的策略。

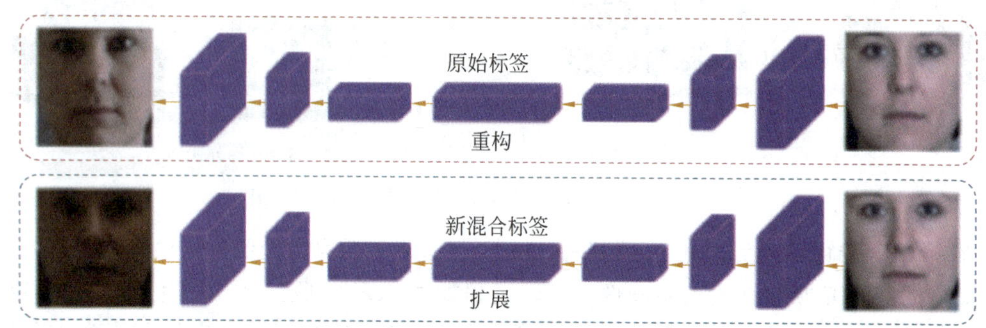

图 5.25 G_2 的两个角色

5.4.3 损失函数

AJGAN 的损失函数主要有 4 项：用于保证转换后的人脸图像的身份特征不变的循环损失、用于保证生成图像更接近真实图像的生成损失、用于保证生成图像的分布与真实图像分布相匹配的对抗损失、用于保证不同标签具有不同光照类型的标签分类损失。

1. 循环损失

将输入图像 I 转换为均匀光照图像 J，要保证生成的图像只是光照的改变，而输入图像 I 的身份特征不改变。基于重建的循环损失可以有效地保护人脸特征。在光照归一化中，循环损失将光照归一化后的图像再次转换为原始的输入图像，该重建过程形成一个闭环结构：

$$I \to G_1(I) \to G_2(G_1(I), C) \approx I \tag{5.72}$$

循环损失也存在于重光照的过程中，该损失可保证重光照后的图像能够重建 G_2 的输入图像：

$$J \to G_2(J, C) \to G_1(G_2(J, C)) \approx J \tag{5.73}$$

这对于人脸图像的转换有着重要的意义，因为循环损失能够在光照改变的同时保证人脸的身份属性，其损失项表达如下：

$$\begin{aligned} L_{\mathrm{LOOP}}(G_1, G_2) = & E_{I \sim p_{\mathrm{data}}(I)}[\| G_2(G_1(I), C) - I \|_1] + \\ & E_{J \sim p_{\mathrm{data}}(J)}[\| G_1(G_2(J, C)) - J \|_1] \end{aligned} \tag{5.74}$$

2. 生成损失

AJGAN 期望光照归一化后的生成图像 $G_1(I)$ 与 I 所对应的真实均匀光照图像 J 相似，希望它们具有相同的均匀光照特性。同样，在光照标签 C 的控制下，重光照过程中的生成图像 $G_2(J, C)$ 应与原始图像 I 的光照类型保持一致。同时，为了生成更清晰的人脸图像，使用 L_1 距离来度量生成损失：

$$L_{\mathrm{GEN}}(G_1, G_2) = E_{I, J \sim p_{\mathrm{data}}}[\| J - G_1(I) \|_1 + \| I - G_2(J, C) \|_1] \tag{5.75}$$

3. 对抗损失

AJGAN 有两组生成-判别结构：生成器 G_1 和相应的判别器 D_1，生成器 G_2 和相应的判别器 D_2。D_1 尝试区分 G_1 的生成图像 $G_1(I)$和对应的真实图像 J。同样地，D_2 尝试区分 G_2 的生成图像 $G_2(J, C)$和真实图像 I。对于每组生成-判别结构，训练过程可以看作一个博弈的过程，其目标函数为：

$$\begin{aligned} L_{\mathrm{ADV}}(D, G) = & E_{J \sim p_{\mathrm{data}}(J)}[\log D_1(J)] + E_{I \sim p_{\mathrm{data}}(I)}[\log(1 - D_1(G_1(I)))] + \\ & E_{I \sim p_{\mathrm{data}}(I)}[\log D_2(I)] + E_{J \sim p_{\mathrm{data}}(J)}[\log(1 - D_2(G_2(J, C)))] \end{aligned} \tag{5.76}$$

4. 标签分类损失

G_2 通过均匀光照图像 J 和光照类型标签 C 生成不均匀的光照图像 $G_2(J, C)$。在训练阶段，不同光照类别的 I 对应不同的光照标签 C，可以使用一个 n 维的 one-hot 标签表示 C，n 表示光照类型数目。若在 D_2 的结构上加上辅助分类的功能，那么可以在优化 D_2 和 G_2 的同时强制对标签进行分类。判别器 D_2 不仅可以检测“伪造图像”，而且可以使得光照标签 C、生成的图像 $G_2(J, C)$ 及原始图像 I 更加紧密地联系起来。AJGAN 通过最大化光照标签 C 和不同光照类型的图像(包括生成图像 $G_2(J, C)$ 和输入图像 I)之间的互信息来实现标签与光照类型的联系。通过变分引理，光照标签 C 和光照类型图像之间的互信息推导如下：

$$M(X, Y) = \int_{x \in X} \int_{y \in Y} P(x, y) \log \frac{P(x, y)}{P(x) P(y)} \mathrm{d}x \mathrm{d}y$$

$$
\begin{aligned}
&= \int_{x\in X}\int_{y\in Y} P(x,y)\log\frac{P(x,y)}{P(x)}\mathrm{d}x\mathrm{d}y - \int_{x\in X}\int_{y\in Y} P(x,y)\log P(x,y)\log P(y)\mathrm{d}x\mathrm{d}y \\
&= \int_{x\in X}\int_{y\in Y} P(x)P(y\mid x)\log P(y\mid x)\mathrm{d}x\mathrm{d}y - \int_{y\in Y}\log P(y)\int_{x\in X} P(x,y)\mathrm{d}x\mathrm{d}y \\
&= \int_{x\in X} P(x)\int_{y\in Y} P(y\mid x)\log P(y\mid x)\mathrm{d}x\mathrm{d}y - \int_{y\in Y}\log P(y)P(y)\mathrm{d}x\mathrm{d}y - \\
&\quad H(X\mid Y) + H(Y)
\end{aligned} \tag{5.77}
$$

$$
\begin{aligned}
M(c,G(z,c)) &= -H(c\mid G(z,c)) + H(c) \\
&= E_{x\sim G(z,c)}[E_{c'\sim P(c\mid x)}[\log P(c'\mid x)]] + H(c) \\
&= E_{x\sim G(z,c)}[D_{KL}(P(\cdot\mid x)Q(\cdot\mid x)) + E_{c'\sim P(c\mid x)}[\log Q(c'\mid x)]] + H(c) \\
&\geqslant E_{x\sim G(z,c)}[E_{c'\sim P(c\mid x)}[\log Q(c'\mid x)]] + H(c) \\
&= E_{c\sim P(c),x\sim G(z,c)}[\log Q(c\mid x)] + H(c)
\end{aligned} \tag{5.78}
$$

$$
\begin{aligned}
\min M(C;I,J) = &E_{I\sim P_{\text{data}}(I)}[-\log D_2(C\mid I)] + \\
&E_{J\sim P_{\text{data}}(J)}[-\log D_2(C\mid G_2(J,C))]
\end{aligned} \tag{5.79}
$$

其中，$M(X,Y)$表示 X 和 Y 之间的互信息。

通过对这些公式的分析，可知需要将 C 和 $G_2(J,C)$、C 和 I 之间的互信息最大化，即标签的分类损失的定义为：

$$
\begin{aligned}
L_{\text{CLS}}(G_2,D_2) = &E_{I\sim p_{\text{data}}(I)}[-\log D_2(C\mid I)] + \\
&E_{J\sim p_{\text{data}}(J)}[-\log D_2(C\mid G_2(J,C))]
\end{aligned} \tag{5.80}
$$

其中，$\log D_2(C|I)$和 $\log D_2(C|G_2(J,C))$表示由 D_2 计算的光照标签的概率分布。换句话说，D_2 将具有不同光照类型的图像分类到其对应的光照标签 C。

最终目标函数见式(5.81)：

$$
\begin{aligned}
L^* = \arg\min_{G_1,G_2}\max_{D_1,D_2} &\alpha L_{\text{LOOP}}(G_1,G_2) + \beta L_{\text{GEN}}(G_1,G_2) + \\
&\gamma L_{\text{ADV}}(D,G) + L_{\text{CLS}}(G_2,D_2)
\end{aligned} \tag{5.81}
$$

其中，α、β 和 γ 是超参数，可根据实际情况进行调整。一般情况下，其范围为[1～100]，推荐的参数值分别为 10、20 和 1。

5.4.4 网络的实现和优化

1. 实现细节

AJGAN 中 G_1 和 D_1 采用了 Radford 等人提出的生成器和判别器结构，使用了 convolution-BatchNorm-ReLU 模块，该结构在图像的翻译的任务中有着很好的转换结果。对于生成器 G_1 和 G_2，AJGAN 没有使用传统的编码器-解码器网络，而是使用 U-Net 结构，该结构在每个 i 层和 $n-i$ 层之间添加连接，其中 n 是卷积层的总数。这样的连接层为网络结构提供了可以跳过编码-解码的选项。作为非对称的另一组网络结构 G_2 和 D_2，G_2 的输入不仅有光照均匀的人脸图像，还有引导该图像进行转换的光照标签。由于判别器 D_2 不仅可以检测“伪造图像”，还可以对光照类型进行分类，因此 D_2 的结构不同于 D_1，D_2 采用 StarGAN 的结构，G_2 和 D_2 的网络结构如表 5.4 和表 5.5 所示。

表 5.4　G_2 的网络结构

网 络 层 级	激 活 大 小
输入	31×28×128
4×4×64 卷积层,步幅 2,填充 1	64×64×64
4×4×128 卷积层,步幅 2,填充 1	128×32×32
4×4×256 卷积层,步幅 2,填充 1	256×16×16
4×4×512 卷积层,步幅 2,填充 1	512×8×8
4×4×1024 卷积层,步幅 2,填充 1	1024×4×4
4×4×2048 卷积层,步幅 2,填充 1	2048×2×2
3×3×1 卷积层,步幅 1,填充 1	1×2×2
2×2×nd 卷积层,步幅 1,填充 1	nd×1×1

表 5.5　D_2 的网络结构

网 络 层 级	激 活 大 小
输入图片+标签	3+nd×128×128
7×7×64 卷积层,步幅 1,填充 3	64×128×128
4×4×128 卷积层,步幅 2,填充 1	128×64×64
4×4×256 卷积层,步幅 2,填充 1	256×32×32
残差模块:3×3×256 卷积层,步幅 1,填充 1	256×32×32
残差模块:3×3×256 卷积层,步幅 1,填充 1	256×32×32
残差模块:3×3×256 卷积层,步幅 1,填充 1	256×32×32
残差模块:3×3×256 卷积层,步幅 1,填充 1	256×32×32
残差模块:3×3×256 卷积层,步幅 1,填充 1	256×32×32
残差模块:3×3×256 卷积层,步幅 1,填充 1	256×32×32
4×4×128 卷积层,步幅 2,填充 1	128×64×64
4×4×64 解卷积层,步幅 2,填充 1	64×128×128
7×7×3 卷积层,步幅 1,填充 3	3×128×128

2. 优化方法

AJGAN 并没有遵循原始 GAN 中提出的训练方式,因为这可能导致训练过程中梯度消失。Mao 等人使用最小二乘损失替代了 Sigmoid 交叉熵损失,其实验结果表明,与原始的 GAN 相比,最小二乘损失减小了训练的不稳定性问题,提高了生成图像的质量。因此,将式(5.76)中的负对数似然函数替换为最小二乘法损失,如式(5.82)所示。在实验中,分别将最小二乘法的参数 a、b、c 设置为 0、1、1。

$$\min_{D_1} L_{\mathrm{ADV}}(D_1)=\frac{1}{2}E_{J\sim p_{\mathrm{data}}(J)}[(D_1(J)-b)^2]+\frac{1}{2}E_{I\sim p_{\mathrm{data}}(I)}[(D_1(G_1(I))-a)^2]$$

$$\min_{G_1} L_{\mathrm{ADV}}(G_1)=\frac{1}{2}E_{I\sim p_{\mathrm{data}}(I)}[(D_1(G_1(I))-c)^2]$$

$$\min_{D_2} L_{\mathrm{ADV}}(D_2)=\frac{1}{2}E_{I\sim p_{\mathrm{data}}(I)}[(D_2(I)-b)^2]+\frac{1}{2}E_{J\sim p_{\mathrm{data}}(J)}[(D_2(G_2(J))-a)^2]$$

$$\min_{D_1} L_{\mathrm{ADV}}(D_1)=\frac{1}{2}E_{J\sim p_{\mathrm{data}}(J)}[(D_2(G_2(J))-c)^2] \tag{5.82}$$

因为 AJGAN 的主要目的是光照归一化，而不是重光照的过程，因此，先训练光照归一化的过程 G_1 和 D_1。具体而言，梯度下降法在 D_1 和 G_1 上交替进行。为了降低 D_1 相对于 G_1 的学习速率，在优化 D_1 时，将损失函数除以 2。AJGAN 的优化采用小批量随机梯度下降法和 Adam，学习率为 0.0002，动量参数 $\beta_1=0.5$、$\beta_2=0.999$。实验表明，先训练 G_1 和 D_1，再联合训练 G_2 和 D_2 可以得到比同时联合训练更好的效果。AJGAN 在单一的 GeForce 1080 GPU 上训练大约 500 轮次。G 和 D 的学习率为 2×10^{-4}。300 轮次后，每个轮次的学习率衰减系数为 2×10^{-6}。

5.4.5 实验结果

本小节详细讨论了实验的相关设置及定性和定量结果。为了使 AJGAN 更具说服力，将测试数据集分为灰度图像集和彩色图像集。在彩色图像集中，使用目前非常优秀的无监督和有监督的深度学习方法进行对比。在灰度图像集中，添加了两个非常优秀的光照归一化算法。

1. 实验对比方法

目前缺少基于 GAN 的人脸光照归一化工作，在实验中，本节利用 CycleGAN 的闭环结构和 Pix2Pix 的监督学习形成有监督的 SupervisedCycleGAN，并将其作为对比方法。为了公平比较，使用相同的数据集训练 Pix2Pix、CycleGAN、SupervisedCycleGAN 和 AJGAN。Pix2Pix、CycleGAN 的网络参数是其文献提供的默认参数，而 SupervisedCycleGAN 与 CycleGAN 相比，只是训练时使用真实的图像，因此其参数保持和 CycleGAN 的一致。为了减少随机性，每一个网络都经过 5 次训练，并选择其最佳结果进行比较。

除了基于深度学习的方法外，实验还比较了 Xie 等人和 Matsukawa 等人提出的两种先进的手动提取人脸特征的光照归一化方法。不同于直接对原始人脸图像进行归一化，Xie 等人的方法提出将输入图像分解为大小尺度特征的分量，然后分别对大小尺度特征进行归一化。Matsukawa 通过考虑投射阴影对该方法进行了扩展，也取得了很好的归一化效果，即使在极端光照条件下也能有效提取人脸特征。

2. 测试数据库

目前，可用的人脸光照公共数据集有限。本节使用 Multi-PIE、CAS-PEAL 和 Extended-YaleB 数据库对 AJGAN 进行了验证，并与现有方法进行了比较。

Multi-PIE 数据库在人脸识别中得到了广泛的应用。在实验中，使用相机正面拍摄的图像来训练和测试人脸的光照归一化方法。在训练阶段，随机抽取 230 人作为训练数据。对于每个人，将对应的真实均匀光照图像作为真实图像 J，剩下的严格对齐的 19 幅图像作为任意光照下的图像。因此，每个人有 19 个光照图像对，共使用 $19\times230=4370$ 幅图像进行训练。同时，使用 20 个不同人脸，每人 19 种光照条件，分别测试 AJGAN 和对比方法。为了平衡视觉效果和计算成本，利用人脸对齐工具将人脸图像裁剪为 128×128 的大小。

CAS-PEAL 数据库包含多种类型的人脸图像，这些人脸具有不同的朝向、表情、佩饰、光照、背景、距离和年龄。对于光照变化，该数据库记录了 200 多个不同人脸的 10 多种不同光照条件。光源的位置变化引起了光照的变化。在极端光照条件下，许多 CAS-PEAL 图像的人脸特征丢失。此外，由于该数据库中的图像是在 2min 内拍摄得到的，因此在图像中可以明显地观察到包括朝向、表情在内的变化。这些因素给光照归一化带来了相当大的挑战。该数据库共使用 1468 幅人脸图像进行训练，198 幅图像进行测试。

Extended-YaleB 数据库包含 38 个不同人脸在 64 种光照条件下的正面姿势图像。该数据库中的人脸图像的光照极端的样例较多，很多人脸特征几乎无法用肉眼观察。实验采用 64×32=2048 幅图像进行训练，384 幅图像进行测试。

3. 彩色图像集的视觉效果

图 5.26 显示了白色、黄色和黑色肤色的人脸图像在黑暗光照条件下的光照归一化结果。尽管使用了真实的成对图像作为训练集，但 Pix2Pix 除了丢失许多精细的面部纹理外，

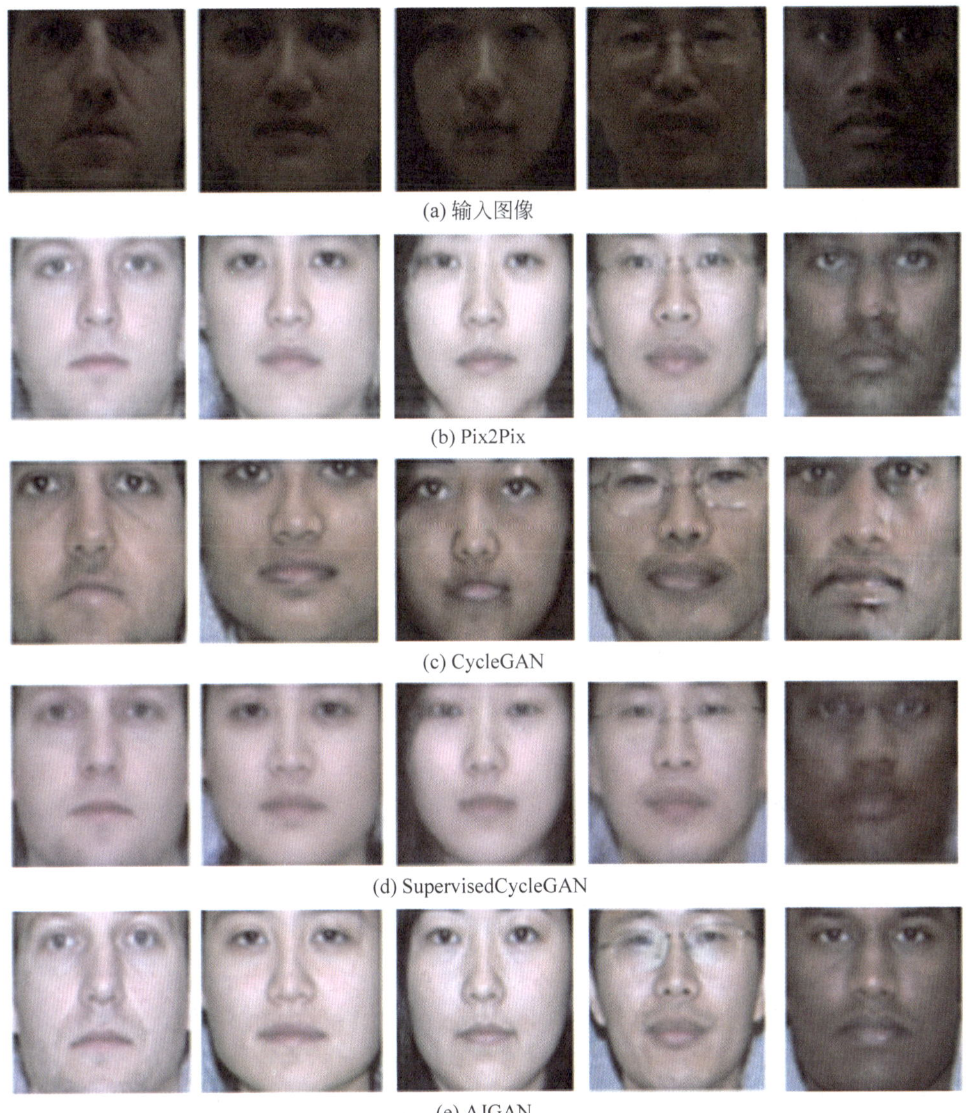

图 5.26　光照归一化结果

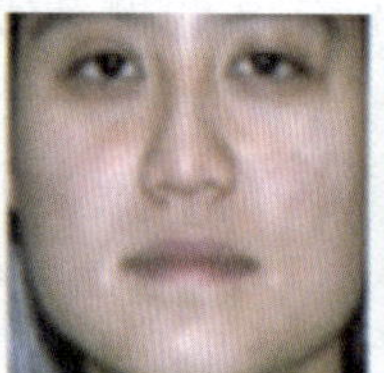
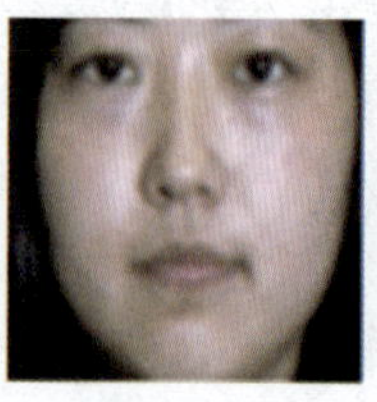

(f) 统一光照图

图 5.26 (续)

甚至明显地改变了人脸的形状,例如,第二列中的图像,人脸的“胖瘦”改变了,这种变化导致难以判断输入图像和输出图像是同一个人,这表明了如果没有闭环结构来加强生成的图像与原始图像之间语义的一致性,就很难保证输入图像的人脸结构特征不变。在闭环结构下,无监督的 CycleGAN 能够生成更细致的纹理,在一定程度上保留了原始图像的人脸特征,这进一步验证了循环重建损失对人脸识别的重要作用。但是,在 CycleGAN 的归一化结果中,人脸的肤色会发生变化,因为如果没有相应的真实图像作为引导,生成的图像在映射回原始图像时,原始图像的光照条件被误认为是肤色。SupervisedCycleGAN 集合了 Pix2Pix 和 CycleGAN 的优点,在某种程度上保护了人脸的身份特征,避免了错误的肤色。然而,在重光照过程中,即将具有均匀光照的人脸图像映射回不同类型的光照图像时,这是一个一对多的过程,本质上是一个欠约束问题,因此,生成的图像是模糊的。相比之下,AJGAN 可在光照标签 C 的引导下找到正确的重建路径,从而生成的图像足够清晰。此外,AJGAN 具有很好的归一化效果,并保留了人脸的身份特征。

图 5.27 所示的光照归一化结果进一步显示了 CycleGAN 可能导致的误映射及 AJGAN 的优越性。CycleGAN 有时会将输入图像映射到不理想的分布。在训练数据库中,某些人脸图像在微笑时露出了牙齿,由于缺乏真实图像的引导,CycleGAN 的归一化结果就会在牙齿附近显示出明显的伪影。虽然归一化的结果表明是同一个人,但嘴巴的形状是扭曲的。SupervisedCycleGAN 完全避免了这一问题,但由于缺乏相应的光照标签,图像比较模糊。相比之下,AJGAN 清楚地展示了光照归一化后的图像。

图 5.28 显示了不同方法对戴眼镜的人脸的归一化结果。Pix2Pix 生成的图像虽然平滑,但眼镜的轮廓却是模糊的。尽管第三列中的 CycleGAN 比 Pix2Pix 拥有更清晰的眼镜轮廓和人脸特征,但是在黑暗的光照条件下,肤色发生了改变。同时,由于缺少真实图像的引导,人脸脸型发生了扭曲。SupervisedCycleGAN 在保护人脸结构特征方面具有优势,而且也没有改变肤色,但生成的图像模糊。AJGAN 取得了非常好的归一化结果,同时保留了大部分的人脸纹理和清晰的眼镜轮廓。

4. 灰度图像集的视觉效果

在这一小节中,使用 Extended-YaleB 和 CAS-PEAL 数据库中的人脸图像来验证灰度集的归一化。此外,实验增加了两种经典的算法 NPL-QI(S&L)和 NPLE-QI(S&L)以进行比较。Extended-YaleB 数据库中的人脸图像归一化结果如图 5.29 所示。

从图 5.29 可以看出,NPL-QI(S&L)和 NPLE-QI(S&L)在保护人脸结构方面具有绝对优势,因为它们直接对源图像进行归一化而不是“制造”均匀光照图像。然而,它们的视觉效果总体上比基于深度学习的方法差。尽管与 NPL-QI(S&L)和 NPLE-QI(S&L)相比,

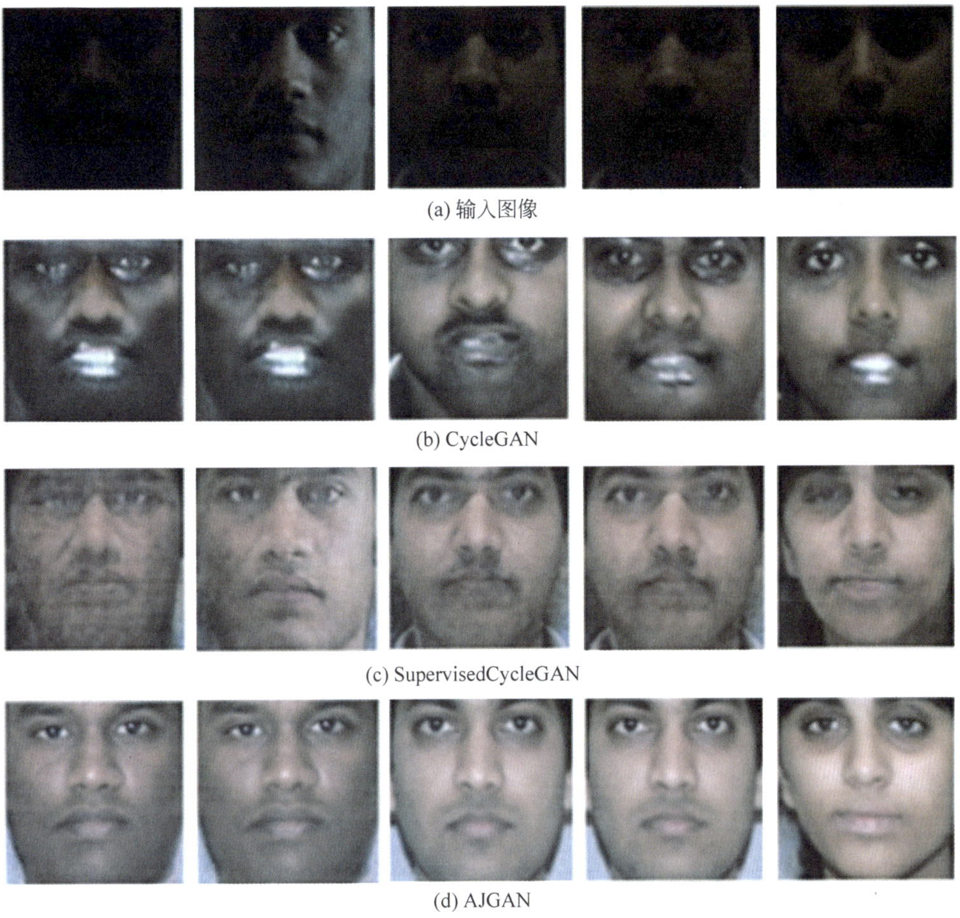

图 5.27 光照归一化结果

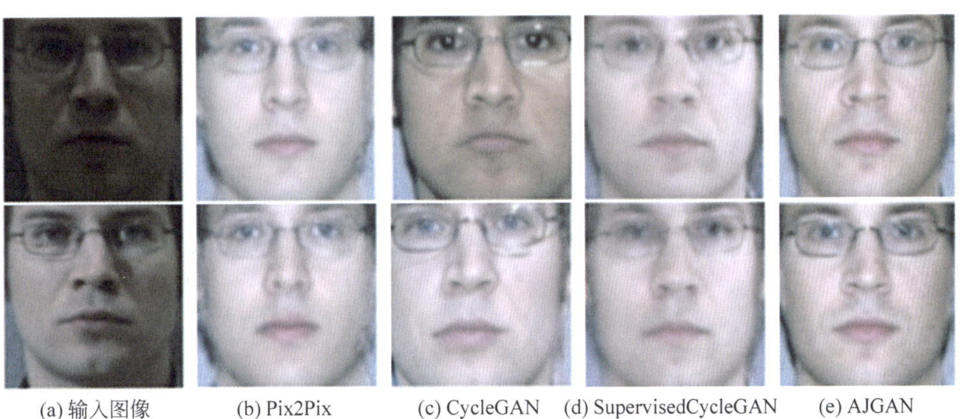

图 5.28 不同方法对戴眼镜的人脸的归一化结果

Pix2Pix 能够实现更均匀的光照条件，但它明显改变了输入人脸的形状，肉眼可以观察到人脸形状的明显改变。CycleGAN 在保护人脸结构方面优于 Pix2Pix。但是，CycleGAN 归一化后的人脸形状发生扭曲，并且在眉毛、嘴和鼻子上引入了伪影。SupervisedCycleGAN 很

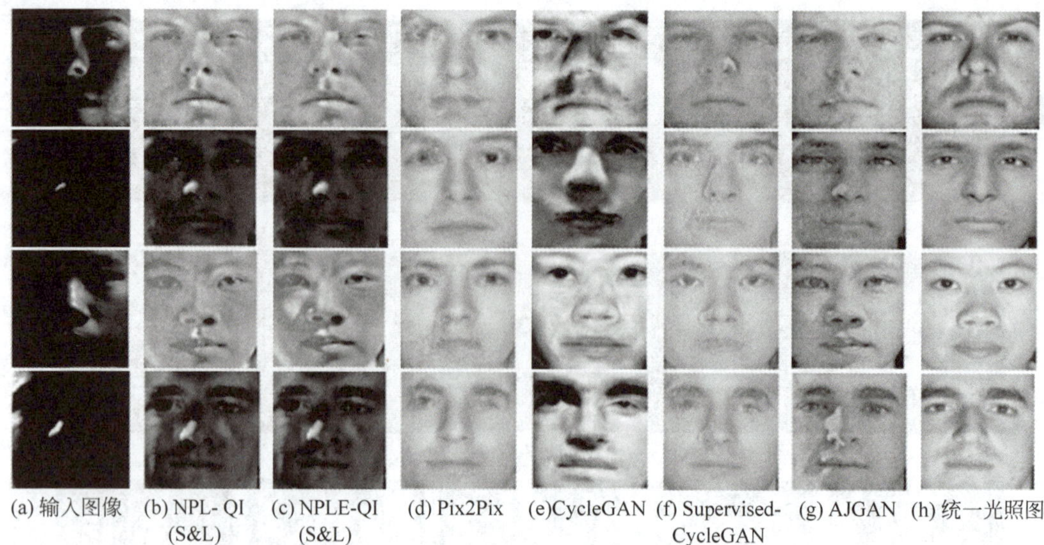

图 5.29 Extended-YaleB 数据库中的人脸图像归一化结果

好地保留了人脸特征,但由于在重光照中缺乏指导,因此生成的图像相对模糊。相比之下,尽管在极端的光照条件下,与 Pix2Pix 和 CycleGAN 相比,AJGAN 并没有出现人脸形状的变化。此外,AJGAN 比 NPL-QI(S&L)和 NPLE-QI(S&L)具有更好的光归一化效果。

CAS-PEAL 数据库中的人脸图像光照归一化比较结果如图 5.30 所示。由于滤波操作直接作用在原图的像素值上,因此在极端的光照条件下,NPL-QI(S&L)和 NPLE-QI(S&L)的归一化效果并不是很好。在该数据库中,由于拍摄时间长,因此用于训练的图像对没有完全对齐,这给有监督的学习方法带来了相当大的挑战。例如,在图 5.30(a)列中输入的测试图像和图 5.30(h)呈现的真实均匀光照图像之间,可以观察到面部表情和朝向的差异。在这种情况下,Pix2Pix 完全改变了原始的人脸身份,CycleGAN 和 SupervisedCycleGAN 无法

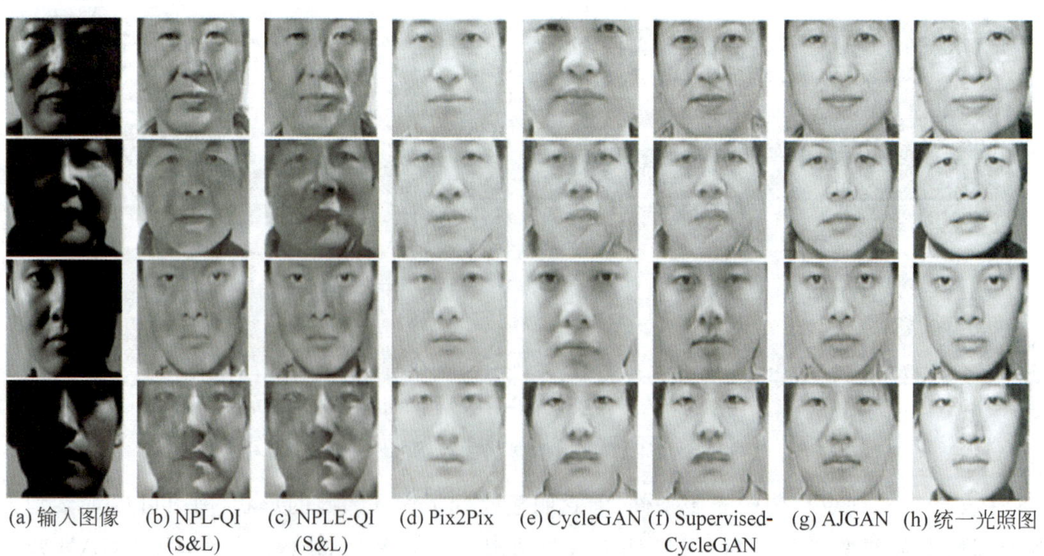

图 5.30 CAS-PEAL 数据库中的人脸图像的归一化结果

生成清晰的图像。但是,AJGAN 明显优于其他方法,光照归一化效果比较理想的同时保证了人脸的身份属性。

5. 定量比较

为了定量比较 AJGAN 和其他方法,先使用 PSNR 来衡量光照归一化后生成图像的质量,再使用 RMSE、SSIM 来测量生成图像和真实图像的相似性。对于每个数据库,随机选取 50 个测试图像进行定量分析,并计算其平均值。由于光照归一化的目的是便于人脸识别,为了定量地评价 AJGAN 的通用性和鲁棒性,可在光照环境变化较大的人脸数据库上进行人脸识别实验。

表 5.6 展示了 AJGAN 和对比方法在 PSNR 上的比较结果。PSNR 用于衡量光照归一化后生成图像的质量。PNSR 越高,图像质量越好。从表 5.6 中可以看出,在不同的数据库中,Multi-PIE 总体上要比其他两个数据库的 PSNR 高,这是因为该数据库的光照条件没有那么极端。然而,Pix2Pix 的测试结果并不能令人满意,这侧面证明了该方法生成的图像丢失了许多细节特征。SupervisedCycleGAN 比 CycleGAN 高,这是因为 CycleGAN 没有使用真实的图像进行训练,一定程度上导致人脸形状变形。此外,SupervisedCycleGAN 和 CycleGAN 整体上优于 NPLE-QI(S&L)。从表 5.6 中可以看出,AJGAN 比其他方法好得多。在光照标签的引导下,AJGAN 可以在重建过程中准确地映射回源图像,从而生成比 SupervisedCycleGAN 更清晰的图像。

表 5.6 AJGAN 和对比方法在 PSNR 上的比较结果

对比方法	PSNR 值		
	MultiPIE	CAS-PEAL	Extended-YaleB
NPL-QI(S&L)	25.07	24.88	24.09
NPLE-QI(S&L)	25.10	24.91	24.18
Pix2Pix	28.16	24.42	23.58
CycleGAN	29.15	24.57	24.11
SupervisedCycleGAN	31.02	24.82	24.15
AJGAN	34.90	25.18	24.23

表 5.7 展示了 AJGAN 和对比方法在 RMSE 上的比较结果。由于 RMSE 用于测量归一化图像与真实图像的相似程度,因此它在一定程度上反映了光照归一化的有效性。很明显,较小的 RMSE 意味着归一化后的图像更接近于真实情况。如表 5.7 所示,NPL-QI(S&L)和 NPLE-QI(S&L)的 RMSE 值大于基于 GAN 的方法,这是因为 NPL-QI(S&L)和 NPLE-QI(S&L)方法的滤波操作极大地改变了输入图像的像素值。基于 GAN 的方法中的对抗性损失使得输出图像的分布与均匀光照图像的分布相匹配。进一步地,基于 GAN 的方法利用真实图像作为生成图像的真值,并根据二者之间的差异构建损失函数迭代优化以生成图像,从而使得生成图像中的光照分布与真实图像的光照分布更为接近。从表 5.7 中可以看到,SupervisedCycleGAN 和 Pix2Pix 优于 CycleGAN。显然,AJGAN 获得了最低的 RMSE,证明了输入图像的光照被很好地归一化。

表 5.7 AJGAN 和对比方法在 RMSE 上的比较结果

对比方法	RMSE 值		
	MultiPIE	CAS-PEAL	Extended-YaleB
NPL-QI(S&L)	46.55	57.93	78.92
NPLE-QI(S&L)	44.98	56.77	78.09
Pix2Pix	28.29	38.79	31.61
CycleGAN	42.08	46.27	54.06
SupervisedCycleGAN	22.54	39.77	23.68
AJGAN	20.12	31.13	22.08

SSIM 是一种用于测试两幅图像之间结构相似性的指标，被认为与人类视觉系统的感知有关。SSIM 值越接近 1，两幅图像的结构越相似。如表 5.8 所示，NPL-QI(S&L)、NPLE-QI(S&L)和 Pix2Pix 优于 CycleGAN，但低于 SupervisedCycleGAN 和 AJGAN。这是因为 NPL-QI(S&L)和 NPLE-QI(S&L)的图像尺度分解操作在一定程度上保留了图像结构。同理，Pix2Pix 是监督学习的，在训练过程中，也保留了结构特征。相反，CycleGAN 的无监督的光照归一化方法对输入图像的结构信息的保存能力较差。然而，监督学习能克服这种不足。AJGAN 取到的最大 SSIM 值证明了 AJGAN 在光照归一化过程中有效地保护了人脸结构。

表 5.8 AJGAN 和对比方法在 SSIM 上的比较结果

对比方法	SSIM 值		
	MultiPIE	CAS-PEAL	Extended-YaleB
NPL-QI(S&L)	62.12	59.11	47.74
NPLE-QI(S&L)	63.37	61.04	45.88
Pix2Pix	64.21	61.70	57.09
CycleGAN	55.07	42.50	39.32
SupervisedCycleGAN	74.59	61.78	64.63
AJGAN	75.9	70.95	70.44

6. 人脸识别测试

在本实验中，不同方法的归一化图像作为识别对象，真实均匀光照的图像作为被对比的图像。从 3 个数据库中随机选择 500 幅图像计算最后的识别率，并利用 VGGFace2 算法提取人脸特征，采用其预训练模型，然后使用归一化相关系数作为相似度度量。表 5.9 显示了 3 个数据库的识别率的比较，从表 5.9 中可以发现，基于 GAN 的方法，包括 CycleGAN 和 Pix2Pix，都弱于直接对原图像操作的 NPL-QI(S&L)和 NPLE-QI(S&L)方法，这是因为 CycleGAN 和 Pix2Pix 都会导致人脸形状的变形并失去个性化的精细特征。此外，由于 CycleGAN 的循环结构有助于保护人脸身份，因此 CycleGAN 的识别率远高于 Pix2Pix。在监督学习和循环结构的帮助下，SupervisedCycleGAN 在 3 个数据库上的识别率均高于 Pix2Pix 和 CycleGAN，但由于缺乏光照条件的指引，因此其识别率要低于 AJGAN。尽管使用非严格对齐的图像对作为训练数据，但在 CAS-PEAL 数据库上，AJGAN 将 NPLE-QI

(S&L)的识别率提高了3%,这证明了该算法的适用性。

表5.9　3个数据库的识别率的比较结果

对比方法	人脸识别率/%		
	MultiPIE	CAS-PEAL	Extended-YaleB
NPL-QI(S&L)	98.1	84.9	86.1
NPLE-QI(S&L)	98.3	84.9	86.2
Pix2Pix	95.6	72.1	51.7
CycleGAN	97.2	82.5	80.7
SupervisedCycleGAN	98.1	84.1	81.8
AJGAN	99.9	87.8	87.2

第6章　室外场景的阴影检测与阴影去除

阴影是由于光源被物体遮挡、在遮挡物体后产生的较暗区域，是自然界中的常见现象。在 AR 中，将虚拟物体融入真实场景后，虚实物体的阴影间不可避免地会产生交互，即真实物体的阴影可能投射在虚拟物体表面，虚拟物体的阴影也会投射在真实场景中，若忽略了这一效果，虚实融合的真实感将大打折扣。虚实场景阴影之间的交互模拟如图 6.1 所示，它展示了阴影交互对于提高 AR 系统视觉真实感的重要性。与图 6.1(b)相比，图 6.1(c)中的虚拟篮球不仅在地面上正确投射了阴影，还接收到了来自场景中真实汽车和帽子向其投射的阴影，视觉效果符合真实世界客观规律，也提高了虚实融合场景的真实感。显然，为了实现虚实场景阴影的正确交互，计算机需要具备准确感知场景中真实阴影的能力，而阴影检测技术就是实现这一目的的主要手段。另一方面，为了实现对于真实场景光影的灵活编辑以打造更为真实的虚实融合场景，去除场景中原本存在的阴影再根据新的光影条件生成相应的阴影环境是一种可行的方案。

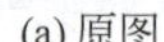

(a) 原图

(b) 无阴影交互

(c) 有阴影交互

图 6.1　虚实阴影之间的交互模拟

本章将重点讨论室外场景的阴影检测和阴影去除技术，在 6.1 节简单分析阴影的特点，并介绍现有阴影检测和阴影消除技术的分类及实现思路；6.2 节详细讨论一种基于集成学习的单幅图像阴影检测方法，通过融合不同阴影检测算法的检测结果以提高对于单幅图像的阴影检测准确度；6.3 节介绍一种网络无参考的阴影检测评估网络，为评价阴影检测结果的优劣提供了一种有效的策略；6.4 节针对在线视频的阴影检测进行研究，介绍一种基于边缘跟踪的在线视频阴影检测方法；6.5 节介绍一种基于边缘关注的单幅图像阴影去除方法，该方法重点关注阴影边缘区域的阴影去除质量，可有效提高单幅图像的阴影去除效果。

6.1 阴影检测与阴影消除简介

6.1.1 阴影特征

从不同的角度考察阴影，可以把阴影的特征分为3类：光谱特征、空间特征和时间特征。光谱特征是从光源自身的特性来刻画阴影，包括阴影的亮度特征、颜色特征和物理特征；空间特征是从图像空间信息结构的角度刻画阴影，主要包括纹理信息和场景几何信息；时间特征则是阴影在多幅图像之间的相关性。

基于空间特征的阴影检测方法需要事先知道投射物体的位置、形状和光照条件等先验知识。这类方法通常用于检测特定物体的阴影，如人的阴影、汽车的阴影等。阴影的时间特征则是利用多幅图像空间的连续性来进行阴影检测。

阴影的光谱特征是阴影检测方法中使用最多的特征。众所周知，太阳光被遮挡导致阴影区域变暗。但由于天空光的存在，阴影的亮度只会在一定的范围内衰减，因此利用亮度可以区分阴影区域与非阴影区域。亮度特征通常用于对阴影区域的初步筛选。

阴影的检测方法还会使用颜色特征。这些方法假设阴影区域只是亮度改变而颜色不变。例如，一个绿色物体表面被阴影笼罩后，其颜色依然是绿色的，只是这个面和以前相比变成了深绿色。这种亮度降低但是颜色保持不变的特性可以称为颜色恒常或线性衰减。利用颜色恒常特性进行阴影检测需要选择能将颜色和亮度进行分离的颜色空间，如HSV、c1c2c3、YUV和归一化的RGB，但是这类方法往往以像素为单位进行处理，很容易受到噪声的干扰。另外，直方图、梯度和边缘等都是在阴影检测方法中被广泛使用的光谱特征。

6.1.2 阴影检测方法

现有的阴影检测方法根据处理数据的不同可以分为基于图像的阴影检测方法和基于视频的阴影检测方法。基于图像的阴影检测方法是利用单幅图像来对场景中的阴影进行检测。基于视频的阴影检测方法是利用图像序列对场景中的阴影进行检测。对视频进行阴影检测可使用前后帧之间的联系进行阴影检测与跟踪。但是视频阴影检测方法需要满足在线与实时的要求，因此基于图像的阴影检测方法一般不适用于视频阴影检测方法。在视频阴影检测方法中，如何保持阴影检测的稳定性是需要解决的问题。

1. 基于图像的阴影检测

现有的静态阴影检测方法几乎都基于图像进行阴影检测。Rosin和Yang等人的方法提出了基于阈值化的阴影检测方法。基于阈值化的阴影检测结果的准确性依赖于阈值的选择。另外，一些阴影检测方法通过构造物理模型来检测阴影。例如，Makarau等人针对遥感图像提出了一种基于黑体辐射物理特性的自适应阴影检测方法，Makarau等人提出的方法鲁棒性较高，但是由于假设的条件较多导致方法的普适性低；Dong等人提出了一种室外软影检测方法，通过本影边缘和软影边缘来对阴影区域进行检测；Wu等人利用贝叶斯方法和高斯混合模型(Gaussian Mixture Model，GMM)对单幅图像中的阴影进行检测，该方法可以检测出复杂场景中的阴影，但是需要用户画出阴影的大致区域。

现有的一些方法利用非物理模型来检测阴影。Salvador 等人先通过形态学计算对轮廓进行检测，再利用颜色恒常特征对阴影边缘进行定位与扩充。Tian 等人通过建立三色衰减模型来快速检测图像中的阴影边缘。Finlayson 等人利用原图像和本征分解图像的边缘差来定位阴影边缘，该方法检测速度快，但是本征分解对检测结果的影响较大。Tsai 和 Xiao 等人则在 HIS 颜色空间中通过色度和亮度的比值来对阴影区域进行检测。

有一些方法通过特征提取及学习来检测阴影。Zhu 等人提出的方法定义了两类特征：受阴影影响的特征和不受阴影影响的特征，该方法使用这些特征来训练分类器从而建立决策树，以对阴影进行检测。Zhu 等人提出的方法可以检测灰度图像中的阴影，但是训练的时间过长不能实时地对阴影进行检测。Lalonde 等人则是通过提取阴影的颜色、纹理和亮度等特征训练分类器进行阴影检测，他的阴影检测方法对图像的质量要求不高还可以检测处于复杂场景中的阴影，但是在图像中大部分都是地面的情况下容易出现误检测。

还有一些采用区域配对的方法对阴影区域进行检测。Guo 等人先根据材质来对区域进行配对，再利用两个区域间的亮度差异对阴影区域进行检测。Avili 等人提出的方法则先对图像进行分割，然后在 HIS 颜色空间中利用颜色恒常特征对阴影进行检测。

基于单幅图像的阴影检测方法具有检测精度高的优点，但是该类方法的检测时间较长，所以基于单幅图像的阴影检测方法并不能适用于视频阴影检测工作中。

2. 基于视频的阴影检测

相对于单幅图像的阴影检测，视频阴影检测可利用的信息较多。现有的视频阴影检测方法都集中于检测固定视点下的场景阴影。例如，Miao 等人在其工作中先利用 GMM 提取出前景图像，再使用局部二值模型和亮度比率区分前景图像中的阴影部分和非阴影部分，最后对阴影检测结果进行优化；Andalibi 使用前后两帧图像之间的差异提取前景，然后通过阴影与背景的非线性对应关系进行阴影检测。上述两种方法都使用前景提取的方法来进行阴影检测，阴影检测的准确性不高。

在视点移动的情况下，阴影会随着视点的改变而发生变化，所以无法利用固定视点下的动态阴影检测算法对其进行检测。另外，视点的移动会导致新的阴影进入视野，所以移动视点下的阴影检测工作还需要解决新进阴影的检测问题。目前，对于移动视点下的静态阴影检测方法仍较为缺乏，Charles 等人提出一种在移动视点下检测动态阴影的方法，该方法先对图像中的纹理进行分割，再通过 Otsu 阈值法筛选出阴影区域和非阴影区域，但是该方法仅适用于阴影区域颜色较浅的情况，同时阴影检测的稳定性较差。本章将会介绍一种移动视点下的阴影检测方法，该方法通过融合 3D 几何信息和 2D 图像信息来对阴影边缘进行跟踪，可在线地对移动视点下的阴影进行稳定的检测。

6.1.3 阴影去除算法

阴影去除是为了恢复图像中阴影区域内的光照信息，使恢复后的图像可以与周围的环境相适应。Guo 采用了基于区域的方法，该方法不同于探索像素或边缘信息的方式，它除了对分割后的区域进行分类外，还预测了各个区域之间的相对光照信息，利用图形切割方法来标记阴影和非阴影区域，通过其光照模型将阴影图像内像素点的亮度进行恢复来达到去阴影效果。Xiao 等人针对复杂阴影纹理和光照条件的图像，提出了一种纹理信息匹配的方法。该方法对原始图像使用全局阈值分割，将其分割成有阴影图像和非阴影图像，用局部阈值分割细化有阴影图像，将得到的阴影区域和非阴影区域之间的匹配子区域通过光照转移算法去除阴影，最后通过阴影蒙版像素插值的方法来对阴影边界实现无缝处理。

近年来，随着深度学习技术的发展，涌现出了大量基于深度学习的阴影去除方法。2017 年，Qu 等人提出了一种自动的端到端的深度卷积神经网络 DeshadowNet 来进行图像去阴影处理，通过联合训练 3 个模块来实现多层级的上下文语义信息嵌入机制。其中，全局定位模块用来提取阴影特征和场景内整体的高级语义信息，外观建设模块用来提取全局定位中的浅层外观特征，语义信息模块用来提取全局定位中的深层语义特征。3 个模块有效地提升了预测的阴影蒙版的准确性，恢复出了更多的纹理信息，并且在大型阴影数据集 SRD 上取得了不错的效果。2018 年，Wang 等人设计了一种堆叠式的条件生成对抗网络 ST-CGAN 来联合实现阴影检测和去除，该网络由两个生成模块和两个判别模块共同构成。原始图像经过第一个生成模块得到阴影掩膜后，通过向对应的判别模块输入有阴影图像和阴影掩膜来进行阴影检测效果的判断。第二个生成模块则通过输入原始图像和阴影掩膜来生成去阴影后的图像，相应的判别模块则会判断阴影去除的质量。同年，Zheng 采用结构简单的残差神经网络实现图像去阴影，简化后的 32 层残差网络不光降低了梯度公式的推导难度，并且可以在全局信息上理解图像的高级语义特征。通过学习阴影图像和掩膜信息之间的映射函数，可以在多种场景下获得较高质量的阴影去除效果，该方法具有良好的泛化能力。2019 年，Le 等人结合阴影形成的物理模型，使用线性光照变换函数对阴影图像进行建模，通过 SP-Net 学习输入图像到光照模型参数（尺度变化和额外常数）的映射关系，用 M-Net 获得阴影蒙版，该方法利用深度网络对光学模型参数进行了优化，体现出了物理模型与深度学习相结合的解题思路。2022 年，Zhang 等人提出了一种引入 Transformer 模块的去阴影模型 SpA-Former。它不需要单独的阴影检测步骤，通过 Transformer 层来捕获全局与局部上下文信息之间的关系，采用一系列傅里叶变换残差块和双轮 RNN 联合空间注意力机制来引导网络对阴影区域的恢复。该方法可以直接学习有阴影图像与无阴影图像之间的映射关系以达到阴影的去除。虽然，阴影去除方法目前已取得了一定的进展，但是，在部分阴影去除后的图像中仍是能够发现阴影的痕迹，特别是在阴影边缘区域的伪影更易被人察觉。

6.2 基于集成学习的单幅图像阴影检测

在现实场景中，受到光照条件、物体遮挡、场景材质等因素的影响，阴影区域在形状、颜色、亮度等方面可能存在较大的差异，准确检测阴影具有极大的挑战。现有的阴影检测方法大多针对阴影的某些特点而设计，这导致这些方法只能在特定场景下对阴影进行准确的检测，尚无一个能够适用于所有场景且具有较好阴影检测性能的解决方案。为了解决这一问题，本节介绍了一种新的阴影检测方法，该方法通过集成多种阴影检测方法的检测结果以提高阴影检测方法对于不同场景的适应性和检测结果的准确性。为此，本节提出了阴影检测置信度这一概念以评估阴影检测方法的准确性，并设计了一个相对置信度图预测网络(Relative Confidence Map Prediction Network，RCMPNet)以实现对于阴影检测结果置信度的评估。实验结果证明，该方法能够正确预测不同阴影检测方法对于各像素的阴影检测准确度，有效提高了阴影检测方法的鲁棒性和准确率。

6.2.1 算法思路

传统的阴影检测方法的实现思路为：寻找一个映射 F，该映射可将输入图像 I 映射到阴影图 S，即 $S=F(I)$。显然，获取一个适用于所有场景的 F 难度极大。与传统方法不同，本节介绍的阴影检测方法先评估不同阴影检测方法预测结果的置信度，并生成每种阴影检测方法的相对置信度图，然后基于置信度图和不同阴影检测方法的预测结果来生成最终的阴影图。该过程可以描述如下：

$$[C_1, C_2, \cdots, C_n] = H(I, S_1, S_2, \cdots, S_n) \tag{6.1}$$

$$S = F(C_1, C_2, \cdots, C_n, S_1, S_2, \cdots, S_n) \tag{6.2}$$

其中，C_i 和 S_i 分别是第 i 种方法的置信度图和阴影图，n 是用于检测阴影的方法总数。H 通过使用 n 种方法预测的阴影图来估计每种方法的置信度图，F 根据相对置信度图和每种方法预测的阴影来判断一个像素是否在阴影中。

图 6.2 展示了 RCMPNet 的整体结构。RCMPNet 的输入包括源图像 I 和由 n 个阴影检测方法预测的阴影图 $S_i(i=1,2,\cdots,n)$；然后，RCMPNet 回归出每个阴影检测方法对应预测结果的相对置信度图 $C_i(i=1,2,\cdots,n)$；最终的阴影图 S 可通过 C_i 和 S_i 的加权组合生成。

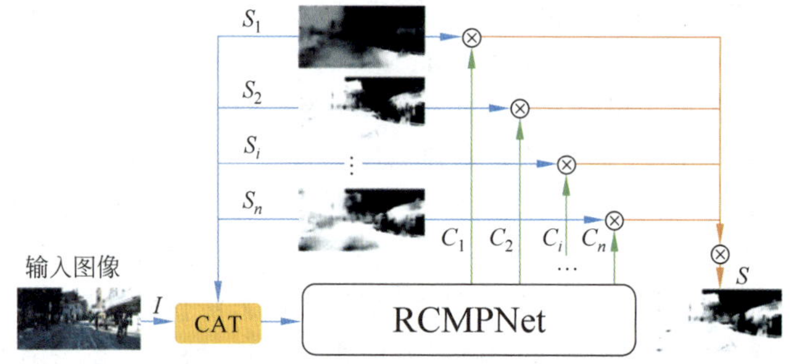

图 6.2 RCMPNet 的整体结构

6.2.2 相对置信度图预测网络

1. 网络结构

已有的阴影检测方法证明，通过融合不同层次的特征来感知图像的全局空间上下文可以增强深度网络在复杂情况下的判别能力，因此感知全局空间图像上下文也有助于相对置信度图的预测(Relative Confidence Map Prediction, RCMP)。如图 6.3 所示，RCMPNet 将全局特征和局部特征的融合转化为数据流融合问题，可以看到从浅层到深层和从深层到浅层的融合方式存在差异，前者先获取浅层的局部信息，这些信息是细粒度的但是存在着噪声较大的问题，而后者则先获取深层信息，这些信息则较为抽象和模糊，因此，通过双向的基于注意力机制的长短期记忆(Attention-based Long Short Term Memory，ALSTM)结构将融合多层特征以弥补单向融合方式的不足。为了适应两个方向数据流的不同特点，算法在浅-深(前向)数据流中设计了一个重量级 ALSTM(Heavy ALSTM)，在深-浅(反向)数据流中设计了一个轻量级 ALSTM(Light ALSTM)，每个 ALSTM 子模块输出阴影检测方法的中间置信度图，然后逐像素对 n 种方法的置信度图进行归一化计算以得到相对置信度图。ALSTM 子模块在训练过程中会被监督，以确保回归的相对置信度图能够生成准确的阴影图。通过融合前向和后向的置信度图，可以产生回归的相对置信度图 C_i。

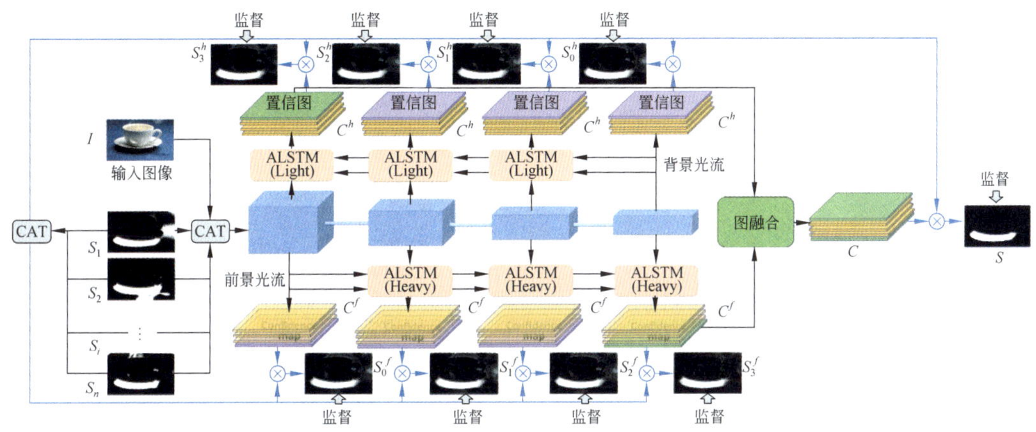

图 6.3　RCMPNet 的网络结构图

2. ALSTM 子模块

ALSTM 的结构如图 6.4 所示，将其中的注意力机制模块设置为重量级注意力子模块则为重量级 ALSTM，同理将其设置为轻量级注意力子模块则为轻量级 ALSTM。重量级注意力子模块和轻量级注意力子模块的结构分别如图 6.5(a)和图 6.5(b)所示。在深度神经网络中进行降采样可以防止过拟合，但也会导致信息丢失。因此，深层图像特征始终具有较小的分辨率和较少的细节，比浅层图像特征更加抽象。综上所述，方法在浅-深数据流中采用重量级注意力子模块来提取大尺度特征图中的语义信息，并在深-浅数据流中采用轻

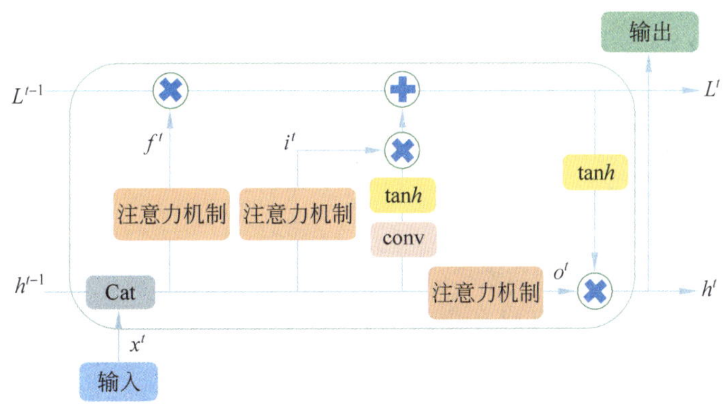

图 6.4　ALSTM 的结构

量级注意力子模块来提取细粒度特征图中的细节。为了保持不同层次语义特征提取的一致性，所有轻量级 ALSTM 共享一组权重，所有重量级 ALSTM 共享另一组权重。

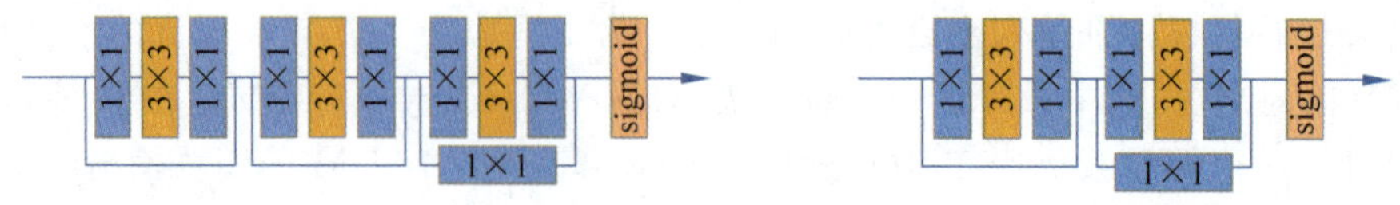

(a) 重量级注意力子模块　　(b) 轻量级注意力子模块

图 6.5　注意力子模块

3. 回归阴影置信度图和损失函数

将 O_k 表示为 RCMPNet 输出的第 k 个通道，p 表示图像像素，则有：

$$C_k(p)=\frac{e^{O_k(p)}}{\sum_{i=1}^{n}e^{O_i(p)}} \tag{6.3}$$

其中，C_k 是第 k 个方法的相对置信度图。可使用类似于式(6.3)中的方法来归一化 ALSTM 子模块的置信度图。$O^f_{\langle j,k\rangle}$ 和 $O^b_{\langle j,k\rangle}$ 分别表示前向和后向数据流中第 j 个 ALSTM 子模块的第 k 个通道，则有：

$$C^f_{\langle j,k\rangle}(p)=\frac{e^{O^f_{\langle j,k\rangle}(p)}}{\sum_{i=1}^{n}e^{O^f_{\langle j,i\rangle}(p)}} \tag{6.4}$$

$$C^b_{\langle j,k\rangle}(p)=\frac{e^{O^b_{\langle j,k\rangle}(p)}}{\sum_{i=1}^{n}e^{O^b_{\langle j,k\rangle}(p)}} \tag{6.5}$$

其中，$C^f_{\langle j,k\rangle}(p)$和 $C^b_{\langle j,k\rangle}(p)$分别是前向和后向数据流中第 j 个 ALSTM 子模块生成的第 k 个方法的相对置信度图。对于前向和后向数据流中的第 j 个 ALSTM 子模块，精化的阴影图 S^f_j 和 S^b_j 的计算如下：

$$S^f_j=\sum_{i=1}^{n}S_i(p)*C^f_{\langle j,i\rangle}(p),S^b_j=\sum_{i=1}^{n}S_i(p)*C^b_{\langle j,i\rangle}(p) \tag{6.6}$$

其中，$S_i(p)$表示第 i 个方法的阴影预测图。利用 S^f_j 和 S^b_j，定义损失函数如下：

$$\begin{aligned}L&=L^f+L^b+L^r,\quad L^f=\sum_{j=1}^{K}\Phi_{\mathrm{BCE}}(S^f_j,GT)\\L^b&=\sum_{j=1}^{K}\Phi_{\mathrm{BCE}}(S^b_j,GT),\quad L^r=\sum_{i=1}^{n}\Phi_{\mathrm{BCE}}(S_i\odot C_i,GT)\end{aligned} \tag{6.7}$$

其中，L、L^f、L^b 和 L^r 分别对应总损失、前向数据流损失、后向数据流损失和精化损失；K 表示每个数据流中采用的 ALSTM 子模块的数量，在实际应用中设置为 3；Φ_{BCE} 是二元交叉熵损失函数；$\odot$表示哈达玛积。

下面将通过计算损失函数的偏导数来解释为何上述损失函数能使 RCMPNet 为每个像素给出各阴影检测方法的正确置信度。本节只对 L^r 进行分析，L^f 和 L^b 可以用类似的方法分析。对于第 k 个方法，在像素 p 处，L^r 关于 $O_k(p)$ 的偏导数计算如下：

$$\frac{\partial L^r}{\partial O_k(p)} = \frac{\partial L^r}{\partial S^r(p)} \cdot \frac{\partial S^r(p)}{\partial O_k(p)}$$

$$= \left(-\frac{GT(p)}{S^r(p)} + \frac{1-GT(p)}{1-S^r(p)}\right) \cdot \sum_{i=1, i \neq k}^{n} \frac{e^{O_k(p)} \cdot e^{O_i(p)} \cdot (S_k(p) - S_i(p))}{\left(\sum_{j=1}^{n} e^{O_j(p)}\right)^2} \tag{6.8}$$

不失一般性，假设第 k_1 个方法的表现优于第 k_2 个方法，相应地，$S_{k_1}(p)$ 会比 $S_{k_2}(p)$ 更接近 $GT(p)$。需要注意的是，$GT(p)$ 只有两个值——0 或 1，分别对应于非阴影像素和阴影像素。当 $GT(p)=1$ 时，$S_{k_1}(p)$ 会大于 $S_{k_2}(p)$。假设 $O_{k_1}(p) \geqslant O_{k_2}(p)$，则有：

$$\begin{aligned} &\sum_{i=1, i \neq k}^{n} \frac{e^{O_{k_1}(p)} \cdot e^{O_i(p)} \cdot (S_{k_1}(p) - S_i(p))}{\left(\sum_{j=1}^{n} e^{O_j(p)}\right)^2} \\ > &\sum_{i=1, i \neq k}^{n} \frac{e^{O_{k_2}(p)} \cdot e^{O_i(p)} \cdot (S_{k_2}(p) - S_i(p))}{\left(\sum_{j=1}^{n} e^{O_j(p)}\right)^2} \end{aligned} \tag{6.9}$$

式(6.9)表明，RCMPNet 的优化将给第 k_1 个方法的网络权重带来更大的增量。由于网络倒数第二层跟着的 ReLU 激活函数的输出为非负值，因此在最后一层中，具有更大网络权重的节点将输出更大的值。因此，性能更好的方法必须具有更高的置信度，这表明 RCMPNet 能够正确地回归每个方法的置信度。然而，上述结论是基于 $O_{k_1}(p) \geqslant O_{k_2}(p)$ 的假设。为了满足这个假设，只需将所有的 $O_{k_1}(p)$ 和 $O_{k_2}(p)$ 初始化为相同的值，然后经过一轮优化后，$O_{k_1}(p)$ 必然大于 $O_{k_2}(p)$。当 $GT(p)=0$ 时，也可以得出相同的结论。

6.2.3 阴影图生成

利用 RCMPNet 生成相对置信度图 $C_i(p)(i=1,2,\cdots,n)$，通过加权求和方式生成最终的阴影图 S：

$$S(p) = \sum_{i=1}^{n} S_i(p) * C_i(p) \tag{6.10}$$

其中，$S_i(p)$ 表示第 i 个方法的阴影预测图。

6.2.4 训练策略

RCMPNet 的主干网络是 ResNet，通过在 ImageNet 上预训练对主干网络进行初始化，ALSTM 子模块的权重则是随机初始化的。优化过程采用随机梯度下降(SGD)算法，设置动量为 0.9，权重衰减为 0.00005，初始学习率设置为 0.0005，学习率衰减为 0.9，模型的输入图像大小为 416×416。6.2.5 节将通过估计 MTMT-Net、DSDNet 和 BDRAR 3 种较新阴影检测方法的置信度图来验证 RCMPNet 的正确性。

6.2.5 实验结果

1. 数据集和评估指标

用于评估本节方法的阴影检测数据集为 SBU、UCF、ISTD 和 CUHK。本节采用广泛使用的平衡错误率(Balance Error Rate,BER)来定量衡量检测性能。

2. 对比实验与讨论

为了验证 RCMPNet 的有效性,将本节方法与最先进的阴影检测方法进行了比较。此外,由于部分阴影去除、显著性检测和语义分割方法也可实现阴影检测,本节方法也与这些方法进行了对比。最后,由于 RCMPNet 的实现思路与集成学习的较为相似,因此本节还测试了几种深度集成学习方法在阴影检测上的性能表现,并将其结果与 RCMPNet 进行了定性比较。

1）与先进的阴影检测方法的比较

将本节方法与 MTMT-Net、DSDNet、DC-DSPF、BDRAR、AD-Net、DSC、ST-CGAN、patched-CNN、scGAN 和 stacked-CNN 等 10 种阴影检测方法进行比较。对于 SBU、UCF 和 ISTD 这 3 个基准数据集,RCMPNet 在各数据集对应的训练和测试图像上分别进行训练和测试。由于 CUHK 是最新发布的数据集,因此大多数阴影检测方法尚未在其上进行训练,因此仅提供了在 SBU 上训练的模型。为了公平比较,先在 SBU 上训练本节提出的模型,然后在 CUHK 数据集上进行评估。显然,CUHK 数据集上的测试结果将揭示每种方法的泛化能力。

表 6.1 展示了不同方法在 4 个数据集上的 BER 值,其中最佳的 BER 值以粗体显示。可以看到,本节方法在 4 个数据集上的表现优于其他几种对比方法。在 SBU、UCF 和 ISTD 3 个数据集上,本节方法的 BER 值比第二好的方法 MTMT-Net 分别降低了 5.7%、10.1%和 6.4%。这表明,通过测量候选阴影方法的置信度来回归每个像素的组合权重的网络有助于提高阴影检测的准确率。所有比较方法都没有在 CUHK 数据集上进行训练,这导致这些方法在 CUHK 上的 BER 值不如在 SBU、UCF 和 ISTD 上低。有趣的是,实验发现第二好的方法是较早提出的 BDRAR,它通过双向特征金字塔网络聚合跨越不同 CNN 层的阴影上下文,与之相比,RCMPNet 的 BER 值降低了 1.97。这表明,本节方法在陌生的阴影数据集上具有更好的泛化能力。表 6.1 中的 RCMPNet(本节方法)所在的行显示了本节方法在不使用条件随机场(Conditional Random Field,CRF)优化的情况下的性能。结果表明,使用 CRF 可以获得一定程度的改进,特别是在 CUHK 数据集上,而在没有 CRF 的情况下,它仍然比大多数最先进的方法表现更好。

表 6.1 不同方法在 4 个数据集上的 BER 值

对比方法	数据集											
	SBU			UCF			ISTD			CUHK		
	BER	Shadow	Non.	BER	Shadow	Non.	BER	Shadow	Non.	BER	Shadow	Non.
RCMPNet（本节方法）	**2.98**	3.26	2.69	6.75	8.36	5.15	**1.61**	1.22	**2.00**	21.29	39.34	3.23

续表

对比方法	数据集											
	SBU			UCF			ISTD			CUHK		
	BER	Shadow	Non.	BER	Shadow	Non.	BER	Shadow	Non.	BER	Shadow	Non.
本节方法-w/o-CRF	3.13	**2.98**	3.28	**6.71**	7.66	5.76	1.61	1.23	2.00	**21.23**	38.84	3.63
MTMT-Net(2020)	3.15	3.73	2.57	7.47	10.31	4.63	1.72	1.36	2.08	27.52	53.52	**1.52**
DSDNet(2019)	3.45	3.33	3.58	7.59	9.74	5.44	2.17	1.36	2.98	23.33	42.73	3.92
DC-DSPF(2019)	4.90	4.70	5.10	7.90	6.50	9.30	-	-	-	-	-	-
BDRAR(2018)	3.64	3.40	3.89	7.81	9.69	5.94	2.69	**0.50**	4.87	23.26	42.20	4.32
ADNet(2018)	5.37	4.45	6.30	9.25	8.37	10.14	-	-	-	43.57	**11.50**	75.64
DSC(2018)	5.59	9.76	**1.42**	10.54	18.08	**3.00**	3.42	3.85	3.00	41.01	33.69	48.34
ST-CGAN(2018)	8.14	3.75	12.53	11.23	**4.94**	17.52	3.85	2.14	5.55	-	-	-
patch-CNN(2018)	11.56	15.60	7.52	-	-	-	-	-	-	-	-	-
scGAN(2017)	9.10	8.93	9.96	11.50	7.74	15.30	4.70	3.22	6.18	-	-	-
stacked-CNN(2016)	11.00	8.84	12.76	13.00	9.00	17.10	8.60	7.69	9.23	-	-	-

图 6.6(c)～图 6.6(f)展示了本节方法与现有先进的阴影检测方法 MTMT-Net、DSDNet、BDRAR 之间的比较。图 6.6(a)～图 6.6(h)依次为输入图像、真值图、本节方法生成的图像、MTMT-Net、DSDNet、BDRAR、MINet、MiB 这 6 个现有方法生成的图像。可以看到,RCMPNet 检测到的阴影结果与真实情况最接近。图 6.6 的前两行展示了两种较为具有挑战的场景。在第一行的场景中,阴影投射在雪地上,可以看到大多数对比方法都无法检测到完整的阴影。虽然 MTMT-Net 成功地检测到了整个阴影区域,但它误检测了图像上部的非阴影区域,而其他 3 种方法则正确检测到了非阴影区域。RCMPNet 综合

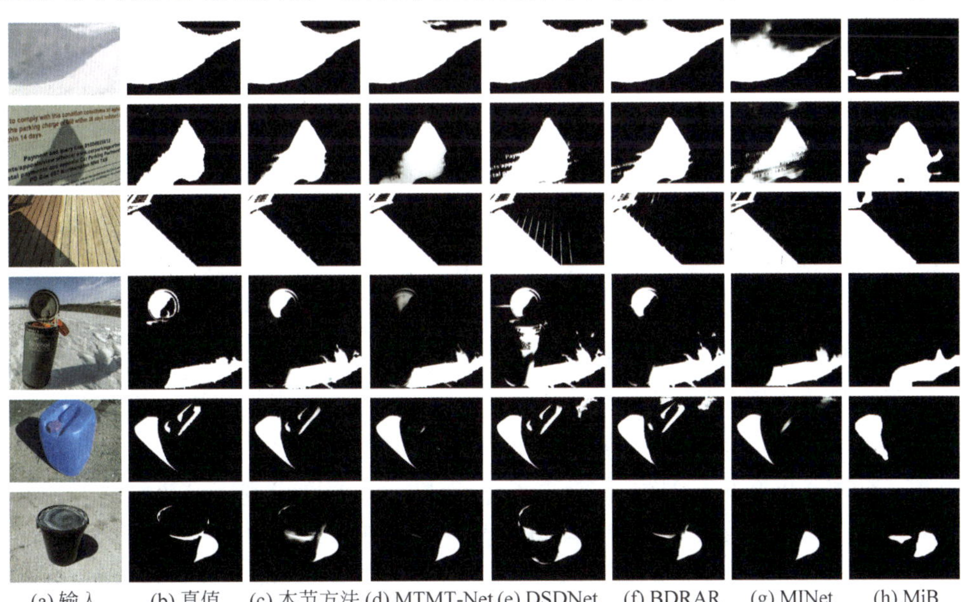

图 6.6 本节方法与现有先进的阴影检测方法的比较

利用了 MTMT-Net 正确检测到的真实阴影区域和其他 3 种方法正确检测到的非阴影区域，得到了最佳的阴影检测结果。在第二行的场景中，由于阴影与背景之间的低对比度，MTMT-Net 未能检测到阴影的左下部分，而 DSDNet 和 BDRAR 则将黑色文字误检测为阴影，显然，RCMPNet 获得了最佳的检测结果。

2）与阴影去除、显著性检测和语义分割方法的比较

基于深度学习的阴影去除、显著性检测和语义分割方法也可以通过在阴影数据集上重新训练来检测阴影区域。为了进一步评估 RCMPNet 的有效性，本节还将其与阴影去除模型 DeshadowNet、4 个显著性检测模型（MINet、EGNet、SRM 和 Amulet），以及两种语义分割方法（PSPNet 和 MiB）进行比较。为了公平比较，要么使用对比方法在阴影数据集上重新训练的模型，要么使用在其他论文中已发布的实验报告结果。表 6.2 显示了它们的 BER 值。尽管这些方法的 BER 值超越了部分阴影检测方法，但 RCMPNet 仍然在 4 个数据集上展示出了最为优秀的阴影检测性能。部分对比方法的阴影检测结果如图 6.6(g)～图 6.6(h)所示。

表 6.2　本节方法与去除阴影、显著性检测和语义分割方法的 BER 值

对比方法	数据集											
	SBU			UCF			ISTD			CUHK		
	BER	Shadow	Non.	BER	Shadow	Non.	BER	Shadow	Non.	BER	Shadow	Non.
RCMPNet（本节方法）	2.98	3.26	2.69	6.75	8.36	5.15	1.61	1.22	2.00	21.29	39.34	3.23
DeshadowNet(2017)	6.96	-	-	8.92	-	-	-	-	-	-	-	-
MINet(2020)	6.29	11.59	0.97	11.75	20.86	2.64	2.00	3.33	0.68	31.76	62.71	0.80
EGNet(2019)	4.49	5.23	3.75	9.20	11.28	7.12	1.85	1.75	1.95	-	-	-
SRM(2017)	6.51	10.52	2.50	12.51	21.41	3.60	7.92	13.97	1.86	-	-	-
Amulet(2017)	15.13	-	-	15.17	-	-	-	-	-	-	-	-
MiB(2020)	9.49	17.43	1.55	9.91	17.26	2.56	8.96	16.53	1.38	32.97	64.92	1.03
PSPNet(2017)	8.57	-	-	11.75	-	-	4.26	4.51	4.02	-	-	-

3）与集成学习方法的比较

目前还没有人使用集成深度神经网络来检测阴影，本节根据论文的描述实现了 5 种深度集成学习方法，具体有 4 种同质集成方法 vMCL、cMCL、MCL 和 IE，以及一种传统的异质集成方法 Stacking。

为了公平比较，每个集成模型包含 3 个与 RCMPNet 相同的子模型。由于 IE 需要同时计算多个子模型并共享底层参数，因此，为了方便实现，本节舍弃了需要复杂监督和损失作为基模型的方法，将 BDRAR 作为基模型，选择只使用阴影真值作为监督，BCE 作为损失函数。其他 3 种同质集成方法 MCL、cMCL 和 vMCL，也将 BDRAR 作为基模型。异质集成方法 Stacking 将 MTMT-Net、DSDNet 和 BDRAR 作为基模型，并采用 BCE 作为损失函数。与 RCMPNet 一样，ResNet 也被用作 Stacking 的组合器的主干网络。Stacking 输出 MTMT-Net、DSDNet 和 BDRAR 的权重。Stacking 的最终阴影预测结果是通过加权基模型的阴影图得到的。

比较结果如表 6.3 所示，在 4 个测试数据集 SBU、UCF、ISTD 和 CUHK 上，RCMPNet 的 BER 值相对于表现最好的集成学习方法降低了 20.11%、16.36%、2.4%和 7.99%。IE 的性能优于其他 3 种同质集成学习方法，其原因在于，类似 MCL 的方法要求训练数据被准确分类，例如，SVHN 和 iCoseg 可以被划分为鸟、猫、狗等，然而，对于阴影来说，很难提供一个明确的分类标准。从表 6.3 还可看出，异质集成方法比同质集成方法具有更好的性能。这是因为当前大多数基于深度神经网络的阴影检测模型都是基于特定的人类知识作为先验的。例如，MTMT-Net 引入边缘作为阴影检测的监督，DSD 引入分散区域作为监督。这些具有特殊先验的模型在一些场景中可以取得出色的效果，因此在复杂场景下，异质集成方法可以取得更好的效果。RCMPNet 与传统的异质集成方法不同，后者直接为整个图像输出一个权重，而 RCMPNet 回归了一个置信度图，用于表示不同像素可能是不同的。RCMPNet 能够在图像中利用不同阴影检测网络的优势，从而取得最佳性能。

表 6.3　本节方法和集成学习方法的比较结果

对比方法	数据集											
	SBU			UCF			ISTD			CUHK		
	BER	Shadow	Non.	BER	Shadow	Non.	BER	Shadow	Non.	BER	Shadow	Non.
RCMPNet（本节方法）	**2.98**	**3.26**	2.69	**6.75**	**8.36**	5.15	**1.61**	1.22	**2.00**	**21.29**	**39.34**	3.23
VMCL(2019)	5.32	7.45	3.20	9.01	12.64	5.39	2.37	2.27	2.46	26.11	50.04	2.18
CMCL(2017)	5.88	9.20	2.54	12.00	19.72	4.27	2.67	3.22	2.13	29.40	57.04	**1.76**
MCL(2012)	5.88	8.80	2.96	9.96	15.39	4.54	2.83	3.39	2.27	27.24	52.58	1.90
IE(2015)	4.70	6.14	3.26	10.25	15.11	5.40	2.49	2.73	2.25	26.34	50.25	2.43
Stacking	3.73	6.11	**1.35**	8.07	12.65	**3.48**	1.65	**0.93**	2.37	23.14	42.86	3.42

4）消融实验

为了评估设计选择，本节将 RCMPNet 与其消融版本进行比较，具体如下。

(1) Only forward dataflow：只使用前向数据流。

(2) Only backward dataflow：只使用后向数据流。

(3) W/o ALSTM module：两个数据流都不使用 ALSTM。

(4) Both Heavy ALSTM：两个数据流都使用重量级 ALSTM。

(5) Both Light ALSTM：两个数据流都使用轻量级 ALSTM。

(6) Full model：后向数据流使用轻量级 ALSTM，前向数据流使用重量级 ALSTM。

表 6.4 显示了模型结构消融分析的 BER 值。第 1 行和第 2 行的 BER 值表明，前向数据流和后向数据流对于提取置信度特征都是重要的，缺少其中任意一个都将明显降低模型的阴影检测准确度。当前向数据流和后向数据流在 RCMPNet 中不使用 ALSTM 子模块时，第 3 行的性能比完整模型差，这展示了引入 ALSTM 子模块在 RCMPNet 中的必要性。当前向数据流和后向数据流使用相同的架构（重量级或轻量级 ALSTM）时（第 4～5 行），性能也比完整模型差。这意味着使用不同的融合策略以适应两个方向数据流的独特特征是重要的。

表 6.4 模型结构消融分析的 BER 值

行号	消融结构	数据集			
		SBU	UCF	ISTD	CUHK
1	Only backward dataflow	6.97	13.97	10.22	40.01
2	Only forward dataflow	4.66	7.62	2.71	35.44
3	W/o ALSTM module	4.51	9.34	3.92	34.30
4	Both Heavy ALSTM	4.13	8.57	3.23	31.41
5	Both Light ALSTM	3.64	7.81	2.38	27.69
6	Full model(完整模型)	**2.98**	**6.75**	**1.61**	**21.29**

6.3 单幅图像的阴影检测算法评价

如 6.2 节所述，设计一个适用于所有真实场景的阴影检测方法是一个极大的挑战，为特定场景选择最匹配的阴影检测方法可以有效改善阴影检测的效果。然而，当前缺少判断特定阴影检测方法是否适用于给定场景图像的研究，这导致无法为待检测图像指定最为匹配的阴影检测方法。为此，本节提出了一个网络无参考阴影检测评估网络(No-reference Shadow Detection Quality Assessment Network，NSDQA-Net)，它可以在没有参考的情况下为每个候选阴影检测方法回归一个评分用以评估不同阴影检测方法的检测质量。

NSDQA-Net 包括一个质量参考构建(Quality Reference Construction，QRC)模块和一个多模式质量回归(Multi-modal Quality Regression，MQR)模块。QRC 模块主要用来构造阴影参考图，该模块用待检测图像和 n 个方法预测的该图像的阴影掩膜图组成，先对 n 个预测的阴影掩膜进行平均得到一个可信度更高的阴影图，以作为后续评估的基础。然后，使用双分支的网络来学习平均图的错误检测(False Positive，FP)与遗漏检测(False Negative，FN)两种错误。通过在平均图的基础上减去错误检测，同时补足遗漏检测来得到一个高质量的参考图。最后，提出 MQR 模块，该模块根据参考图回归不同方法的检测质量评分，并支持 3 种评分回归模式：独立回归、成对回归及将所有候选阴影检测方法批量回归。这种多模式的评分回归方式使得所提框架能够在需要同时评估不同数量的方法的各种场景中灵活高效地部署。此外，为了克服单一评估指标的局限性，本节采用多指标学习方法来监督 NSDQA-Net。

6.3.1 网络结构

图 6.7 展示了上面提出的 NSDQA-Net 的架构。网络的输入是一幅场景图像 I 和 n 个待评估阴影检测方法对 I 的阴影检测结果。输出则为候选检测方法的得分向量。NSDQA-Net 由两个模块组成，即 QRC 模块和 MQR 模块。

QRC 模块利用现有阴影检测方法获得接近真实阴影掩膜的参考图。该模块先从 N 个阴影检测算法获得检测阴影结果图集合 S_i；再计算此集合的平均值 S_{avg}，S_{avg} 代表这些算法的平均检测水平。平均图的检测错误包含错误检测和遗漏检测两种，前者包括暗色非阴影区域，后者包括明亮和微小的阴影。由于它们具有显著不同的语义信息，因此本节提出了双分支预测网络来学习并预测两个错误图 M_{fp}、M_{fn}。最后，通过在平均图 S_{avg} 的基础上去除错误检测 M_{fp} 并添加遗漏检测 M_{fn}，从而构建一个质量参考图 M_{ref}。

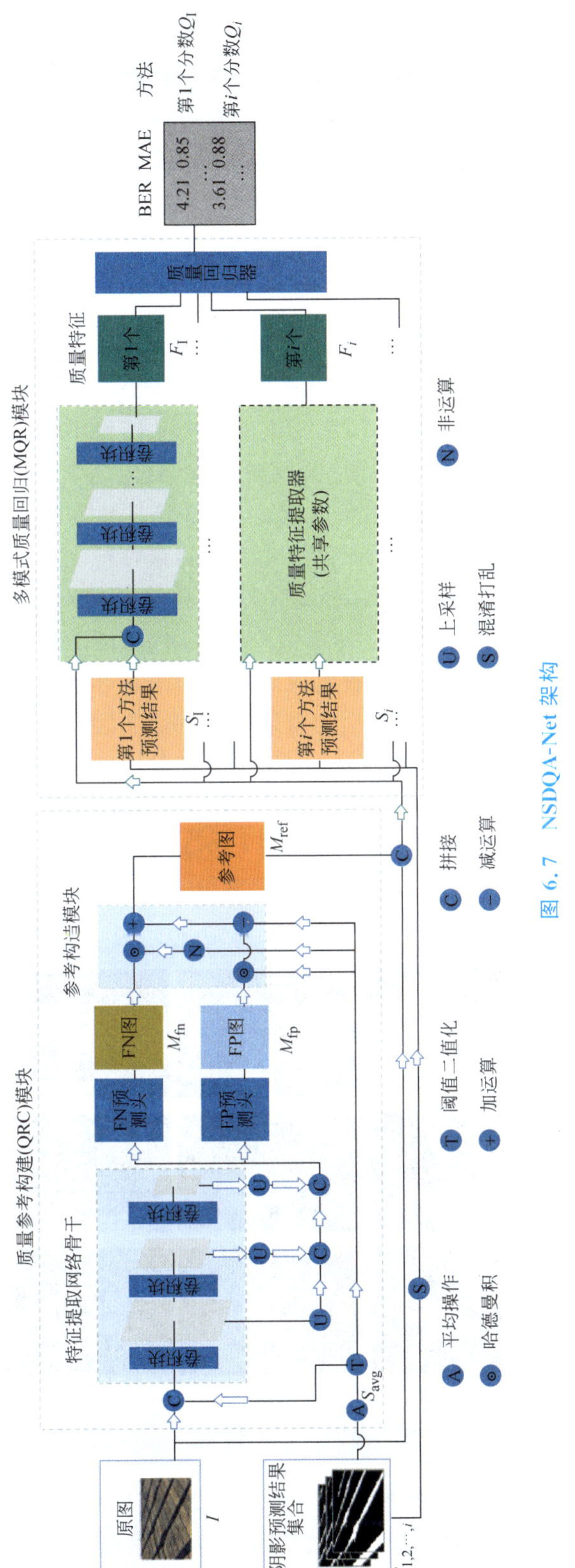

图 6.7 NSDQA-Net 架构

MQR 模块支持 3 种质量评分回归模式以处理复杂的应用场景。3 种模式均需将第 i 个阴影检测方法的阴影图 S_i、场景图像 I 和质量参考图 M_{ref} 输入特征骨干网络中，以获得其质量特征 F_i。独立回归模式使用 F_i 预测第 i 个阴影检测方法的得分 Q_i；成对回归模式使用第 i 个和第 j 个阴影检测方法检测结果的融合质量特征 $F_{i,j}$ 来预测它们的得分 $Q_{i,j}$；批量回归模式则使用 N 个阴影检测结果的融合质量特征 $F_{1,\cdots,N}$ 来预测它们的得分 $Q_{1,\cdots,N}$。

6.3.2 质量参考构建模块

计算阴影检测指标需要已知阴影检测结果的真实值。因此，对于无参考评估任务，恢复一个接近真实的参考图是关键一步。由于已获得不同阴影检测算法在输入场景中的阴影检测结果，因此借助上述信息构建参考图比仅从场景图像中学习更加高效。为此，先对所有阴影检测结果的掩膜 S_i 进行平均，再根据阈值(设为 0.5)得到二值化的平均阴影图 S_{avg}。为了估计 S_{avg} 的假正区域和假负区域，本节将其与输入的阴影图像 I 连接起来，并将连接结果发送到一个特征提取的骨干网络中提取错误特征。为了保持网络的高效性，本节方法使用了轻量级的 CNN 网络 EfficientNet-v2，移除原始网络的头部后进行多层特征提取。

现有阴影检测方法的检测误差的视觉效果对比如图 6.8 所示，检测结果的错误主要表现为错误检测和遗漏检测。由于高层次的全局语义特征无法保留细微的边界特征，因此可将浅层的局部特征和深层的全局特征结合起来生成细粒度的误检区域。然后，设计两个独立的预测网络头来学习假正图 M_{fp} 和假负图 M_{fn}，它们分别对应于错误检测和遗漏检测。两个头部预测网络的结构相同，网络结构如图 6.9(a)所示，由卷积层、批量归一化和卷积层(Conv+BN+Conv)组成。这两个网络头部虽然共享相同的结构，但其参数是独立优化的。

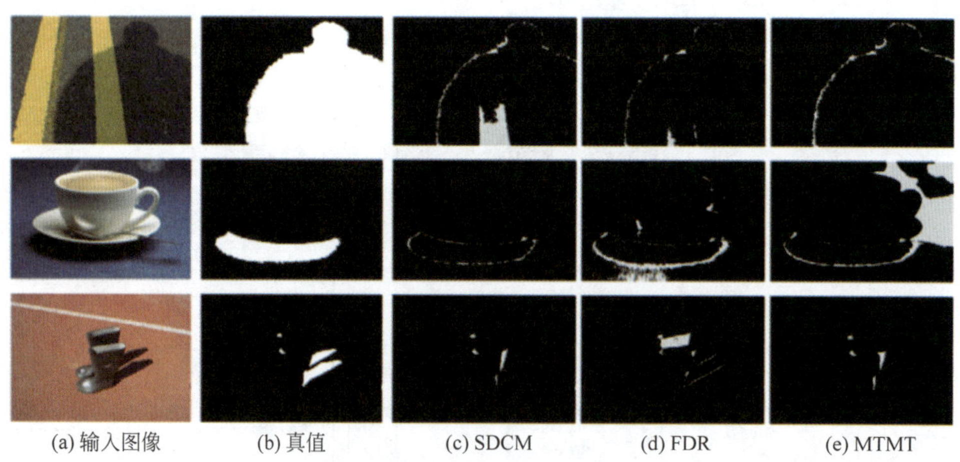

图 6.8　现有阴影检测方法的检测误差的视觉效果对比

在具有真实值的阴影检测评估中，S_{avg} 中的 FP 和 FN 分别表示阴影区域的错误检测和非阴影区域的遗漏检测。然而，由于 M_{fp} 和 M_{fn} 是在没有参考的情况下估计的，因此它们可能仍然存在一些错误。此时，可先从 S_{avg} 的阴影区域减去错误检测 M_{fp}，再添加非阴

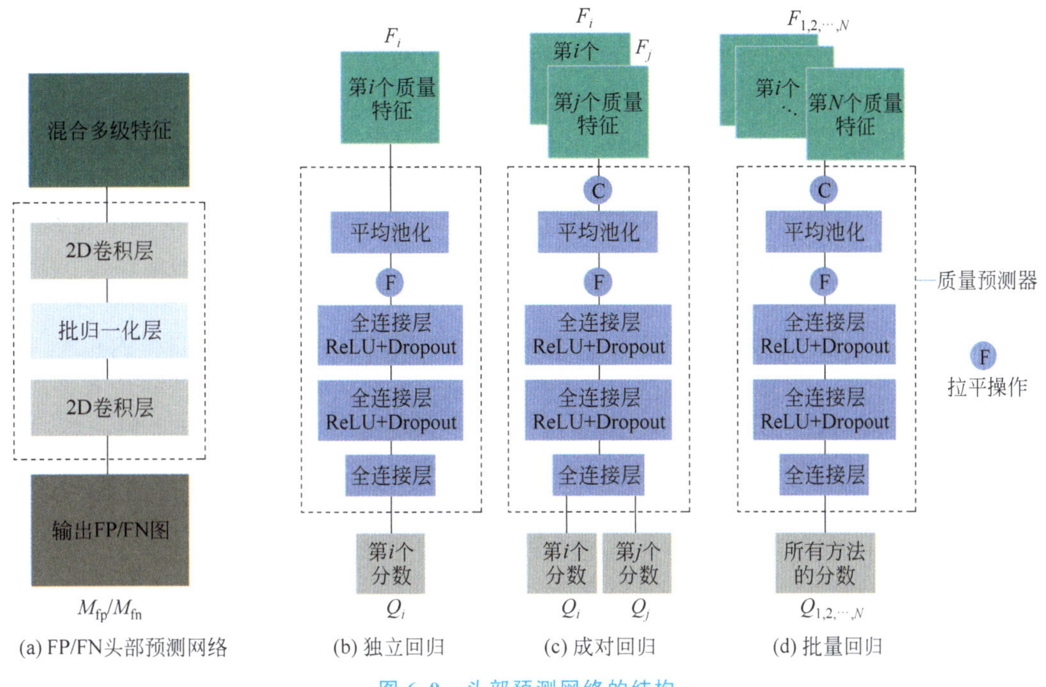

图 6.9 头部预测网络的结构

影区域的错误检测 M_{fn}，从而提高生成的参考图 M_{ref} 的准确性，具体如下：

$$M_{ref} = S_{avg} + (1 - S_{avg}) \odot M_{fn} - S_{avg} \odot M_{fp} \tag{6.11}$$

6.3.3 多模式质量回归模块

由于 QRC 模块估计的阴影参考图与真实值仍存差异，因此直接用其计算质量得分将会产生较大的误差。为了解决这一问题，本节提出了一个由质量特征提取主干和质量预测器组成的网络，用于候选方法得分的回归。如图 6.7 所示，将参考图 M_{ref}、第 i 个检测结果 S_i 与阴影场景图像 I 连接起来，然后将它们输入特征提取主干中，提取第 i 个质量特征图 F_i，其中特征提取主干使用已去除网络头部的 EfficientNet-v2-s。提取特征图后的结果则如图 6.9(b)～图 6.9(d)所示，利用估计的质量特征 $F_1, F_2, \cdots, F_N$ 来预测阴影检测方法的质量得分 Q_{pre}。为使评估网络适应不同应用场景，开发了 3 种不同的模式来对质量得分进行回归，这 3 种模式分别为独立回归、成对回归和批量回归。

不同模式中的预测器由平均池化(AvgPooling)层、Flatten 操作和两个全连接(FC)块组成。每个 FC 块包含具有 ReLU 激活函数和随机失活(dropout)层的全连接层(FC+ReLU+Dropout)，以及用于输出的全连接层(FC)。所有预测器使用相同的结构，只是输入通道和输出通道不同。输入通道和输出通道根据合并特征的数量和输出参数的数量分别设置。下面将分别对各模式进行说明。

(1) 独立回归模式：独立回归模式如图 6.9(b)所示。该模式中的预测器直接逐个回归候选方法的质量得分，适用于候选阴影检测方法数量不确定的情况。这是 3 种预测模式中最直观的一种，每个候选方法都被公平对待。由于需要回归 N 次以获取 N 种方法的所有质量得分，因此相对比较耗时。

(2) 成对回归模式：成对回归模式会学习两种方法之间的差异，对应回归模式如图 6.9(c)所示。可采用成对回归来捕捉阴影检测结果中的细节差异，使网络能够准确地从两个输入阴影图中找到更好的结果。成对回归准确地估计了两种方法之间的相对质量得分，但它需要进行 C_n^2 次成对推理才能完成对所有 N 个阴影检测算法的回归，不同的配对会导致不同阴影检测算法的得分不同。为了解决这个问题，实验将训练和测试过程中使用的第 i 个和第 $i+1$ 个阴影检测方法的结果作为输入对，这样就将训练和推理时间缩短到 N。在对场景进行成对推理后，通过对所有相对质量得分取平均来获得方法的最终输出质量得分。

(3) 批量回归模式：从特征融合的角度来看，独立回归模式和成对回归模式一次只能看到一个或两个方法的特征，需要探索将更多特征进行融合的模式。为了获得所有方法的得分，独立回归和成对回归需要进行 N 次回归，这降低了评估效率。批量回归模式如图 6.9(d)所示，它通过探索多级特征融合的有效性开发了一个一次回归所有方法质量得分的预测器，从而提高了评估效率。

在成对回归和批量回归中，质量特征的固定输入顺序可能会导致网络学习到一个固定输入顺序的质量排序，这样的输入顺序会对特征本身的学习造成干扰，从而影响测试阶段的随机顺序的评估质量。因此，在训练过程中需要对输入的阴影检测图像及其对应的质量得分标签打乱重排，以防止网络学习到固定的质量得分排序。

6.3.4 损失函数

损失函数包含两项，分别对应于 NSDQA-Net 的两个不同模块，即 QRC 模块的损失函数 L_{ref} 和 MQR 模块的损失函数 L_{quality}，NSDQA-Net 的总损失函数为：

$$L_{\text{total}} = \lambda L_{\text{ref}} + L_{\text{quality}} \tag{6.12}$$

其中，λ 为权重参数，在实验中被设为 0.5。

QRC 模块的损失函数 L_{ref} 用于监督恢复的参考图。如图 6.8 所示，检测结果中错误检测像素的数量明显小于正确检测像素的数量，为避免这两个区域的监督出现不平衡现象，实验引入了加权交叉熵(Weighted Cross Entropy，WCE)损失，可重新平衡不同区域的损失。对于给定的平均阴影图 S_{avg} 和阴影检测的真实值 G，通过 G 和 S_{avg} 之间的差异计算出假正图的真值 G_{fp} 和假负图的真值 G_{fn}：

$$G_{\text{fp}} = G - G \cap S_{\text{avg}}, \quad G_{\text{fn}} = (1-G) - (1-G) \cap (1-S_{\text{avg}}) \tag{6.13}$$

模块损失 L_{ref} 可以通过计算两种错误图与真实值之间的 WCE 损失获得：

$$L_{\text{ref}} = \text{WCE}(M_{\text{fp}}, G_{\text{fp}}) + \text{WCE}(M_{\text{fn}}, G_{\text{fn}}) \tag{6.14}$$

其中，M_{fp} 和 M_{fn} 分别为预测的假正图和假负图，$\text{WCE}(M_{\text{fp}}, G_{\text{fp}})$的计算公式为：

$$\begin{aligned}\text{WCE}(M_{\text{fp}}, G_{\text{fp}}) = {} & w(G_{\text{fp}}) \sum_k G_{\text{fp}}(k) \cdot \log(M_{\text{fp}}(k)) + \\ & (1 - w(G_{\text{fp}})) \sum_k (1 - G_{\text{fp}}(k)) \log(1 - M_{\text{fp}}(k))\end{aligned} \tag{6.15}$$

其中，k 表示图像中的像素，$w(G_{\text{fp}})$为权重系数，其计算方法为：

$$w(G_{\text{fp}}) = \frac{\sum_k (1 - G_{\text{fp}}(k))}{\sum_k (G_{\text{fp}}(k)) + \sum_k (1 - G_{\text{fp}}(k))} \tag{6.16}$$

$\mathrm{WCE}(M_{\mathrm{fn}}, G_{\mathrm{fn}})$也使用相同的方法计算。

损失函数的第二项用于监督 MQR 模块的质量得分。具体而言，使用 $L2$ 距离计算质量得分的误差。对于独立回归模式和批量回归模式，前者单独回归每一个质量分数然后堆叠所有分数，后者一次回归所有的质量分数，总的质量损失计算如下所示：

$$L_{\text{quality}} = \sum_{l=1}^{2} (Q_l - GQ_l)^2 \tag{6.17}$$

其中，Q 是所有方法的输出质量得分，GQ 是真实值，l 表示使用的质量度量。本节一共使用两种质量度量：平衡错误率（Balance Error Rate，BER）和平均绝对误差（Mean Absolute Error，MAE）。

对于成对回归模式，由于它需要多个配对来完成所有算法的质量预测，因此需要同时监督指标输出的单次推理结果 $Q_{i,l}$ 和最终的平均结果 $\bar{Q}_l$。质量损失计算如下所示：

$$L_{\text{quality}} = \sum_{i=1}^{N} \sum_{l=1}^{2} ((Q_{i,l} - GQ_{i,l})^2 + (Q_{j,l} - GQ_{j,l})^2) + \sum_{l=1}^{2} (Q_l - GQ_l)^2 \tag{6.18}$$

其中，i 和 j 表示所用方法的序号，j 可通过 i 计算：

$$j = \begin{cases} i+1, & i < N \\ 0, & i = N \end{cases} \tag{6.19}$$

6.3.5 训练和测试策略

为加快训练速度，本节使用在 ImageNet 上预训练的参数来初始化 QRC 和 MQR 模块的特征骨干，其他参数随机初始化。使用权重衰减为 5×10^{-4} 和动量为 0.9 的 SGD 优化器来优化 QRC 模块的参数，初始学习率设置为 10^{-3}，并按照 StepLR 策略以步长 1000 和 gamma 为 0.99 进行调整。MQR 模块的参数由带有权重衰减为 0.1 的 Adam 优化器进行优化，初始学习率设置为 10^{-4}，并按照余弦退火策略进行调整，$T_{\max}$ 设置为 50。为了降低优化难度，依次分别优化这两个模块。训练数据通过随机水平和垂直翻转进行增强，图像被调整为 224×224。本方法使用单张 RTX 3090Ti 的显卡进行训练，在批量大小为 16 的情况下，进行 250 轮的训练。测试时，将输入图像和阴影检测结果调整为 224×224 的大小，并将其输入到提出的模型中预测质量得分。

6.3.6 实验与结果分析

1. 数据集

NSDQA-Net 支持对 N 个阴影检测算法进行评估。为了减少训练时间，本节选择了 3 个最先进的阴影检测方法 MTMT、DSD 和 BDRAR，来验证 NSDQA-Net 的有效性。实验在 4 个基准阴影检测数据集 SBU、ISTD、UCF 和 CUHK 上进行。SBU 包含 4085 个训练图像和 637 个测试图像；ISTD 包含 1330 个训练图像和 540 个测试图像；UCF 包含 245 个训练图像和 110 个测试图像；CUHK 包含 7350 个训练图像、1050 个验证图像和 2100 个测试图像。对于 SBU、ISTD 和 UCF，本节使用上述阴影检测方法的作者提供的模型来进行阴影检测。由于 CUHK 是最新的阴影数据集，大多数方法没有在其上进行过训练，因此需先在 CUHK 上训练上述阴影检测方法，再获得它们的阴影检测结果。

对于这 4 个阴影检测数据集，先根据每个阴影检测方法获得相应的阴影检测结果 S；再利用 S 和相应的阴影检测真实值计算出检测方法的质量得分 GQ；然后，对于每个阴影检测方法，提取出假正图的真值 G_{fp} 和假负图的真值 G_{fn}；最后，根据获取的上述数据即可实现 NSDQA 基准数据集的构建，其中原始图像、不同阴影检测方法的阴影检测结果和阴影检测结果真值作为数据存储，而 GQ、G_{fp} 和 G_{fn} 则作为对于这些数据的标注。

2. 评估指标

本小节将讨论当前常用的阴影检测结果度量指标和阴影检测质量评估结果度量指标，前者主要用来衡量某一阴影检测方法所获取阴影检测结果的质量，后者则用来评价某一阴影检测质量评估方法对于给定阴影检测结果质量评判的准确性。

阴影检测评估指标。阴影检测是一个二分类问题，当前最流行的检测评估指标是 BER，它考虑了阴影区域和非阴影区域的检测准确性。为了更直观地衡量误分类像素的数量，本节还引入了 MAE 指标来衡量阴影检测掩膜的平均误差。BER 和 MAE 的计算方式如下：

$$\mathrm{BER}=100\times\left(1-\frac{\mathrm{TP}/P+\mathrm{TN}/N}{2}\right),\quad \mathrm{MAE}=100\times\left(1-\frac{\mathrm{TP}+\mathrm{TN}}{P+N}\right) \tag{6.20}$$

其中，TP、TN、T 和 N 分别表示正确检测到的阴影像素数量、正确检测到的非阴影像素数量、真值中的阴影像素数量和真值中的非阴影像素数量。

阴影检测质量评估结果度量指标。使用预测质量分数与参考质量分数之间的相关系数来评估 NSDQA 任务。这些相关系数通常在无参考显著性检测评估 NSaQA 方法中使用，包括 Pearson 线性相关系数(Pearson linear correlation coefficient，PLCC)、Spearman 秩相关系数(Spearman rank-order correlation coefficient，SROCC)和 MAE。SROCC 和 PLCC 用来衡量网络输出 Q 与真实得分 GQ 之间的相关性。数值越接近 1 或 −1，相关性越强。MAE 用于衡量回归任务中预测值与实际值之间的距离，即回归误差。

3. 与已有方法的比较

本节首次提出了无参考阴影检测质量评估(No-reference Shadow Detection Quality Assessment，NSDQA)方法，目前还没有可供比较的方法。但是，注意到无参考显著性检测评估(No-reference Segmentation Quality Assessment，NSaQA)也是一项二分类评估任务，并且可以轻松转化为 NSDQA 任务，因此本节方法可与 NSaQA 方法进行比较。本节选择了 3 个最新的显著性评测网络 DSQAN、MIF 和 CASC。公平起见，将上述 3 个显著性评测网络在 NSDQA 基准数据集上进行训练和测试，并保持其设置与其对应论文中的一致。

表 6.5 显示了 NSDQA-Net 和 3 种 NSaQA 方法在 4 个 NSDQA 数据集上的回归质量比较，此次比较使用 SROCC、PLCC 和 MAE 3 个指标进行评估。每个指标中的最佳结果被标记为粗体。可以看到，NSDQA-Net 通过学习排除错误预测区域来建立质量参考图，准确地捕捉到了不同阴影检测方法结果中的检测缺陷，实现了最佳的质量回归性能。与第二名的方法 CASC 相比，NSDQA-Net 的成对回归模式在 SBU、ISTD、UCF 和 CUHK 上的

MAE 得分分别降低了 10.67%、8.95%、7.64%和 5.62%。对于提出的 3 种回归模式，由于成对回归模式的特征融合有助于网络在训练阶段学习质量特征之间的相关性，因此它在保持较低 MAE 的同时获得了更高的 SROCC 和 PLCC 值。批量回归模式在简单的数据集 ISTD 和 UCF 上获得了最低的 MAE 值，然而在 SBU 和 CUHK 上，它的 MAE 性能不如成对回归模式和独立回归模式，这是因为融合所有阴影检测结果的特征会带来较大的不确定性，同时会引入大量局部最优信息。因此，批量模式在低复杂度的数据集(如 ISTD 和 UCF)上的评估性能比在复杂度较高的数据集(如 CUHK)上更高。

表 6.5 NSDQA-Net 与 3 种 NSaQA 方法在 4 个 NSDQA 数据集上的回归质量比较

度量指标	方 法	SBU	ISTD	UFC	CUHK
SROCC	DSQAN	0.543	0.58	0.557	0.618
	MIF	0.517	0.595	0.643	0.708
	CASC	0.651	0.701	0.611	0.731
	本节方法(Indep.)	0.698	0.759	0.563	0.75
	本节方法(Pair.)	**0.743**	**0.791**	0.683	**0.752**
	本节方法(Batch)	0.701	0.699	**0.684**	0.743
PLCC	DSQAN	0.403	0.496	0.430	0.528
	MIF	0.410	0.423	0.638	0.651
	CASC	0.572	0.439	0.611	0.654
	本节方法(Indep.)	0.626	0.552	0.542	0.676
	本节方法(Pair.)	**0.660**	**0.576**	0.617	**0.684**
	本节方法(Batch)	0.640	0.505	**0.645**	0.677
MAE	DSQAN	3.000	1.529	4.916	3.969
	MIF	3.020	1.496	4.731	3.475
	CASC	2.623	1.386	4.267	3.158
	本节方法(Indep.)	**2.472**	**1.375**	**4.488**	3.041
	本节方法(Pair.)	2.344	1.303	3.941	3.079
	本节方法(Batch)	2.436	1.262	4.076	**3.105**

图 6.10 进一步展示了本节评估方法的对比效果。从图中可以看出，参考构建模块预测的错误图(图 6.10(b)，$M_{fp}+M_{fn}$)覆盖了大部分阴影错误检测区域，甚至还能够识别出阴影边界等细小的错误识别区域。与错误图的真值(图 6.10(c)，$G_{fp}+G_{fn}$)相比，本节方法准确预测了大部分错误的阴影检测区域。例如，在第一个场景中，由于图像左下角的建筑窗户是黑色的，并且与阴影相似，因此 BDRAR、DSD 和 MTMT 等阴影检测算法都错误地将它们检测为阴影，而本节提出的网络在预测错误图时准确地捕捉到了这些误检情况。图 6.10(d)展示了通过本节提出的 QRC 模块估计的参考图，可以看到本节方法有效地消除了误检和漏检区域，与现有方法相比，得到了更好的阴影掩膜。例如，在第一个场景中，左下角被阳光照射的窗户的大部分区域被准确地判定为非阴影；在第三个场景中，阴影内部的非阴影区域被正确地识别出来。

4. 阴影检测

如 6.2 节所述，由于阴影的复杂性和多样性，因此在实际场景中设计一个适用于所有情况的阴影检测算法是具有挑战性的。本节的阴影检测评估方法可为输入的待检测图像匹

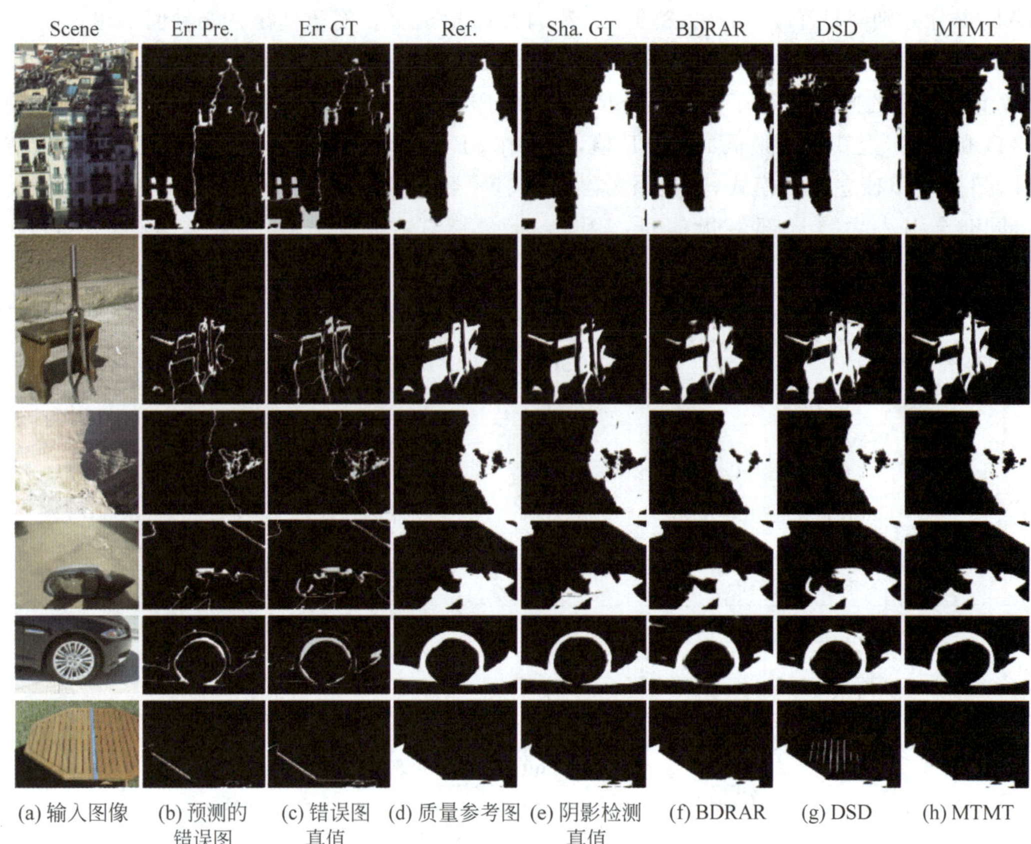

(a) 输入图像 (b) 预测的错误图 (c) 错误图真值 (d) 质量参考图 (e) 阴影检测真值 (f) BDRAR (g) DSD (h) MTMT

图 6.10 评估方法的对比结果

配最佳的阴影检测方法，进而提高阴影识别效果。具体而言，给定一个场景图像和 N 个阴影检测方法，先通过所提出的方法预测 N 个 BER 分数；再按照 BER 分数对方法进行排序，将排名第一的方法获得的阴影检测结果作为输入图像的最终阴影检测结果。本节会在 SBU、ISTD 和 UCF 3 个数据集上进行评估，以探索与最佳阴影检测方法匹配的阴影检测策略。

将本节提出的与最佳阴影检测方法匹配的阴影检测策略与 8 种最先进的阴影检测方法在阴影检测基准数据集 SBU、ISTD 和 UCF 上进行比较，阴影检测质量评估分数通过成对回归模式估计，阴影检测量化评估结果如表 6.6 所示(最佳 BER 值加粗显示，该表中各项数值均越小越好，-表示原论文没有提供此数据)。可以看到，本节提出的与最佳阴影检测方法匹配的阴影检测策略在 BER 度量上超过了现有阴影检测方法。与第二好的方法 SDCM 相比，本书方法在 SBU、ISTD 和 UCF 数据集上的 BER 分数分别降低了 1.38%、2.08%和 3.72%。需要说明的是，用于对比的阴影检测方法只能在单个评估指标(如阴影或非阴影错误率)上达到最佳性能，在具有丰富和多样化场景的数据集上，很难在整个数据集上实现全局最优性。例如，DSC 在 SBU 和 UCF 数据集上达到了最佳非阴影区域检测精度，但其整体 BER 值显著高于本节方法。SDCM 和 MTMT 在 ISTD 数据集上也存在类似情况。

表 6.6 阴影检测量化评估结果

对比方法	数据集											
	SBU			UCF			ISTD			CUHK		
	BER	Shadow	Non.	BER	Shadow	Non.	BER	Shadow	Non.	BER	Shadow	Non.
R2D(2023)	3.15	**2.74**	3.56	1.69	0.59	2.79	6.96	8.32	5.6	3.15	**2.74**	3.56
SDCM(2022)	2.89	3.37	2.42	1.44	1.19	**1.69**	6.72	8.4	5.03	2.89	3.37	2.42
FDRNet(2021)	3.51	3.39	3.63	1.81	1.57	2.05	6.73	7.23	6.23	3.51	3.39	3.63
MTMT(2020)	3.45	3.73	2.57	1.72	1.36	2.08	7.47	10.31	4.63	3.45	3.73	2.57
DSD(2019)	3.45	3.33	3.58	2.17	1.36	2.98	7.59	9.74	5.44	3.45	3.33	3.58
BDRAR(2018)	3.64	3.40	3.89	2.69	**0.50**	4.87	7.81	9.69	5.94	3.64	3.40	3.89
DC-DSPF(2018)	4.90	4.07	5.10	-	-	-	7.90	6.50	9.30	4.90	4.07	5.10
ADNet(2018)	5.37	4.45	6.30	-	-	-	9.25	8.37	10.14	5.37	4.45	6.30
DSC(2018)	5.59	9.76	**1.42**	3.42	3.85	3.00	10.54	18.08	**3.00**	5.59	9.76	**1.42**
ST-CGAN(2018)	8.14	3.75	12.53	3.85	2.14	5.55	11.23	**4.94**	17.52	8.14	3.75	12.53
patched-CNN (2018)	11.56	15.60	7.52	-	-	-	-	-	-	11.56	15.60	7.52
本节方法(pair.)	**2.85**	2.88	2.81	**1.41**	0.81	2.01	**6.47**	7.278	5.66	**2.85**	2.88	2.81

6.4 基于边缘跟踪的在线视频阴影检测

在AR应用中，由于真实场景信息多是通过在线视频的形式输入的，因此在处理虚实融合光影一致性时，在线模拟真实物体与虚拟物体之间的阴影投射效果是必须要解决的问题，而从在线视频中实时检测出真实阴影则是实现这一效果的第一步。现有阴影检测研究大多针对单幅图像，借助深度学习技术，取得了较好的阴影检测效果，但是这类方法往往没有考虑视频前后帧的时间一致性和几何一致性，在光照和噪声的影响下容易造成视频阴影检测结果的不稳定，导致虚实融合结果中出现投射在虚拟物体表面的真实阴影时有时无的错误。少量针对视频的阴影检测方法均关注固定视点下拍摄视频的阴影检测，这类方法利用固定视点的视频容易获取背景参考图像的优势，使用背景差分法对阴影进行检测和识别，但是AR中使用的视频多在视点移动的情况下捕获，不存在参考图像，并且新的阴影区域也会随着视点的移动不断进入画面，导致上述基于固定视点的视频阴影检测方法失效。

本节针对上述问题，面向移动视点在线视频，提出了一种基于边缘跟踪的室外场景在线视频阴影检测方法。假设相机平缓移动，则场景平缓地进入视频，在此基础上该方法将每一个视频帧分为一个跟踪区域(Tracked Region，TR)(该区域是通过光流算法计算前后相邻两帧重叠的区域)和一个新进区域(Emerging Region，ER)(该区域由于视点移动而被新引入场景)。随后，根据阴影边缘的亮度等信息提取多维特征，针对TR和ER进行不同的处理：在TR中，这些特征被用于校正TR的阴影边缘偏差，从而对已有的阴影边缘结果实现稳定的跟踪；在ER中，这些特征通过改进的贝叶斯学习模块检测ER的阴影边缘，并且引入阴影的空间布局约束消除误检。

6.4.1 算法结构概述

本节将介绍基于边缘跟踪的室外场景在线视频阴影检测方法的结构，具体如下。

(1) 将当前帧 $I(t+\Delta t)$ 分为两个区域 TR 和 ER。具体地讲，通过光流方法计算平均光流，由上一帧 $I(t)$ 跟踪得到的区域为 TR，从当前帧 $I(t+\Delta t)$ 减去 TR 得到 ER。

(2) 使用不同方法分别处理 TR 和 ER。在 TR 中稳定跟踪上一帧中已检测到的阴影边缘，而在 ER 中则尝试从 Canny 边缘区分出阴影边缘和非阴影边缘。

(3) 在跟踪过程中，为了减少光流的累积误差，引入 Sigmoid 模型进行校正，然后，对 TR 中的阴影边缘特征和非阴影边缘特征进行采样训练，利用基于自学习的改进贝叶斯分类器对 ER 的所有 Canny 边缘进行预测。

(4) 利用空间布局约束对 ER 的误检测阴影边缘进行筛选，并进一步利用区域生长对可能存在的断边进行完整性优化。

本节方法流程如图 6.11 所示。该方法需要视频首帧的阴影检测结果，它在首帧上使用基于单幅图像的阴影检测方法（6.2 节、6.3 节中介绍的方法）来提供首帧的阴影边缘结果。当遇到复杂场景时，这些检测方法的检测结果可能存在误差，可通过对结果进行手动微调以保证首帧初始化的准确性。

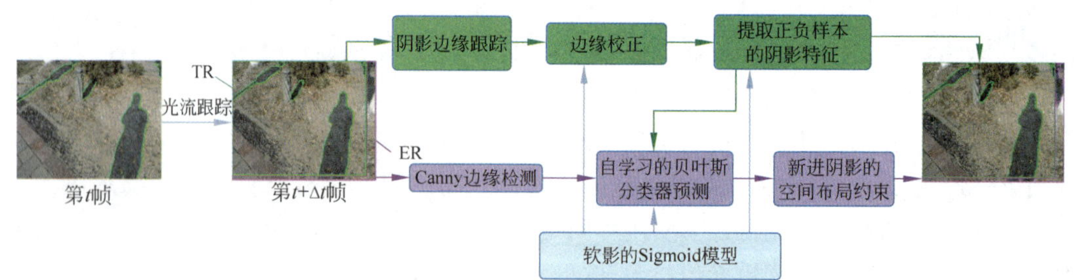

图 6.11 本节方法流程

6.4.2 跟踪区域中阴影边缘的校正

1. 阴影边缘和非阴影边缘的差异

为了区分图像中的阴影边缘和非阴影边缘，需要探索这两类边缘的差异，本节引入 sigmoid 函数来描述边缘特征，以实现对边缘差异的比较。在比较过程中，需要提取图像中的边缘信息。为提高边缘检测的准确性，可对当前帧原图像 $I(t)$ 使用双边滤波以降低图像噪点对方法的影响，并将图像从 RGB 空间转换至 HSV 空间，然后利用 V 通道上的亮度信息实现对边缘特征的分析。对于局部 Canny 边缘 l 上的像素点 p，记该点处的梯度方向为 $\boldsymbol{G}_l(p)$，在局部边缘 l 的两侧分别均匀采样 k 个像素点，将它们的亮度值构成一个向量，记作：

$$\boldsymbol{N}_{2k+1}(p)=(I_{p_{-k}},\cdots,I_p,\cdots,I_{p_k}) \tag{6.21}$$

其中，p_{-k} 和 p_k 代表距离像素点 p 有 k 个像素距离的像素点。为了减少材质对亮度值的影响，对 $\boldsymbol{N}_{2k+1}(p)$ 计算相对偏移向量，记 $\bar{I}$ 为采样点的亮度平均值：

$$\overline{\boldsymbol{N}}_{2k+1}(p)=\left(\frac{I_{p_{-k}}-\bar{I}}{\bar{I}},\cdots,\frac{I_{p}-\bar{I}}{\bar{I}},\cdots,\frac{I_{p_{k}}-\bar{I}}{\bar{I}}\right) \tag{6.22}$$

在本节实验中，取 $k=5$，即可使 $\boldsymbol{N}_{2k+1}(p)$ 由阴影区域跨越到非阴影区域。

令 $\boldsymbol{G}_l(p)$ 为 x 轴的正方向，$\overline{\boldsymbol{N}}_{2k+1}(p)$ 为 y 轴，p 为原点，x 轴上的值代表相对于点 p 的位置，图 6.12 中展示了两个真实场景中非阴影边缘和阴影边缘的拟合结果(黑色三角形为亮度的相对偏移值)。可以看到，阴影边缘(在图 6.12(a)和图 6.12(b)中以黄色和蓝色显示)沿着 $\boldsymbol{G}_l(p)$ 方向从阴影一侧到非阴影一侧平滑、稳定地增加，而非阴影边缘(以绿色和紫色显示)的两侧像素的亮度相对偏移量则突然改变。为了能够更加方便地描述边缘特征，可利用 Sigmoid 函数拟合图 6.12 中的离散数据点。不难发现，阴影边缘和非阴影边缘的差异在于从阴影区域到非阴影区域所跨越的像素个数，即软影的宽度。

记 f 为拟合的 Sigmoid 函数，根据 Sigmoid 函数的数学定义，Sigmoid 一阶导 f' 具有两个拐点，记作 x_1 和 x_r，在这两个坐标之间一阶导的凹凸性不变，并且 x_1 和 x_r 关于软影区域中点对称，软影宽度即可通过 $\omega=|x_1-x_r|$ 来计算。

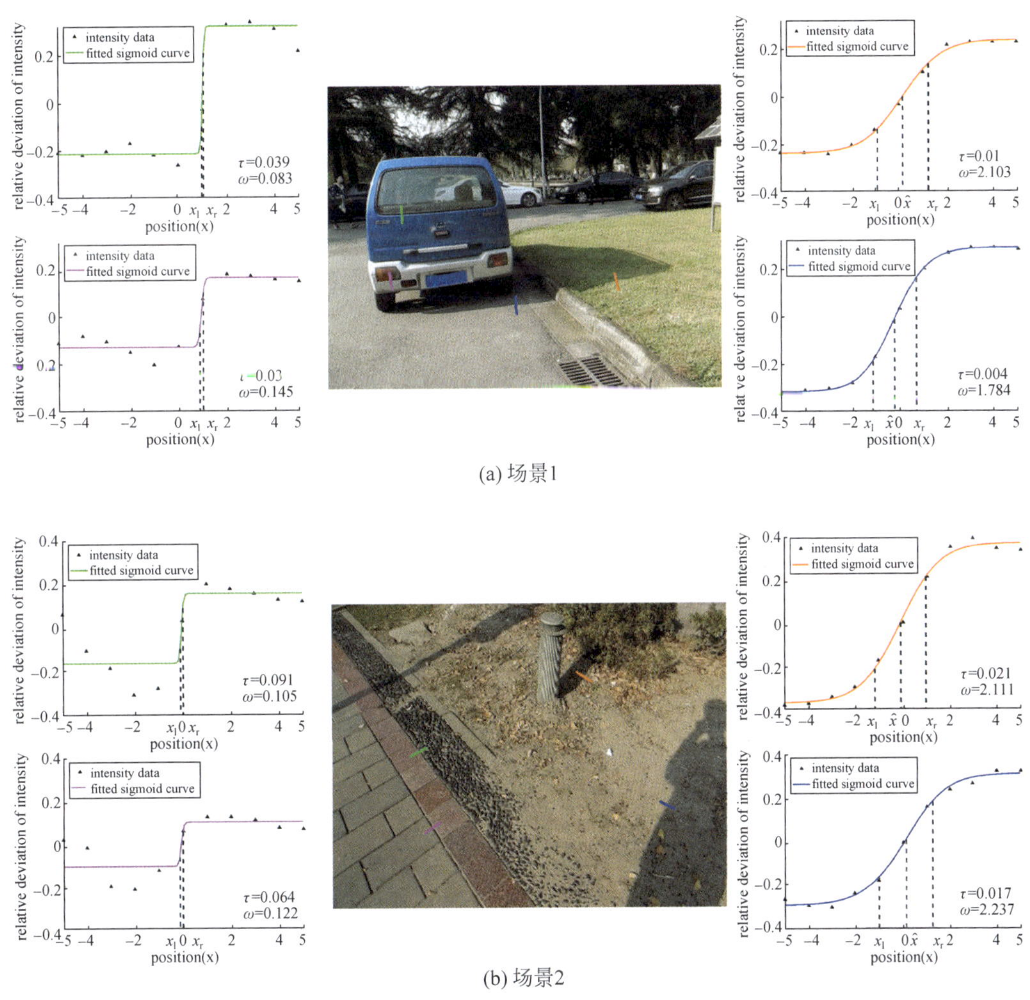

(a) 场景1

(b) 场景2

图 6.12　两个真实场景中非阴影边缘(左)和阴影边缘(右)的拟合结果

除了软影宽度，使用均方根误差（Root Mean Square Error，RMSE）公式计算的 Sigmoid 函数的拟合误差 τ 也是区分阴影边缘和非阴影边缘的一个重要线索。尽管可能会出现阴影边缘和非阴影边缘拟合误差都很小的情况，但拟合误差大或者无法拟合的边缘很大可能不是阴影边缘。

2. 基于 Sigmoid 模型的阴影边缘校正

为了保证视频阴影检测方法的稳定性并避免重复检测，可使用光流方法跟踪上一帧 $I(t)$ 的阴影边缘，将其作为当前帧 $I(t+\Delta t)$TR 中的阴影边缘。由于光流方法存在计算误差，因此，随着帧数的增加，跟踪的阴影边缘与实际阴影边缘的偏差将逐渐增大。Jacobs 等人提出根据场景几何形状和光源来计算初始阴影边缘，再检测初始阴影边缘附近的 Canny 边缘，以消除由于光源位置估计的不准确和场景几何形状的误差而引起的检测偏差。借助该思想，可尝试在跟踪阴影边缘附近检测更为准确的阴影边缘来修正阴影跟踪结果。然而，Canny 边缘检测器很难检测到软影的完整边界，并且其对阈值较为敏感，这导致同一视频不同帧的边缘检测结果不一致，从而造成相邻帧之间的边缘抖动。直接使用附近的 Canny 边缘替换跟踪的阴影边缘还会引入新的错误的阴影边缘。如图 6.13 所示，鹅卵石路和灌木附近的区域错误的边缘便是直接使用附近的 Canny 边缘的结果。

(a) 第2帧(左)第20帧(右)

(b) 第45帧(左)第95帧(右)

图 6.13　直接使用附近的 Canny 边缘的结果

为了克服 Canny 边缘检测存在的问题，本节方法在跟踪边缘 l' 上的像素点 p' 的梯度方向 $\boldsymbol{G}_{l'}(p')$ 上采样 $2k+1$ 个像素点，然后根据亮度相对偏移值向量拟合出一个 Sigmoid 函数。但和真实阴影边缘拟合不同的是，真实阴影边缘的 Sigmoid 函数的原点理论上就是软影区域的中点，即达到亮度变化率最大值的横坐标。然而利用跟踪边缘拟合的 Sigmoid 函数的原点会因为跟踪误差导致其与软影区域中点存在一定距离。因此，需要对其进行校正，校正误差的方法如下。

(1) 软影区域中点计算：寻找拟合的 Sigmoid 函数亮度变化最大处对应的像素点，将其作为中点。

(2) 中点代替跟踪边缘像素点：将跟踪得到的边缘像素点沿梯度方向位移至估计的中点，并将中点作为新的阴影边缘点。

(3) 对每一帧进行校正：对每一帧的跟踪边缘都进行类似的校正操作，以降低累积误差，这是为了确保误差校正应用到每一帧，防止误差在时间上的积累。

图 6.14 展示了边缘校正结果，分别是视频的第 20 帧、45 帧、95 帧，图 6.14(a)为光流跟踪结果，可以非常明显地看出，随着视频推移绿色的跟踪边缘逐渐偏移；图 6.14(c)是对跟踪边缘的某像素点的拟合结果。如上所述，原点(跟踪边缘像素点 p')不会和软影区域中点计算值 $\hat{x}$ 重合，并且随着视频推移，差距也会越来越大，这从数据上展示了光流误差累积的过程；图 6.14(b)则是每一个视频帧都利用 Sigmoid 模型校正的结果，可以看到视频进行到 95 帧时跟踪边缘依然稳定且准确。注意到，部分校正后的跟踪边缘有所缺失(图 6.14 中的红框区域)，这是由于复杂纹理及图像噪点干扰使得某些阴影边缘求取梯度方向时出现错误导致采样有误或者阴影边缘两侧的像素值失真，从而可能出现拟合曲线扭曲被错判为非阴影边缘或者拟合失败等错误情况。为了保证校正的准确性，当出现上述情况时，方法会删除跟踪边缘像素点并且放弃校正，这会导致产生部分缺失边缘。为此我们将利用区域生长方法对缺失边缘进行完整性优化，细节将在 6.4.3 节中具体阐述。

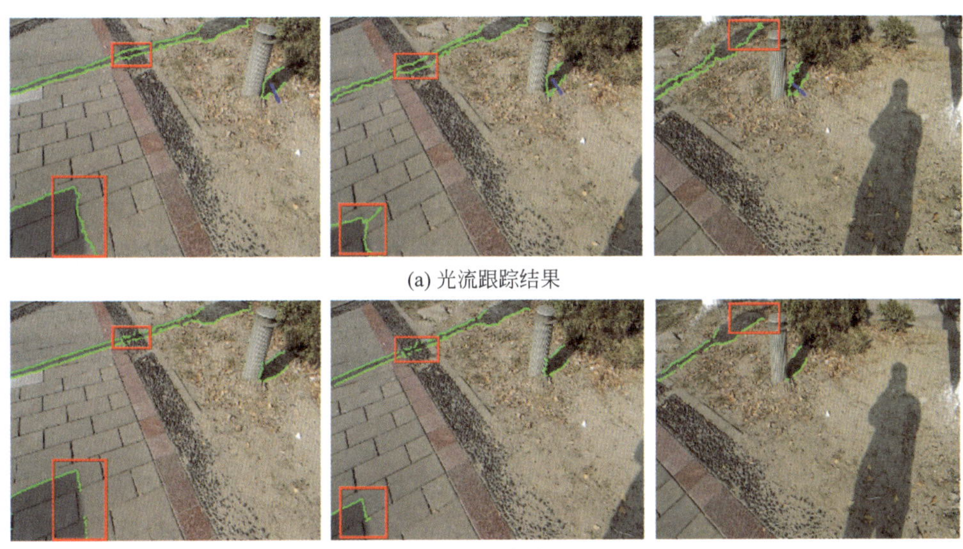

(a) 光流跟踪结果

(b) 校正后的结果

图 6.14 边缘校正结果

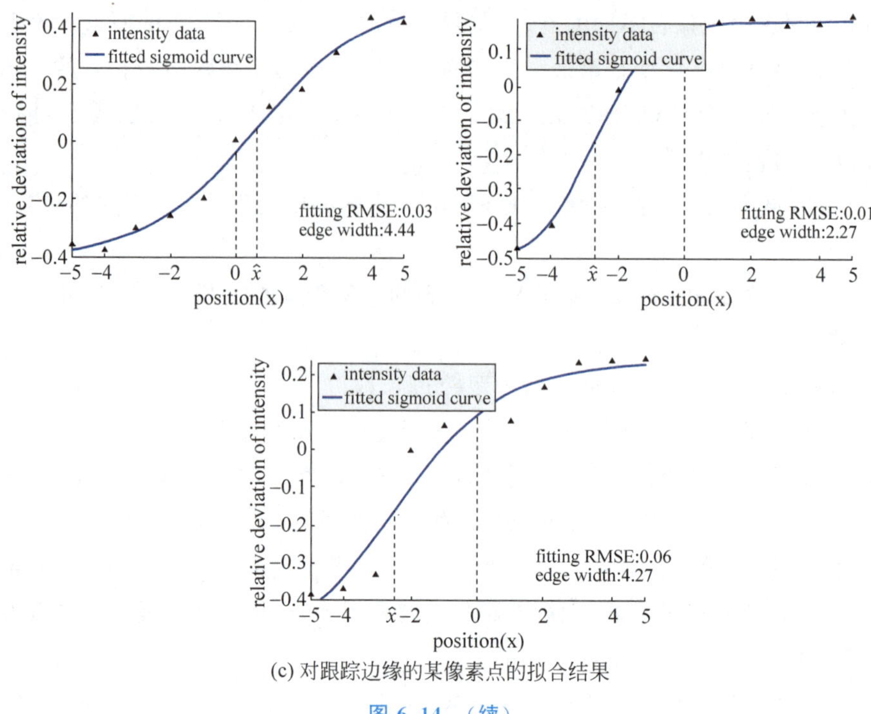

(c) 对跟踪边缘的某像素点的拟合结果

图 6.14 （续）

6.4.3 新进区域中阴影边缘的预测和优化

某一小段时间内的视频帧中必然存在重复的场景画面，为了避免重复地检测并保持视频结果的连续性，只需对 ER 进行检测。在正常摄像情况下，相邻两帧的相机移动通常非常微小，这就导致了 ER 过于狭窄。计算得到的 ER 宽度可能只有几个像素（图 6.11 中的 ER 由两个矩形构成），这对 Canny 边缘检测器和本节方法都不太友好。因此对小于 10 像素宽的 ER，将其扩充到 10 像素宽；对 ER 宽度大于 10 像素的情况，则取计算得到的宽度值。

以往的基于统计学习的单幅图像的阴影检测算法，常见做法是提取某一数据集中大量图像的特征训练分类器或者训练网络，但这样做的工作量和计算量巨大，无法实现实时速率。并且由于训练都是以数据驱动的，不同数据集的训练效果相差巨大，因此还有可能出现对某一类场景的训练良好，然而用于另一类场景时预测完全失效的情况。为了避免上述问题，本节提出一种自学习的简单贝叶斯分类器，即从同一帧的 TR 中学习阴影特征。由于 TR 和 ER 是同一时刻同一相机捕捉的，即两个区域具有相同的局部光照和相似的场景纹理，因此自学习的阴影特征更具针对性和有效性。本节提出的自学习贝叶斯分类器，针对性地利用相同的场景特征来预测 ER 阴影边缘，简单有效，而且可以满足实时性。

1. 跟踪区域的特征提取

本节把 TR 校正后的阴影边缘作为正样本，把 TR 剩余的 Canny 边缘作为负样本。阴影边缘和非阴影边缘最浅显的特征便是亮度值。类似于之前提及的拟合中的采样过程，重新采样校正准确点 $\hat{x}$ 的亮度相对偏移向量 $\mathbf{N}_{2k+1}(\hat{x})$ 以作为一组特征。需要注意的是，阴影边缘能非常好地拟合成 Sigmoid 函数，为了减少图像噪点的干扰，可使用拟合函数值作为正样本特征；非阴影边缘则相反，往往拟合误差比较大，所以本节使用原始数据 $\mathbf{N}_{2k+1}(x)$

作为负样本特征。

同大多数阴影检测方法一般，除了亮度特征，颜色信息也是区分阴影边缘和非阴影边缘的重要线索。第 5 章介绍的 Lab 颜色空间具有最符合人类视觉的颜色描述，从而可将当前帧 $I(t+\Delta t)$ 从 RGB 颜色空间转换为 Lab 颜色空间，类似于 6.4.2 节提到的 $\boldsymbol{N}_{2k+1}(\hat{x})$ 的采样，即提取 $\boldsymbol{c}_{2k+1}^{a}(\hat{x})$ 和 $\boldsymbol{c}_{2k+1}^{b}(\hat{x})$ 两组特征向量(a、b 代表 Lab 中的 a、b 通道)。

阴影与非阴影边缘特征如图 6.15 所示。对于局部反射率恒定的阴影边缘，图像梯度在所有颜色通道中应该具有相同的方向，而非阴影边缘则没有此特征。为此，提取 R、G、B 3 通道的梯度方向 $\boldsymbol{\gamma}_r$、$\boldsymbol{\gamma}_g$、$\boldsymbol{\gamma}_b$，计算梯度方向之间的夹角 $\gamma_{rg}=\min(|\boldsymbol{\gamma}_r-\boldsymbol{\gamma}_g|, 2\pi-|\boldsymbol{\gamma}_r-\boldsymbol{\gamma}_g|)$，构造一组特征向量 $\boldsymbol{\gamma}=(\gamma_{rg}, \gamma_{gb}, \gamma_{br})$。最终的特征向量为 $\boldsymbol{u}=(\boldsymbol{N}_{2k+1}, \boldsymbol{c}_{2k+1}^{a}, \boldsymbol{c}_{2k+1}^{b}, \boldsymbol{\gamma})$。

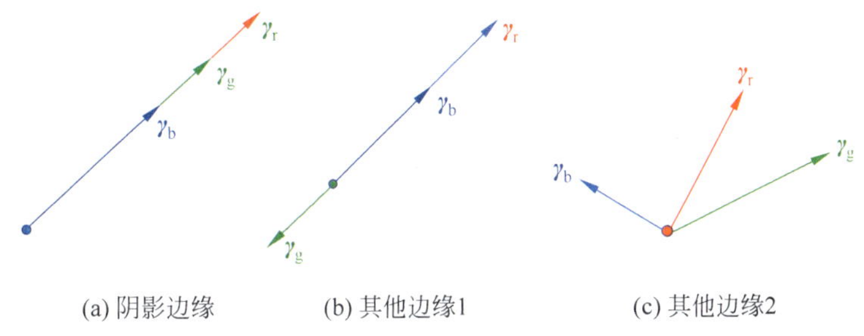

图 6.15 阴影与非阴影边缘特征

之前已经发现了阴影边缘和非阴影边缘拟合为 Sigmoid 函数时在软影宽度和拟合误差上的差异。为了证实这一点，对富含复杂纹理的图 6.12(b)中所有的阴影边缘和非阴影边缘进行拟合，统计这些边缘的软影宽度和拟合误差。有关图 6.14 场景的统计数据如图 6.16 所示，可以看出，阴影边缘的拟合误差近 80%都落在第一组中(最小的 RMSE)，而非阴影的拟合误差则只有 30%多处于最小区间；在软影宽度方面，阴影边缘的宽度近似呈现高斯分布，集中在 1～3 像素宽度，而非阴影边缘的软影宽度基本集中于 0 到 1 之间。因此，软影宽度 ω 和拟合误差 τ 可以提供一组有效的特征。

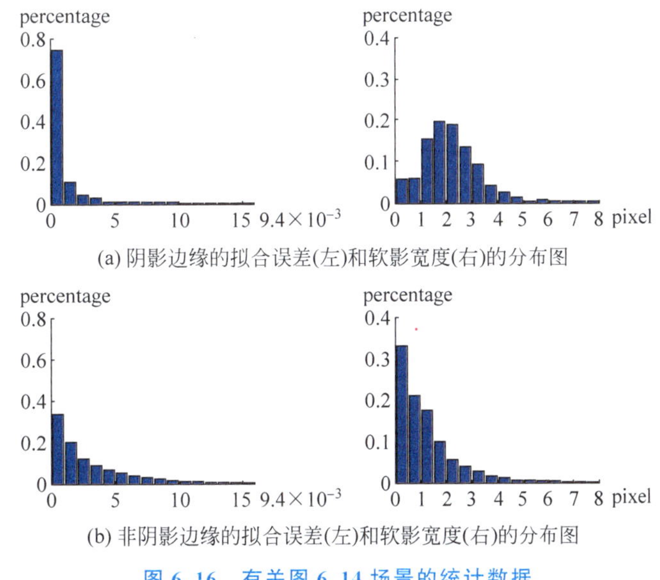

图 6.16 有关图 6.14 场景的统计数据

2. 自学习的正态贝叶斯预测

按照之前步骤提取特征后发现，软影宽度 ω 和拟合误差 τ 是一组较为有效的区分阴影和非阴影的特征，但如果将其作为分量直接放入强度和色度特征 $\boldsymbol{u}=(\boldsymbol{N}_{2k+1},\boldsymbol{c}^{a}_{2k+1},\boldsymbol{c}^{b}_{2k+1},\boldsymbol{\gamma})$ 中，显然这两个参数对预测分类的效果十分有限。为了独立控制强度和色度特征 u、拟合特征对预测的影响，本小节设计了一种双贝叶斯联合模式。其中，第一个正态贝叶斯考虑强度和色度特征 $\boldsymbol{u}=(\boldsymbol{N}_{2k+1},\boldsymbol{c}^{a}_{2k+1},\boldsymbol{c}^{b}_{2k+1},\boldsymbol{\gamma})$，第二个正态贝叶斯考虑拟合特征 $\boldsymbol{v}=(\omega,\tau)$。最终边缘像素 i 为阴影的概率由双贝叶斯分类器决定。预测时对 ER 边缘 i 提取特征向量 $\boldsymbol{F}_i=(\boldsymbol{u}_i,\boldsymbol{v}_i)$，像素 i 分类为 y_i 的概率定义如下：

$$\log P(y_i \mid \boldsymbol{F}_i)=\log P(y_i \mid \boldsymbol{u}_i)+\lambda \log P(y_i \mid \boldsymbol{v}_i) \tag{6.23}$$

从理论上讲，可以通过最大化后验概率决策来确定最佳标记。如同之前内容所讲，一般假设先验概率都是均匀概率，即 $P(y=0)=P(y=1)$，通俗点讲就是像素点要么是阴影边缘点要么是非阴影边缘点。若两者概率相同，则最大化后验概率决策将简化为最大似然决策，具体计算本书不做详细讨论。图 6.17 显示了双贝叶斯模式在不同 λ 权重下的检测结果。第 5 章中的物理模型已证明了，在太阳光微弱且角度非常低时，阴影边缘的软影宽度会比其他时刻更宽。因此软影宽度和拟合误差这两种拟合特征在这种情形下更具区分性。λ 从 0 增加到 10，墙面上的更多软影会被检测出来。但 λ 过大也会错误预测边缘，例如，当 $\lambda=30$ 时，右下角的红框内出现了误检测阴影边缘。在实验中，λ 默认值为 10。

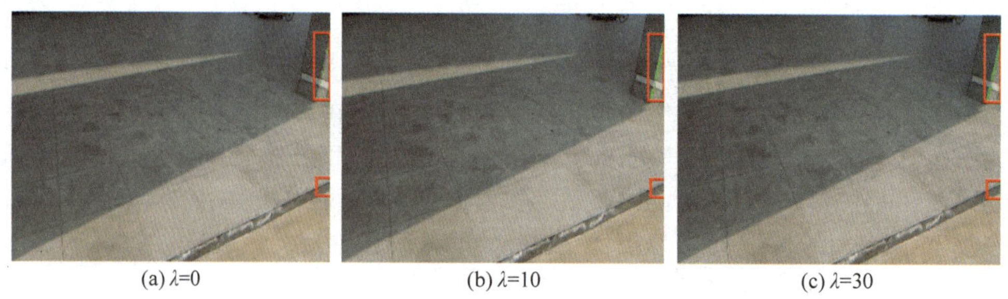

(a) λ=0　　(b) λ=10　　(c) λ=30

图 6.17　双贝叶斯模式在不同 λ 权重下的检测结果

3. 阴影边缘的优化

尽管可以从 TR 中提取到亮度特征、色度特征及拟合特征，并通过改进的贝叶斯分类器对 ER 边缘进行预测，但基于像素的预测仍然可能因室外场景中的复杂纹理而存在误检测的情况。例如，杂乱树叶、灌木丛及粗糙的鹅卵石的一些像素很容易被误检测为阴影。为了减少这些误检测边缘，应该进一步利用阴影的更高级信息。

在实验中发现 ER 的阴影可以根据其与 TR 阴影之间的空间关系进行粗略的分类。新进阴影区域要么是 TR 阴影的延伸，要么独立于已有阴影，新进入相机视点。新进阴影区域的分类如图 6.18 所示，ER 的阴影可以分为关联阴影和孤立阴影。对于关联阴影，只需要判断 TR 的阴影区域和 ER 的阴影区域是否在空间上联通；面对于孤立阴影，由于 ER 足够小，除去一些极为细小的阴影之外，大多数独立新进阴影都应该从图像边界进入视野，因此新进阴影边缘和图像边界应该包含一个封闭的阴影区域。

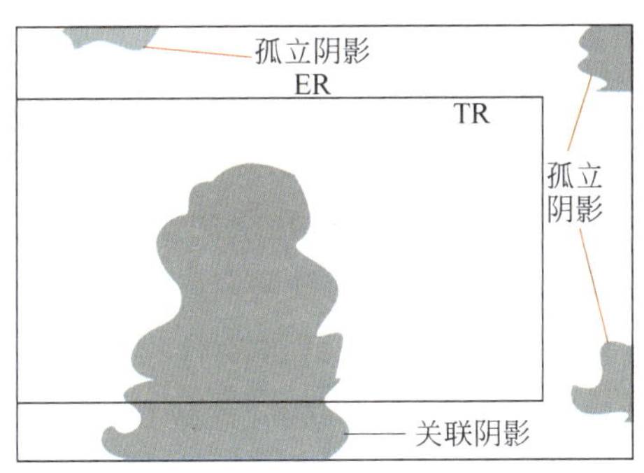

图 6.18　新进阴影区域的分类

为了实现上述约束，可将阴影像素点连接成边缘，然后以边缘为处理单位。在 TR 中，在每一个校正后的阴影边缘的暗侧自动选取一些种子点，使用之前介绍的区域生长方法得到阴影区域 S_{TR}；在 ER 中，对预测阴影边缘 l 同样通过区域生长方法得到区域 S_l。定义区域 S_l 的边界为∂S_l，图像边界为 B，ER 的像素集合为 R，ER 的预测阴影的空间布局约束定义如下：

$$y_l=\begin{cases}0 & \dfrac{\|(S_l-S_l\cap R)\cap S_{TR}\|}{\|S_l-S_l\cap R\|}\geqslant\varepsilon_1\ \text{或}\ S_l\subset \text{ER},\exists\,\text{e}\in B\cap\delta S_l,\dfrac{\|\text{e}\cup l\|}{\|\delta S_l\|}\geqslant\varepsilon_2\\ 1 & \text{其他}\end{cases}\tag{6.24}$$

其中，第一个式子是对关联阴影的约束，保证关联阴影的阴影区域必须和 TR 的阴影区域有一定比例的重合才能保留，否则删除这条预测阴影边缘；第二个式子是对孤立阴影的约束，孤立阴影的边缘必须和图像边界形成一个封闭曲线，并包含一个阴影区域。在实验中，式子中的参数 $\varepsilon_1=\varepsilon_2=0.8$。图 6.19 显示了增加空间布局约束后的优化结果。第一行图中的左下阴影和第二组的人影是并联阴影，而第二行图的右上角是孤立阴影。可以看到，在没有

(a) 未添加空间布局约束　　(b) 添加空间布局约束

图 6.19　增加空间布局约束后的优化结果

约束时，在第一行图中，车轮上的预测边缘两侧由于具有和阴影相似的从轮胎黑色到车漆白色的过渡，因此很容易被误检测为阴影边缘，增加空间约束后，因为车胎上的预测边缘和图像边界包含了一个非阴影区域，所以可以判定为非阴影。同时，空间布局约束也可以去除由第二行图中的黑色鹅卵石的噪点造成的误检测阴影。综合得出，空间布局约束可以有效地消除很多误检测阴影，而又能保留准确的预测阴影边缘。

消除了误检测阴影后，检测的阴影边缘的准确性得到了保证，但依然存在完整性的问题。在之前内容中介绍的利用 Sigmoid 软影模型校正跟踪阴影边缘时，存在因为 Sigmoid 拟合失败等原因导致跟踪阴影边缘缺失的问题。在 ER 中，同样存在由于图像噪点的干扰或者贝叶斯分类器的错误预测导致 ER 中的预测阴影边缘出现缺失的情况。为了解决阴影边缘检测的完整性问题，可以使用区域生长方法得到阴影区域，并提取阴影区域的边缘对检测的阴影边缘缺失处进行补全连接，从而得到完整的检测结果，具体步骤如下。

(1) 从当前帧 $I(t+\Delta t)$ 的所有阴影边缘中自动选取部分像素点，尽量保证均匀选点，比较边缘两侧的亮度值，选择更暗处的区域获取一系列种子点。

(2) 根据 CIEDE2000 色差公式计算种子点和周围像素点的色差，如果小于某一阈值则将周围像素点加入阴影区域。

(3) 将检测的阴影边缘作为“堤坝”，生长的阴影区域遇到“堤坝”则停止生长。这是为了使生长的阴影区域能和检测的阴影边缘重合，这加强了生长的条件，保证了生长的阴影区域的准确性。

(4) 得到阴影区域后提取其边缘，对比邻域内检测的阴影边缘，如果存在检测边缘则说明未缺失，否则把阴影区域的边缘补充为检测结果。区域提取的边缘必然是封闭曲线，而检测到的阴影边缘并非封闭边缘，并且阴影区域的边缘可能不全是阴影边缘，可能是阴影和其他材质的交界边缘。所以，为了避免新增错误阴影边缘，可计算全图检测的阴影边缘两侧的平均亮度比值，如果阴影区域边缘两侧的亮度比值与平均亮度比值差距不大，则可以将其补充为检测结果，否则忽略。

利用区域生长得到的阴影区域边缘完善检测结果如图 6.20 所示，左上图是根据上述步骤得到的阴影区域，右上图是阴影区域提取的边缘，左下图是没有优化的原始检测结果，右下图是优化的结果。可以看到，检测的阴影边缘比原始检测结果更为完整。

6.4.4 实验结果分析

1. 本节算法结果

为了检验提出的阴影检测方法的有效性，本节使用了 8 个场景实例进行实验，分别是“地面”“人行道”“阶梯”“熊玩具”“广场”“伞”“草地”“建筑物”。这些场景具有表 6.7 所总结的 8 项挑战中的一个或多个挑战。前 7 个视频是在自动曝光模式下由手持式消费者级别的摄像机拍摄，最后一个场景“建筑物”则是由苹果手机拍摄。

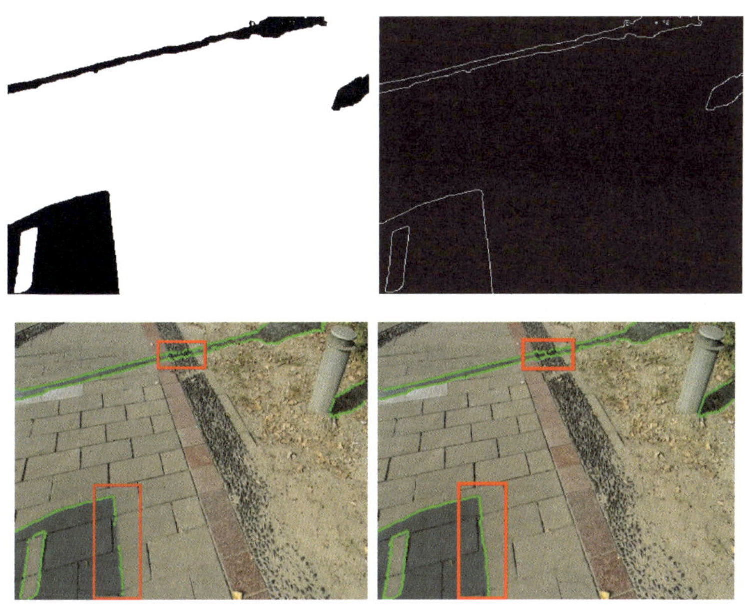

图 6.20 利用区域生长得到的阴影区域边缘完善检测结果

表 6.7 测试场景示例所具有的 8 项挑战

场 景	挑 战							
	软硬边缘	复杂纹理	非平面投影面	阴影快速移动	非刚体形变	视点大规模移动	光照变化	重复阴影检测
地面		√						
人行道	√	√						
阶梯		√	√			√		
熊玩具				√	√			
广场		√	√		√	√	√	√
伞				√	√			
草地	√	√				√		
建筑物	√	√					√	

“地面”场景的检测结果如图 6.21 所示，展示了本节方法对场景中投射到具有剧烈变化色彩纹理的地板上的阴影的检测结果。这个场景对阴影边缘的准确性具有很大的挑战性，因为许多暗色的砖块很容易与阴影混淆。尽管如此，本节方法提出的双贝叶斯分类器模式增加了边缘的拟合特征对预测的控制力，依然能正确地区分出边缘是由光照变化还是纹理变化引起的。因此，本节方法可以精确地检测出包括桌子投射阴影在内的阴影。

(a) 第50帧

(b) 第200帧

(c) 第375帧

(d) 第475帧

图 6.21 “地面”场景的检测结果

“人行道”场景的检测结果如图 6.22 所示，“人行道”场景因阴影投射表面(砂石地面)的复杂纹理和较为柔和的软影(左下角的阴影)而具有挑战性。可以看到随着摄像机的移动，人和树的新阴影被捕捉到视频画面中。结果表明，基于 Sigmoid 的跟踪校正及最后的优化成功地跟踪了左下角的软影的微弱边缘(这对于 Canny 边缘检测器而言是困难的)。同时，尽管有鹅卵石、砂石等复杂的纹理，本节方法依然不受其干扰可以准确而迅速地区分出新阴影，包括树的静态阴影和人的移动阴影。

(a) 第2帧

(b) 第100帧

(c) 第120帧

(d) 第150帧

图 6.22 “人行道”场景的检测结果

“楼梯”场景主要包括 3 个挑战：(1)具有多个非同一水平的阴影投射面；(2)具有阴影形状变化的重叠阴影；(3)摄像机大规模地运动会引入许多新的阴影。“阶梯”场景的检测结果如图 6.23 所示，第 47 帧展示了本节方法稳定跟踪多级水平高度投射面上的阴影的能力，同时其他 3 幅结果图显示了该方法也可以准确检测到新的其他投射面上的阴影。对于第二个挑战，人形阴影正在进入静态阴影，并最终与静态阴影分离。在此过程中，阴影的形状会发生显著变化。尽管如此，本节方法还是成功地将阴影准确定位。最后，第 650 帧相比第 47 帧出现了许多新阴影且类型完全不同，得益于自学习贝叶斯分类器，本节方法成功检测到树木和建筑物的新阴影，验证了本节阴影检测方法的鲁棒性及对相机大规模运动情景的有效性。

(a) 第47帧

(b) 第400帧

(c) 第463帧

(d) 第650帧

图 6.23 “阶梯”场景的检测结果

对于具有自由移动视点的在线视频，已检测的阴影边缘可能因为视点移动导致从画面中丢失，尤其是移动阴影。“广场”示例用于检验本节算法的阴影二次检测能力。“广场”场景的检测结果如图 6.24 所示，两个移动行人阴影先是出现在画面当中，而后丢失又重新出现在画面中。由于本节方法是对每一帧的新进阴影进行检测，利用局部时间段的跟踪保持长序列结果的稳定性，行人阴影的检测结果并不会记录存储，因此画面中行人阴影消失又重新出现时，方法视其与其他新进阴影一样。

(a) 第87帧

(b) 第165帧

(c) 第203帧

(d) 第350帧

图 6.24 “广场”场景的检测结果

2. 对比实验结果

为了验证本节方法的先进性，将本节方法与最新的跟踪方法和阴影检测方法进行对比，以验证本节方法对于阴影跟踪的稳定性和对于阴影检测的准确性。

1）与跟踪方法的对比

图 6.25 展示了当前较为先进的光流跟踪方法 EpicFlow 和 FlowNet2.0 同本节方法在"熊玩具"场景中的阴影检测对比结果。本节方法使用的跟踪算法是最常见的 Lucas-Kanade 方法。

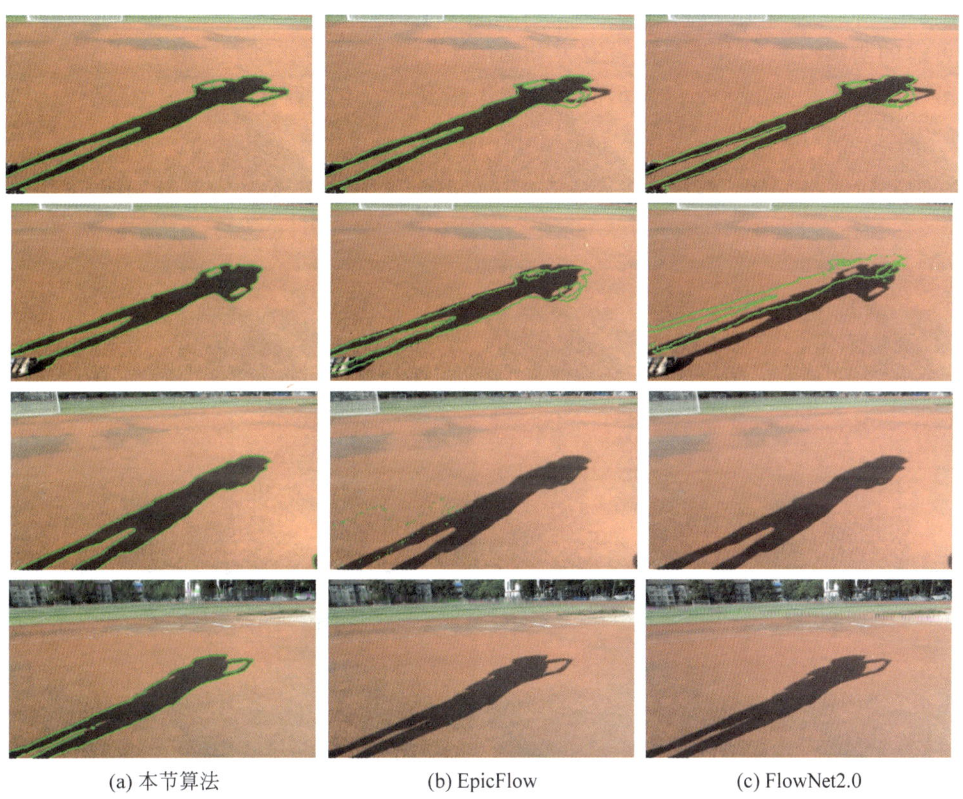

(a) 本节算法　　(b) EpicFlow　　(c) FlowNet2.0

图 6.25　本节方法和两种最新跟踪方法在"熊玩具"场景中的阴影检测对比结果

由于是对跟踪方法部分比较，因此可暂时先不考虑新进阴影的预测。"熊玩具"场景示例满足阴影长时间在画面中移动，而且基本没有新进阴影，正好符合跟踪方法实验需求。从实验中可以看出，由于两种方法对阴影边缘不进行任何判断，只是单纯地对图像像素计算光流值，因此阴影边缘会逐渐偏离实际边缘。特别是玩具熊快速形变时，光流的计算误差会更大。随着累积误差的增加，EpicFlow 和 FlowNet2.0 方法在第 442 帧都完全没有跟踪到任何边缘。相比之下，本节方法校正了每一帧的偏离误差，并且利用区域生长优化阴影边缘，累积了相对较少的误差，从而在阴影长时间移动和剧烈形变时实现了准确且稳定的跟踪性能。值得注意的是，尽管两种光流方法在作者的原文中对普通实体物体有着不错的光流计算结果，但它们无法跟踪快速移动的阴影，这表明阴影和普通实体物体有着完全不同的性质。

2）与阴影检测方法的对比

图 6.26 和图 6.27 展示了本节方法同现有阴影检测方法的对比结果。在对比实验中，本节方法本应该和基于视频的阴影检测方法做比较，但这些方法的设计都是针对固定视点的，还没有较为成熟的针对移动视点的阴影检测方法，因此本节方法仅可与基于单幅图像的阴影方法进行比较，如 Tian 方法、BDRAR 和 DSDNet。Tian 等人通过选择太阳光 SPD 和天空光 SPD 之间具有恒定光谱比的边缘来检测阴影边缘。BDRAR 构建了具有循环残差注意力(Recurrent Attention Residual，RAR)模块的双向特征金字塔网络以检测阴影区域。DSDNet 在他们的端对端多尺度阴影检测框架中嵌入了可感知干扰的阴影(Distraction aware Shadow，DS)模块，这个框架可以学习具有感知干扰、有判别力的特征以实现可靠的阴影检测。由于目前没有公开的用于阴影检测的移动视点视频测试数据集，因此本节使用自己拍摄的 8 个场景示例来测试这些方法。由于篇幅原因，本节只展示了“人行道”和“草地”场景的对比结果。

图 6.26 “人行道”场景阴影检测结果对比

为了使两个基于深度学习的阴影检测方法在本节的测试场景中有更好的表现，本节使用收集的数据集对 BDRAR 和 DSDNet 重新进行训练。该数据集包括 1600 幅包含阴影的图像，这些图像包括拍摄的视频中上千幅图像帧和 ISTD 数据集，其中用于训练和测试的视频都是在同一地点不同时刻拍摄的。为了标注训练集的真值，实验中使用 Tian 等人的方法

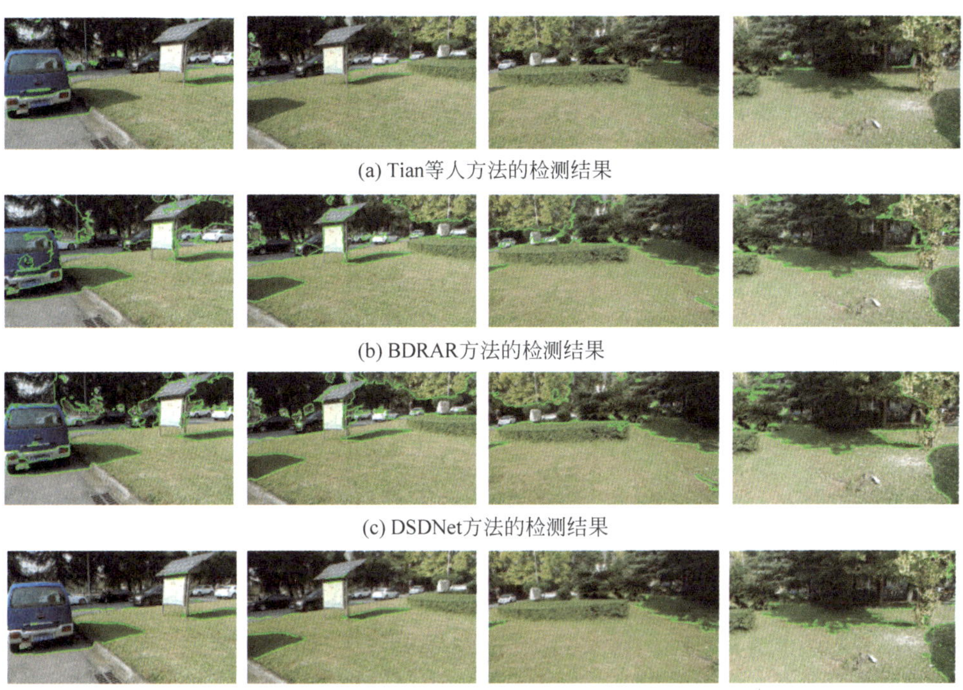

(a) Tian等人方法的检测结果

(b) BDRAR方法的检测结果

(c) DSDNet方法的检测结果

(d) 本节方法的检测结果

图 6.27 "草地"场景阴影检测结果对比

检测阴影，然后手动改善结果以纠正错误检测。对于 DSDNet，通过使用 BDRAR、A+D Net 和 DSC 的阴影检测结果生成差异图，严格遵循文章中提到的训练方法。

从对比结果可以看出，传统的 Tian 等人的方法在图 6.26 中可以检测到鹅卵石路面两侧的阴影边缘，但无法检测鹅卵石路面上的细小阴影。在图 6.27 中，它仅能检测到非常少量的草地上的阴影，这是因为在明亮的草地背景下，阴影边缘很难满足太阳光光谱分布和天空光光谱分布恒定的光谱比。大量结果表明，在没有任何训练的情况下，这种基于比率的传统方案对复杂纹理的场景具有很大的局限性。同时，BDRAR 和 DSDNet 仅可以检测到图 6.26 中鹅卵石路面的部分阴影。对于图 6.27，它们较为准确地检测到了草地上的阴影，但在汽车和树枝上有着许多错误检测。

由于本节方法在 TR 中只进行校正和优化，因此结果比 Tian、BDRAR、DSDNet 方法的检测结果更清晰、更准确。例如，在图 6.26 中，本节方法可以同时检测到鹅卵石路面的细小的阴影、左下角的微弱阴影及人的阴影。在图 6.27 中，本节提出的简单框架可以产生与这些方法相匹敌的结果，同时减少了大量的错误检测。本节所提出的从 TR 的阴影边缘中学习阴影特征以检测新进阴影的方法采用了特定于实验场景的学习策略，因此具有适用性广泛的优点。此外，该对比结果证明了，使用基于单幅图像的阴影检测方法独立检测每一个视频帧的阴影结果并不稳定，这是因为相邻帧结果之间并没有关联性。相反，本节方法的检测结果相比这些方法更具稳定性。

同时，本节还从定量的角度对比本节方法和这 3 个方法。在手工标注实验场景的真实阴影边缘后，使用精准率(Precision)、召回率(Recall)和 F 值(F_{measure})来评估，其计算公式如式(6.25)所示。更高的精准率、召回率和 F 值代表着更好的阴影检测结果。这 3 个数据直接由阴影真值和检测结果共同决定。需要注意的是，对于室外场景的微弱软影，即使是人眼有时候也难以识别准确的阴影边缘像素，因此手工标注的真值并非绝对正确。考虑到这一事实，在计算定量数据时允许一个像素的欧几里得距离的误差，最终定量数据是所有视频帧数据的平均值。

$$\text{Precision}=\frac{\text{TP}}{\text{TP}+\text{FN}},\quad \text{Recall}=\frac{\text{TP}}{\text{TP}+\text{FP}}$$
$$F_{\text{measure}}=2\cdot\frac{\text{Precision}\cdot\text{Recall}}{\text{Precision}+\text{Recall}}\tag{6.25}$$

其中，TP 表示阴影真值像素点被预测为阴影像素的总个数，FN 表示阴影真值像素点被误判为非阴影像素的总个数，FP 表示非阴影真值像素点被误判为阴影像素的总个数。

表 6.8 中展示了 4 种方法在 4 个场景示例中的定量评估数据的对比，粗体数字是当前场景中最高的数值。数据表明，本节算法的精准率、召回率和 F 值在 4 个场景中几乎都达到了最高值。特别是在"人行道"示例中，本节方法的性能都远远超过了其他 3 种方法，其原因在于该场景中带有微弱的软影和鹅卵石上的具有暗色背景的阴影，而本节方法的 Sigmoid 软影模型可以忽略背景亮暗对阴影的影响，并且自学习的双贝叶斯分类器模式擅长检测微弱软影。此外，对于具有复杂纹理的"人行道""阶梯""草地"这 3 个场景，本节方法的 3 个评价指标均低于"熊玩具"场景的 3 个指标。这主要是由于在前 3 个场景中容易错误检测一些类似阴影的树叶、石子、地面等非阴影边缘。基于此，最为复杂的"草地"场景的 3 个指标最低不足为奇。

表 6.8　4 种方法的平均数据

对比方法	场景（Precision/Recall/F_{measure}）			
	人行道	阶梯	草地	熊玩具
Tian	0.46/0.55/0.5	0.71/0.9/0.79	0.31/0.24/0.27	0.64/0.62/0.63
BDRAR	0.56/0.48/0.52	0.63/0.59/0.61	0.68/0.22/0.34	0.63/0.67/0.65
DSDNet	0.76/0.60/0.67	0.86/0.78/0.82	0.73/0.22/0.34	0.78/0.82/0.80
本节方法	0.82/0.91/0.86	0.84/0.93/0.88	0.76/0.86/0.81	0.93/0.99/0.96

3. 方法效率

本节方法在 GPU 上使用 CUDA 技术实现了实时速率。对于一个输入视频，方法消耗的时间取决于视频的分辨率和场景中阴影边缘的多少。表 6.9 列出了最耗时的 4 个场景每帧的平均处理时间，数据显示方法都可以在 25f/s 以上的帧率实时运行。"楼梯"场景中存在较大的阴影区域，导致方法运行速度稍慢。在实验中，还进一步测量了某一场景的几个重要步骤所消耗的相对时间成本，这些重要步骤包括光流跟踪、跟踪校正、阴影特征的提取、贝叶斯分类及对空间布局约束的考虑。表 6.10 列出了方法中重要步骤的消耗时间占比，它显示跟踪校正步骤消耗了最多的时间，这是因为校正每帧中 TR 的阴影边缘需要对每一个边缘像素点进行 Sigmoid 拟合。虽然本节方法是对每帧都进行处理，但可以通过使用自适应帧间隔 Δt 加速该方法。例如，不需要检测每一帧的新阴影，可根据相机运动速度计算图像平均光流值来自适应地设置 Δt 和 ER，对于过小的 ER 则直接略过对该帧的处理，这样便大大减少了运算时间。

表 6.9 最耗时的 4 个场景每帧的平均处理时间

场 景	分辨率	时间(ms)	场 景	分辨率	时间(ms)
阶梯	640×360	44.69	熊玩具	640×360	34.38
人行道	480×360	39.73	地面	640×360	34.13

表 6.10 方法中重要步骤的消耗时间占比

算法步骤	时间占比	算法步骤	时间占比
光流追踪	0.52%	阴影预测	17.66%
跟踪校正	35.35%	布局约束	18.84%
提取特征	27.62%		

4. AR 效果展示

最后一步是利用阴影检测结果模拟 AR 中的虚实阴影交互效果。图 6.28 展示了对 3 个场景“伞”“人行道”和“阶梯”添加虚拟物体后的虚实融合效果。在 3 个视频场景中，所有阴影投射物体都部分可见或完全不可见，这使得基于 3D 几何的阴影检测成为不可能。然而，几何信息的缺乏对于本节提出的阴影检测方法没有任何问题，该框架利用其基于图像的阴影投射方案成功地模拟了交互式阴影投射效果。在“阶梯”场景中，场景新增了 4 个石椅、一个石桌和一个石凳。当人移动时，AR 效果真实模拟出了角色、椅子和桌子之间复杂的阴影交互。在“人行道”场景中，一个虚拟篮球反弹到场景中，然后进入人的阴影，最后从阴影中弹出。可以看到，篮球的投射阴影和投射到球上的阴影都真实模拟出来了。在“伞”的示例中，可以看到融合效果逼真地模拟出人形阴影投射到虚拟路障上，以及机器人进出汽车和人的阴影中。在以上所有示例中，虚拟物体与场景中的物体进行交互，生成的虚拟物体的阴影在视觉上也保持稳定、准确。

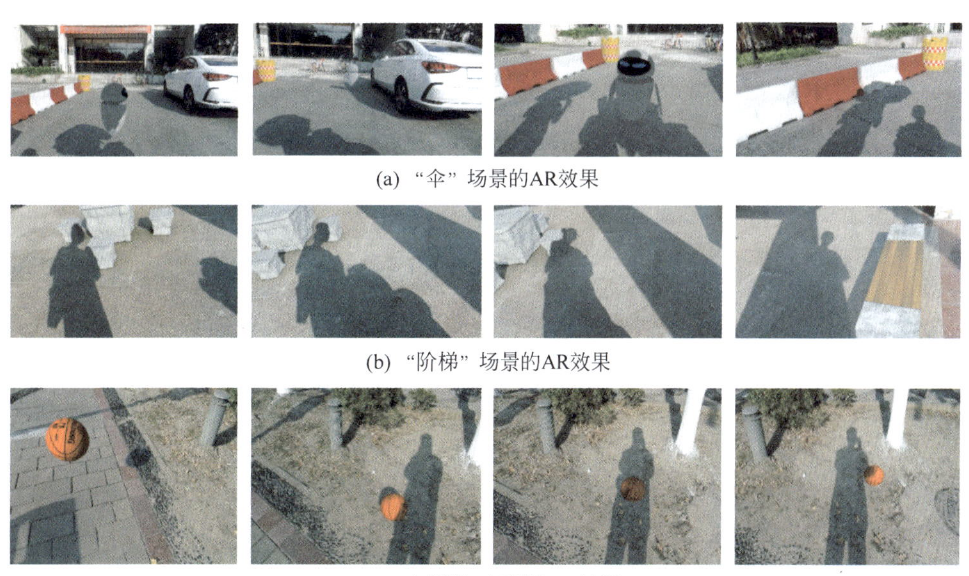

(a) “伞”场景的AR效果

(b) “阶梯”场景的AR效果

(c) “人行道”场景的AR效果

图 6.28 对 3 个场景添加虚拟物体后的虚实融合效果

5. 缺陷与不足

图 6.29 展示了本节方法失败的情况。在左图中，垃圾箱的阴影被遮挡。随着摄像机的移动，该阴影会出现在 TR 内。由于本节方法在 TR 的工作仅是跟踪校正阴影边缘，并没有在 TR 检测阴影，因此该方法无法检测到垃圾箱的阴影。而且，由于本节方法是基于边缘的，需要先利用 Canny 边缘检测提取出所有边缘，因此当阴影微弱到无法提取 Canny 边缘时，本节方法失效。此外，不同阴影边缘的特征可能有巨大差异，这是因为阴影边缘的光照强度特征与阴影的位置（相机和阴影之间的距离）、遮挡物的高度及物体的几何形状都有关系。当新进的阴影特征与跟踪的阴影特征极为不同时，本节方法将无法检测到新进的阴影，从而导致在场景中检测到的阴影不稳定（如“草地”和“阶梯”场景中远处的阴影）。

图 6.29　本节方法失败的情况

6.5 基于边缘关注的单幅图像阴影去除

阴影去除是一项具有挑战性的计算机视觉任务，旨在恢复阴影区域的图像内容。现有的阴影去除方法会在阴影边界附近引入伪影，这些问题能被人眼轻易察觉。本节介绍了一种边界感知的阴影去除网络（Boundary Aware-ShadowNet，BA-ShadowNet），该方法通过改进网络在阴影边界处的去除性能来提高阴影去除的准确性。与现有方法通过后处理理优化阴影边界不同，BA-ShadowNet 同时进行阴影去除和阴影边界优化，以进一步改善整体阴影去除的效果。BA-ShadowNet 被设计为多尺度的编码器-解码器结构，其中解码器包括一个阴影去除分支和一个阴影边界优化分支；然后引入一个交互模块来融合和交换这两个分支的特征，该模块有助于阴影去除分支感知阴影边界的位置和颜色；此外，交互模块根据从阴影去除分支提取到的图像上下文来增强阴影边界优化分支；最后，BA-ShadowNet 设计了一个包含 3 项的损失函数来监督阴影去除结果，并解决阴影边界像素和阴影内像素监督不平衡的问题。

6.5.1 算法结构概述

BA-ShadowNet 的整体网络结构如图 6.30 所示。为了使网络能够感知阴影区域，将阴影图像 I_s 和其对应的阴影掩膜 M 输入 BA-ShadowNet 中。编码器中的一组 Conv-ReLU 层和扩张卷积层被分成多个块，以便在 N 个尺度上提取图像特征。解码器由阴影去除分支和阴影边界优化分支组成。第一个分支从整个图像中去除阴影，另一个分支在阴影边界的两侧的一定范围内进行阴影去除。解码器的两个分支具有相同的结构，但它们不共享网络参数。在每个尺度上，从两个分支获得的特征在交互模块中进行融合和交换，以增强它们的上下文信息。交互后，在每个分支中特征被上采样，然后通过跳跃连接与编码器的输出特征相融合，形成下一个尺度的特征。具体而言，第一个尺度的特征是通过对编码器最后一层的特征进行卷积得到的，而最后一个尺度的交互模块的输出被用来生成最终的阴影去除结果 $\hat{I}_f$ 和 $\hat{I}_b$。

在训练阶段，将真实的无阴影图像 I_f 和其对应的阴影掩膜 M_n（一个全零图像）作为网络的输入，如图 6.30(b)所示，以使 BA-ShadowNet 对非阴影区域的影响较小，从而进一步提高网络的性能。该过程的网络架构与图 6.30(a)中的网络相同，但损失函数不同。交互模块的结构在 6.5.2 节介绍。为了提高本节方法的阴影去除准确性，可以通过利用多尺度解码器特征形成不同大小的输出，并采用与之大小对应的真实图像作为监督信息，然后采用相似性损失、无阴影一致性损失和阴影边界损失进行训练，这些损失函数在 6.5.3 节介绍。6.5.4 节介绍了 BA-ShadowNet 的实现细节。

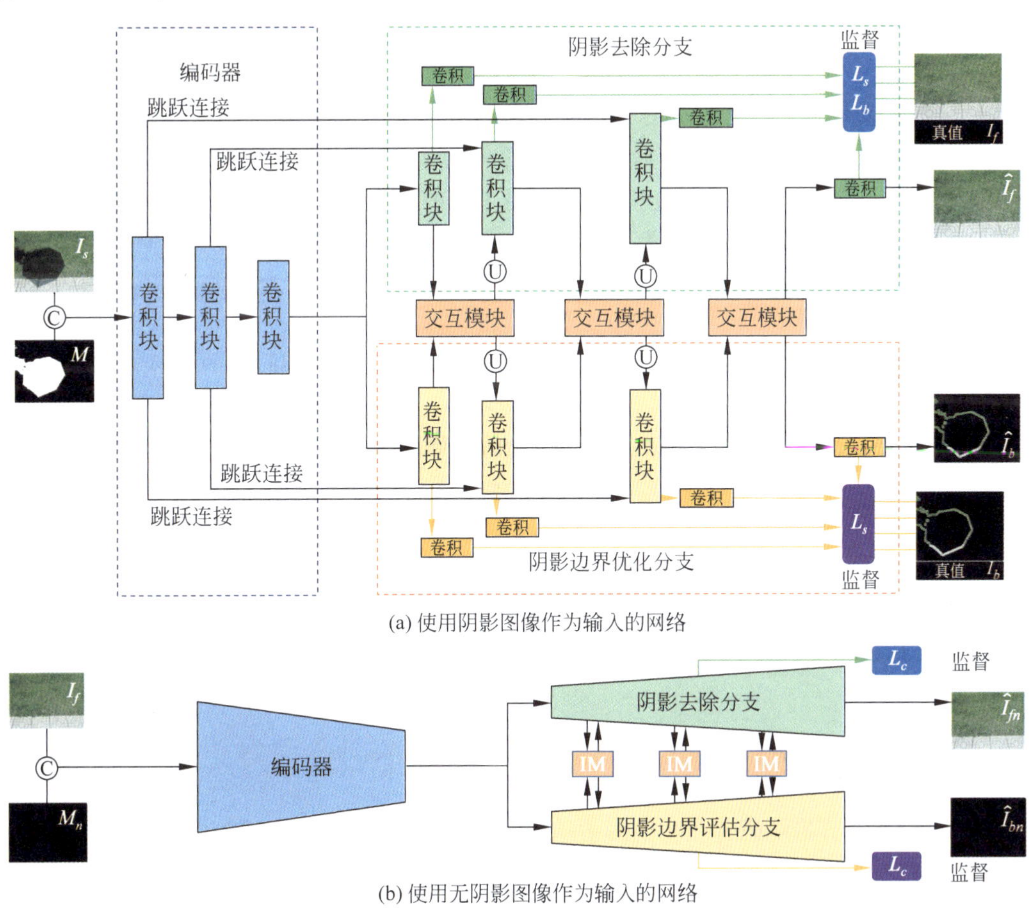

图 6.30　BA-ShadowNet 的整体网络结构

6.5.2　交互模块

交互模块的结构如图 6.31 所示。两个子模块将特征传递给两个解码器分支。这两个子模块具有相同的结构。其中一个子模块旨在为阴影去除分支添加阴影边界的注意力和细节，而另一个子模块让阴影边界优化分支获得更多的全局上下文信息。因此，这两个子模块不共享参数。

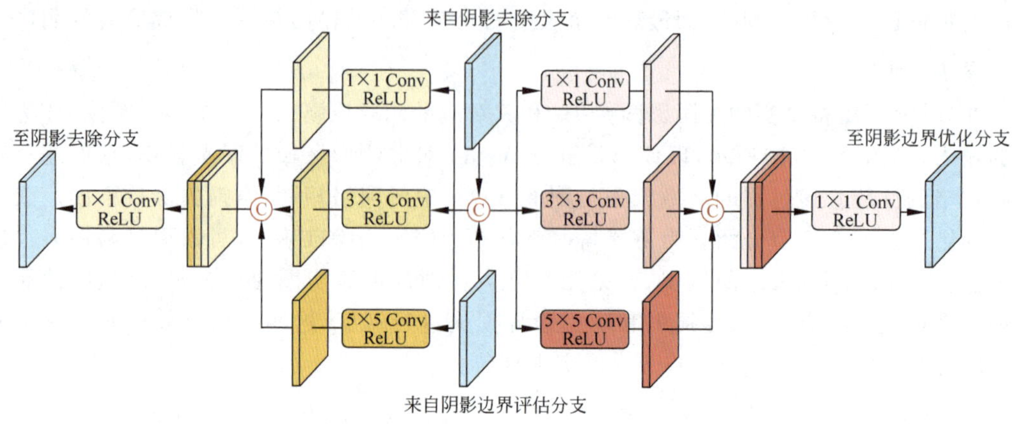

图 6.31　交互模块的结构

交互模块输入从阴影去除分支和阴影边界优化分支提取的特征。这两种类型的特征被连接起来形成一个特征图 V，然后发送到两个子模块。在每个子模块中，特征图 V 同时与 1×1、3×3 和 5×5 的卷积核进行卷积，以捕捉更丰富的图像上下文。由于连接操作和多个卷积增加了特征通道的数量，因此设计了一个融合过程，通过应用 1×1 卷积来减少通道数，防止过拟合。对于输入特征 V，记以 $p\times p$ 卷积核 k_p 对其进行卷积操作为 $\mathrm{conv}_p(V)$，则有：

$$\mathrm{conv}_p(V)=\mathrm{ReLU}(k_p\otimes V+b_p) \tag{6.26}$$

其中，b_p 是 $p\times p$ 卷积核的偏置，ReLU 是激活函数。融合后的特征 F 的计算方式如下：

$$F(V)=\mathrm{conv}_1(C(\mathrm{conv}_1(V),\mathrm{conv}_3(V),\mathrm{conv}_5(V))) \tag{6.27}$$

其中，C 表示连接操作。最终，F 被发送到相应的解码器分支，通过上采样和跳跃连接形成下一个尺度的新特征。下一个尺度的特征也会通过卷积来形成相应尺度上的无阴影图像，以用于监督训练。

在分支特征进行交互之后，去除分支能够感知阴影边界的位置和颜色信息，从而有助于在高级特征中去除阴影边界区域，并在低级特征中调整图像细节。此外，阴影边界优化分支通过对从去除分支提取的图像上下文进行优化，可以促进下一个尺度上的去除分支的训练。

6.5.3　损失函数

方便起见，本节将解码过程中阴影去除分支提取的不同尺度特征生成的无阴影图像表示为 $\{\hat{I}_f^i\}_{i=1}^N$，阴影边界优化分支提取到的无阴影边界图表示为 $\{\hat{I}_b^i\}_{i=1}^N$，其中 N 表示特征尺度的总数。两个分支的最终输出表示为 $\hat{I}_f$ 和 $\hat{I}_b$。然后，定义一个相似性损失项 L_s 来保证这些生成的值与相应的真实值一致：

$$L_s=\|\hat{I}_f-I_f\|_1+\|\hat{I}_b-I_b\|_1+\sum_{i=1}^{N}\lambda_i\cdot(\|\hat{I}_f^i-DS_i(I_f)\|_1+\|\hat{I}_b^i-DS_i(I_b)\|_1) \tag{6.28}$$

其中，$\|\cdot\|_1$ 表示 L1 范数，I_f 是真实的无阴影图像，I_b 是非零像素为 I_f 阴影边界的图像，DS_i 表示 2^{N-i} 次下采样操作，λ_i 是权重参数。当网络的输入是阴影图像时，采用相似性损失项。

方法期望 BA-ShadowNet 对非阴影区域的影响尽可能小。为此，当网络的输入是真实的无阴影图像 I_f 及其阴影掩膜 M_n 时，要求 BA-ShadowNet 不改变输入图像的内容。此时，设阴影去除分支的输出为 $\{\hat{I}_{fn}^i\}_{i=1}^N$ 和 $\hat{I}_{fn}$，而 $\{\hat{I}_{bn}^i\}_{i=1}^N$ 和 $\hat{I}_{bn}$ 是阴影边界优化分支的输出，无阴影一致性损失项定义如下所示：

$$L_c=\|\hat{I}_{fn}-I_f\|_1+\|\hat{I}_{bn}-I_n\|_1+\sum_{i=1}^N\lambda_i\cdot(\|\hat{I}_{fn}^i-DS_i(I_f)\|_1+\|\hat{I}_{bn}^i-DS_i(I_n)\|_1) \tag{6.29}$$

其中，I_n 是一个全零图像，M_n 也是一个全零图像，λ_i 是权重参数。当将无阴影图像输入网络时，使用无阴影一致性损失对模型进行优化。

由于阴影边界的恢复质量在阴影去除中起着重要作用，因此方法还设计了一个边界损失函数，以加强对最终预测的无阴影图像 $\hat{I}_f$ 边缘附近像素的监督。计算 $\hat{M}_b$ 的流程如图 6.32 所示，为了确定参与优化过程的像素，本节使用一个大小为 15×15 的滤波器对阴影掩膜 M 中的阴影区域进行膨胀和腐蚀操作，分别生成膨胀掩膜 M_d 和腐蚀掩膜 M_e。然后，通过将 M_d 和 M_e 中不同标签的像素设置为 1、其他像素设置为 0，来创建一个阴影边界掩膜 M_b。M_b 还指导阴影边界优化分支选择需要优化的像素。此外，边界处的阴影去除比其他区域更困难，因此靠近边界的像素应该有更大的权重。此时需对 M_b 应用距离变换，形成一个加权阴影掩膜 $\widetilde{M}_b$，其中靠近阴影边界的像素权重接近 1，而远离边界的像素权重为 0。边界损失项的定义如下：

$$L_b=\|\hat{I}_f\odot\hat{M}_b-I_f\odot\hat{M}_b\|_1 \tag{6.30}$$

其中，⊙表示 Hadamard 乘积（元素对应相乘）。

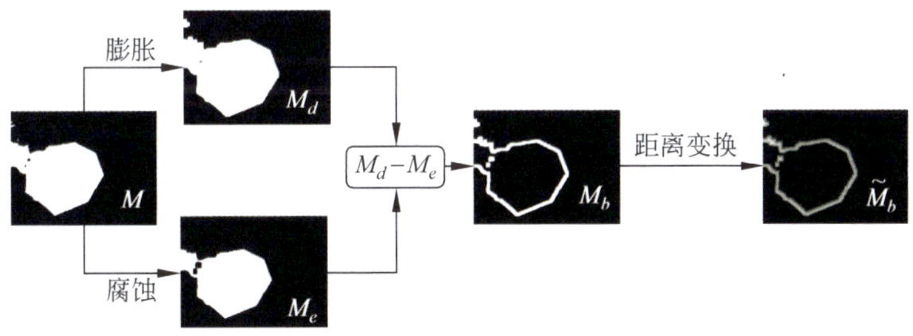

图 6.32 计算 $\hat{M}_b$ 的流程

BA-ShadowNet 的最终损失函数是相似性损失项、无阴影一致性损失项和边界损失项的加权和：

$$L=L_S+L_c+w_b\cdot L_b \tag{6.31}$$

相似性损失项 L_S 和无阴影一致性损失项 L_c 用于约束整个图像的像素，因此，这两个损失项的权重参数应设置为相同的值。为了简化式(6.31)，在实验中直接将它们设置为 1。对于权重参数 w_b，通过测试 w_b 的值对模型性能的影响，发现 10 是一个最佳值。可以看到，边界损失的权重要比其他损失项的权重大得多，这加强了对阴影边界进行约束以进行阴影去除的作用。

6.5.4 实现细节

首先介绍编码器。在实验中，将特征尺度的数量 N 设置为 3。因此，编码器由 3 个卷积块组成。第一个块只包含一个 5×5 的卷积层。第二个块由两个 3×3 的卷积层组成。为了增加感受野并获取更多的全局信息，第三个块由两个 3×3 的卷积层和 4 个 3×3 的膨胀卷积层组成。编码器中的每个卷积层后面都跟着一个 ReLU 激活函数。第 i 个卷积块提取的特征大小为 $\frac{W}{2^{i-1}}\times\frac{H}{2^{i-1}}\times C_i$，其中 W 和 H 分别为输入图像的宽度和高度，$C_i=64\times2^{i-1}$ 表示通道数。

接着讲解码器。对于解码器的每个分支，用于形成第一个尺度特征的卷积块由两个 3×3 的卷积层组成，其余的卷积块只包含一个 3×3 的卷积层。在 BA-ShadowNet 中，除了用于生成无阴影图像的卷积层外，其余卷积层后面都跟着 ReLU 激活函数。

最后是训练细节。本章所提出的 BA-ShadowNet 使用单个 NVIDIA GeForce GTX 1080Ti GPU 在 PyTorch 中实现。训练时，使用均值为 0、标准差为 0.02 的高斯分布来初始化模型，不同层的输出具有不同的权重。在式(6.28)和式(6.29)中，权重参数从 λ_1 到 λ_3 经验性地设置为 0.4、0.6 和 0.8，因为随着网络层的加深，阴影的可去性会继续增加。所有超参数(λ_1、λ_2、λ_3 和 w_b)都具有固定的值，并且不参与反向传播。此外，可使用 Adam 优化 BA-ShadowNet，其中一阶和二阶动量值分别为 0.5 和 0.999。整个模型训练了 300 轮。前 150 轮的初始学习率为 2×10^{-4}，然后在剩余轮中应用线性衰减策略来降低学习率。将每个输入图像调整为 256×256，并随机翻转进行数据增强。

6.5.5 实验结果

1. 数据集和评估指标

本节在两个基准数据集上训练和评估所提出的 BA-ShadowNet，这两个数据集为调整过的 ISTD(ISTD+)和 SRD。这些数据集包含了具有不同形状阴影、各种光照条件和复杂背景纹理的图像，这使得阴影去除变得具有挑战性。ISTD+是通过使用图像处理算法调整 ISTD 中阴影和无阴影图像的颜色一致性而构建的。其训练集包含 1330 个由阴影、无阴影和阴影掩膜图像组成的三元组。测试集包含 540 个三元组。相比之下，SRD 只包含成对的阴影和无阴影图像，其中 2680 对图像用于训练，408 对图像用于测试。由于 SRD 没有标记阴影掩膜，因此实验采用了一种自适应阈值检测方法，该方法是在 Auto-Exposure FusionNet 中提出的，它根据成对的阴影和无阴影图像之间的差异提取阴影掩膜。提取的阴影掩膜仅用于训练和测试。为了保持比较的公平性，需使用 DHAN 提供的公共阴影掩膜进行评估。在 ISTD+数据集上，所提出的模型需要 30h 进行训练，在 SRD 数据集上需要 60h 进行训练。

为了评估所提出的 BA-ShadowNet 的性能并将其与最先进的阴影去除网络进行比较，本节使用以下指标来衡量获取的阴影去除结果与真实无阴影图像之间的性能差异：LAB颜色空间中的均方根误差RMSE，以及RGB颜色空间中的PSNR和SSIM。需要注意的是，较低的RMSE值表示更好的性能，而PSNR和SSIM值则相反，较高的值表示更好的性能。

2. 在ISTD+数据集上与最先进的阴影去除方法的比较

在ISTD+数据集上将本节方法与几种最先进的阴影去除方法进行了比较。比较的方法包括3种传统的基于物理模型的方法，即Gong等人、Guo等人和Yang等人的方法；以及9种基于深度学习的方法，即ST-CGAN、MaskShadow-GAN、DSC、SP+M+I-Net、DHAN、LG-ShadowNet、G2R-ShadowNet、DC-ShadowNet和Auto-Exposure FusionNet。其中，SP+M+I-Net、G2R-ShadowNet和Auto-Exposure FusionNet需要相应的阴影掩膜作为输入，而其他方法不需要。表6.11显示了BA-ShadowNet在ISTD+数据集上与最先进的阴影去除方法的定量比较结果，其中第1～9行展示了在不使用阴影掩膜的情况下阴影去除方法实现的度量值，而第10～13行和第14～17行分别展示了在使用最先进的阴影检测方法MTMT生成的阴影图和真实阴影图作为输入时的比较结果。比较方法的结果要么来自论文作者发表的论文，要么是通过方法提供的官方代码生成(在表6.11第一列方法名称后用*标记)的。S、NS和ALL分别代表阴影区域、非阴影区域和整个图像。

表6.11　BA-ShadowNet在ISTD+数据集上与最先进的阴影去除方法的定量比较结果

行号	对比方法	是否使用阴影掩膜(获取途径)	RMSE			PSNR			SSIM		
			S	NS	ALL	S	NS	ALL	S	NS	ALL
1	Yang等人	不使用阴影掩膜	24.7	14.4	16	21.57	22.25	20.26	0.878	0.782	0.706
2	Gong等人		13.3	2.6	4.2	30.53	36.63	28.96	0.972	0.982	0.943
3	Guo等人		22	3.1	6.1	26.89	35.48	25.51	0.96	0.975	0.924
4	ST-CGAN		13.4	7.7	8.7	31.7	26.39	24.75	0.979	0.956	0.927
5	MaskShadow-GAN		11.3	3.6	4.9	31.14	33.84	28.45	0.979	0.971	0.938
6	DSC		7.6	3.20	3.9	35.97	35.76	32.05	0.986	0.977	0.954
7	DHAN		11.4	7.2	7.90	32.91	27.14	25.65	0.99	0.97	0.96
8	LG-ShadowNet		9.7	3.4	4.40	32.44	33.68	29.20	0.982	0.971	0.945
9	DC-ShadowNet		10.3	3.5	4.6	32.20	34.38	29.07	0.978	0.973	0.94
10	SP+M+I-Net *	使用阴影掩膜(通过MTMT方法估计)	6.4	3.2	3.7	36.59	35.16	32.07	0.989	0.976	0.959
11	G2R-ShadowNet *		7.3	3.10	3.8	36.18	35.44	31.98	0.987	0.976	0.957
12	Auto-Exposure FusionNet		7.00	4.4	4.8	35.44	29.88	28.35	0.977	0.885	0.853
13	本节方法		6.5	3.1	3.6	37.14	36.04	32.63	0.989	0.975	0.96
14	SP+M+I-Net *	使用阴影掩膜(手工标记的准确值)	5.9	2.6	3.1	37.55	37.26	33.73	0.990	0.983	0.969
15	G2R-ShadowNet *		7.1	2.5	3.3	36.62	37.29	33.39	0.988	0.983	0.964
16	Auto-Exposure FusionNet		6.5	3.8	4.3	36.34	31.13	29.49	0.978	0.892	0.862
17	本节方法		**5.9**	**2.4**	**3.0**	**38.29**	**38.48**	**34.60**	**0.991**	**0.984**	**0.971**

从表6.11最开始展示的不使用阴影掩膜的方法的阴影检测结果定量评估数值可以看出，本节提出的方法优于不使用阴影掩膜的方法。例如，DSC是表现最好的比较方法。本

节方法在阴影区域和非阴影区域都具有较高的度量值。即使使用具有较大误差的阴影掩膜,本节方法的整体 RMSE 减少了 7.7%,PSNR 和 SSIM 分别从 32.05 和 0.954 增加到 32.63 和 0.960。当采用真实阴影掩膜时,RMSE、PSNR 和 SSIM 分别进一步提高了 23.1%、8.0%和 1.8%。如果阴影位置未知,则比较方法在去除阴影之前需要检测阴影。然而,图像中阴影的检测是一个非常具有挑战性的问题。对阴影和非阴影区域中的错误识别会提供错误的上下文信息,从而导致阴影区域的修正错误和非阴影区域值的改变。因此,缺少阴影掩膜会严重影响阴影去除结果的准确性。

表 6.11 的其余部分展示了使用阴影掩膜作为输入的 3 种方法在去除阴影时的比较结果,这些结果验证了阴影掩膜质量对阴影去除的影响。正如预期的那样,更准确的阴影区域先验可以帮助模型更好地去除阴影,无论是在阴影区域、非阴影区域还是整个图像中。4 种方法在整体 RMSE、PSNR 和 SSIM 方面的平均改进分别为 14.4%、4.9%和 1.0%。结果表明本节方法优于所有比较方法。即使使用具有错误的阴影掩膜,本节方法仍表现良好,RMSE、PSNR 和 SSIM 分别达到 3.6、32.63 和 0.960。这些值仅次于使用准确阴影掩膜训练的 SP+M+I-Net 和 G2R-ShadowNet。需要注意的是,Auto-Exposure FusionNet 在这 4 种方法中表现最差。原因是使用不同曝光度的多个图像进行融合会修改非阴影区域像素的值,导致这些非阴影区域产生较大的误差,从而产生较大的整体误差。另外,为了避免监督,G2R-ShadowNet 通过去除另一个网络模型生成的阴影来训练其阴影去除网络。然而,真实阴影和生成阴影之间的分布差异影响了阴影去除网络的性能。虽然本节方法和 SP+M+I-Net 在去除阴影区域方面的 RMSE 性能相近,但由于采用了无阴影一致性损失,本节方法更能保留非阴影区域,并且 PSNR 和 SSIM 也高于 SP+M+I-Net。

图 6.33 展示了在 ISTD+数据集上本节提出的 BA-ShadowNet 与其他先进方法在 7 个具有挑战性场景的阴影去除结果的视觉比较。这 7 个场景包含了复杂的纹理和强烈的亮度变化,对于去除阴影而言是具有挑战性的。然而,本节方法通过阴影边界优化和分支交互过程,成功恢复了阴影区域中的无痕背景。可以清楚地看到,DC-ShadowNet 由于有限的特征表示能力,在处理阴影痕迹时表现不佳。DSC 通过引入方向感知的注意机制取得了改进的性能。然而,在第一个场景和第四个场景中,DSC 的阴影边界上仍然可以发现痕迹。这两种方法在没有输入阴影掩膜的情况下,明显改变了非阴影像素的值,例如,第四个场景中黑色的地砖明显比真实值更亮。对于 G2R-ShadowNet,它在大多数测试场景中都可以观察到阴影边界的痕迹,并且阴影去除区域与背景也略有不同。虽然 Auto-Exposure FusionNet 在大多数场景中实现了令人印象深刻的阴影去除效果,但对于位于暗物体中的阴影的去除效果较差,如第一个场景中草坪上的阴影,这是由于很难获得修复暗区阴影的正确曝光。根据定量比较,SP+M+I-Net 是第二好的方法(仅次于本节方法)。它能够准确去除阴影区域内的阴影像素,然而,在第二个和第三个场景中,仍然可以观察到沿着阴影边界的残余阴影边缘。相比之下,本节所提方法的阴影去除结果中几乎看不到阴影边缘,并且阴影与非阴影之间的过渡更加平滑。在第七个场景中,暗色背景使得去除位于深红色背心和蓝色短裤中的阴影变得极其困难。因此,大多数对比方法会引入伪影。相比之下,本节方法实现了与真值无阴影图像最接近的结果。这表明,在去除阴影的同时优化边界使得 BA-ShadowNet 能够成功学习阴影图像的全局上下文信息。

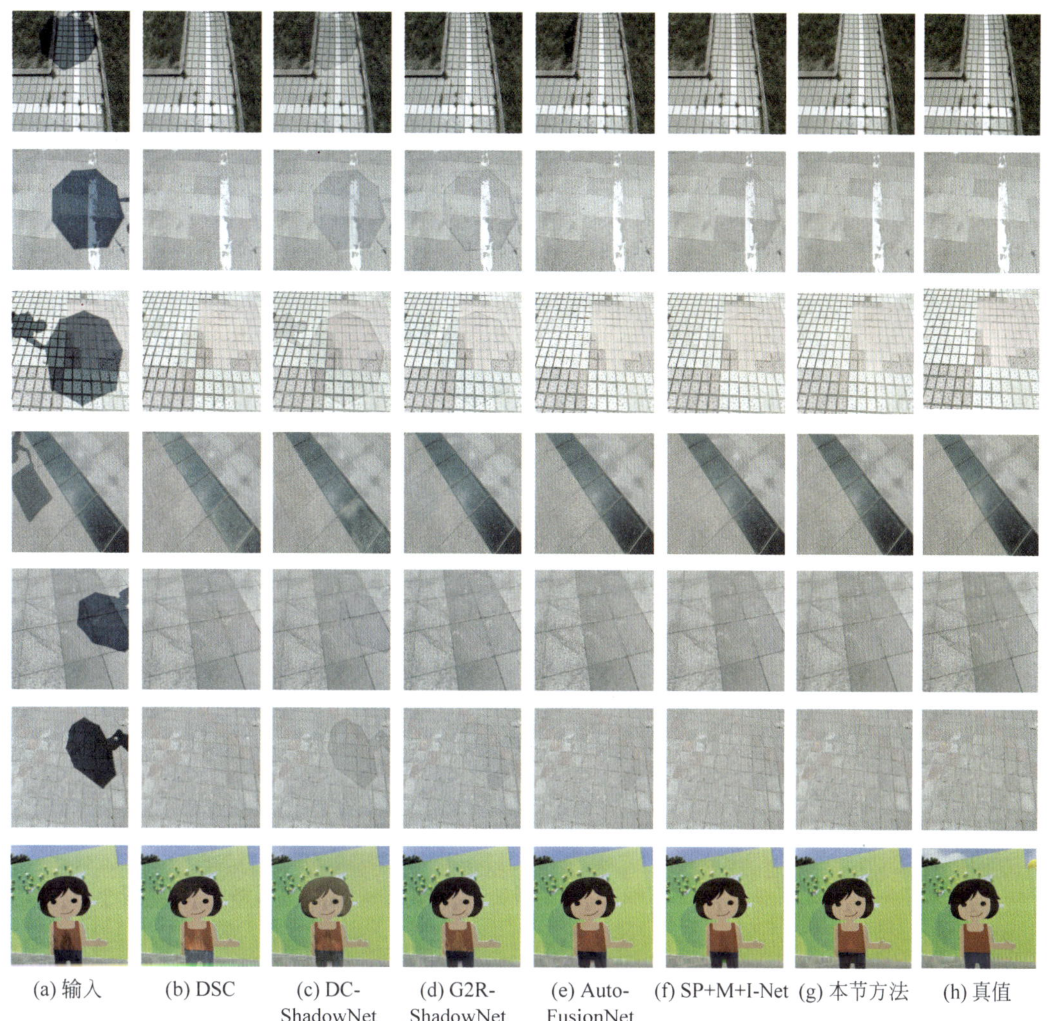

(a) 输入　(b) DSC　(c) DC-ShadowNet　(d) G2R-ShadowNet　(e) Auto-FusionNet　(f) SP+M+I-Net　(g) 本节方法　(h) 真值

图 6.33　在 ISTD+数据集本节方法与其他方法在 7 个具有挑战性场景中的阴影去除结果的视觉比较

为了进一步验证所提方法在阴影边界上的性能，本节计算了从 ISTD+数据集生成的无阴影图像中阴影边界的 RMSE，并将其与 3 种最先进的阴影去除方法进行了比较。每个图像的阴影边界由其阴影边界掩膜 M_b 提供。表 6.12 展示了比较结果，从中可以看出本节方法优于所有对比方法。这从定量上验证了本节所提出的阴影边界优化和分支交互策略极大地改善了方法在边界处的阴影去除能力。

表 6.12　本节方法在 ISTD+数据集上与已有阴影去除方法在阴影边界的去除效果对比

对比方法	边缘区域 RMSE
Auto-Exposure FusionNet	6.06
SP+M+I-Net	4.71
G2R-ShadowNet	5.83
本节方法	**4.62**

3. 在 SRD 数据集上与最先进的阴影去除方法进行比较

与 ISTD+数据集中的图像相比，SRD 数据集中的测试图像更加复杂。它们涉及不同的纹理复杂度、不同投射表面的几何形状、软阴影、弱阴影、阴影重叠、光照变化及由不透明物体和半透明物体产生的阴影。本节将所提的 BA-ShadowNet 与 Yang 提出的方法、Guo 提出的方法、Gong 提出的方法、DeshadowNet、DSC、DHAN、SP+M+I-Net、Auto-Exposure FusionNet 和 DC-ShadowNet 在 SRD 数据集上进行了比较，评估了产生的 RMSE、PSNR 和 SSIM。结果列在表 6.13 中，S、NS 和 ALL 的定义与表 6.11 相同，其中大多数比较方法的结果来自于他们发表的论文，只有 SP+M+I-Net 的结果是通过他们的官方代码生成的。由于测试图像的复杂性，因此所有方法生成的无阴影图像的误差都增加了。然而，本节方法产生的阴影区域、非阴影区域和整个图像的 RMSE 值仍然是所有方法中最低的。与第二好的方法 DC-ShadowNet 相比，阴影、非阴影和整个图像的 RMSE 值分别降低了 24.7%、20.6%和 23.4%。本节方法的 PSNR 和 SSIM 也高于比较方法。与第二好的方法相比，阴影、非阴影和整个图像的 PSNR 改善分别为 8.4%、7.5%和 9.2%。虽然 DeshadowNet 的整体 SSIM 比本节方法高 0.005，但在阴影和非阴影区域，本节方法更好。实验中还测试了由不同方法生成的无阴影图像中阴影边界区域的 RMSE，结果展示在表 6.14 中。可以看到，本节方法在 SRD 数据集上的阴影边界去除能力远远优于其他方法，相对于第二好的方法，本节方法的 RMSE 降低了 22.7%。

表 6.13　在 SRD 数据集上，本节方法与先进的阴影去除方法之间的对比

对比方法	度量指标								
	RMSE			PSNR			SSIM		
	S	NS	ALL	S	NS	ALL	S	NS	ALL
Yang 等人	23.4	22.3	22.6	—	—	—	0.86	0.874	0.87
Guo 等人	29.9	6.5	6.5	—	—	—	0.738	0.969	0.909
Gong 等人	19.6	4.9	4.9	—	—	—	0.87	0.979	0.951
DeshadowNet	11.8	14.8	4.8	—	—	—	0.949	0.982	**0.974**
DSC	10.9	5.0	5.0	31.5	33.81	29.01	0.966	0.984	0.939
DHAN	8.9	4.8	4.8	34.21	35.15	31.03	0.98	0.99	0.96
SP+M+I-Net *	8.4	4.1	4.1	34.06	35.91	31.25	0.978	0.98	0.949
Auto-Exposure FusionNet	8.6	5.8	5.8	32.4	30.79	27.92	0.968	0.95	0.901
DC-ShadowNet	7.7	3.4	3.4	33.36	35.06	30.75	0.975	0.983	0.95
本节方法	**5.8**	**2.7**	**2.7**	**37.14**	**38.36**	**34.11**	**0.986**	**0.99**	0.969

表 6.14　不同方法生成的无阴影图像中阴影边界区域的 RMSE

对比方法	边缘区域 RMSE
DHAN	6.73
SP+M+I-Net	7.98
Auto-Exposure FusionNet	8.69
DC-ShadowNet	7.44
本节方法	**5.20**

图 6.34 显示了在 SRD 数据集上获得的视觉比较结果。第一个场景中的黑暗背景在恢复阴影区域的颜色方面提出了很大的挑战。DSC 和 SP＋M＋I-Net 产生的结果明显偏离了道路原本的颜色，而其他比较方法生成的无阴影图像中仍然有阴影痕迹。相比之下，本节方法能够防止图像伪影，并获得与真实情况最接近的无阴影图像。第二个场景的特点是左墙上的软阴影边界。与其他方法相比，本节方法的结果引入了较少的伪影。此外，阴影区域的颜色与周围区域更为一致。这表明本节所提出的方法也能够有效去除软阴影。第三个到第五个场景具有投射表面的几何形状和背景颜色变化，其中第三个场景在草坪上有复杂的纹理，第五个场景有半透明物体投射的阴影。虽然对比方法在处理颜色和亮度偏移、图像模糊和沿阴影边界残留痕迹等各种伪影方面存在困难，但本节所提出的方法能够准确地去除阴影并保留由场景几何形状和颜色变化引起的边缘细节。无论是视觉比较还是定量比较都清楚地证明了本节所提出的 BA-ShadowNet 在复杂的实际情况下的优越性。

图 6.34 在 SRD 数据集上的视觉比较结果

4. 用户调研

本节进行了一项用户调研，以进一步证明本节方法在视觉效果上优于其他比较方法。在调研中，共招募了 57 名研究生作为参与者，并且大部分参与者具有计算机科学背景。本次调研共有 40 个具有挑战的场景，其中一半来自 ISTD＋数据集，另一半来自 SRD 数据集。对比方法选择了在定量评估中表现较好的阴影去除方法。对于 ISTD＋数据集，选择了 Auto-Exposure FusionNet、SP＋M＋I-Net 和 G2R-ShadowNet；对于 SRD 数据集，选择了 DHAN、DC-ShadowNet、Auto-Exposure FusionNet 和 SP＋M＋I-Net。对于每个场景，参与者被邀请选择他们认为最好的阴影去除结果。阴影去除方法对于参与者是匿名的，并且以随机顺序排列。表 6.15 展示了不同阴影去除方法获得的投票百分比，在 ISTD＋数据集上，本节方法 ShadowNet 获得了超过一半的选票，总选票数量是第二好的方法的两倍。在 SRD 数据集上，本节方法获得了 63.25％的选票，远高于其他方法。用户研究结果表明，本节方法在阴影去除的视觉效果方面优于现有的阴影去除方法。

表 6.15 不同阴影去除方法获得的投票百分比

对比方法	ISTD＋数据集投票百分比	SRD 数据集投票百分比
Auto-Exposure FusionNet	24.30％	8.25％
SP＋M＋I-Net	13.42％	9.39％
G2R-ShadowNet	7.46％	-
DHAN	-	12.37％
DC-ShadowNet	-	6.75％
本节方法	54.82％	63.25％

5. 消融研究

为了证明 BA-ShadowNet 中每个关键网络组件和损失函数项的有效性，本节在 ISTD＋数据集和 SRD 数据集上训练和测试了几个模型变体。

表 6.16 展示了方法对于主要网络模块的消融结果。通过将 BA-ShadowNet（标记为 Full Model）与两个变体模型进行比较来评估网络设计，其中一个变体模型是通过在完整网络中删除交互模块来获得的（标记为 w/o IM）；另一个变体则是通过删除交互模块和阴影边界优化分支来获得的（标记为 w/o IM and BO）。当删除交互模块时，特征直接在每个分支中从一个尺度传递到下一个尺度。这两个变体模型都采用了 3 个损失项，但在删除阴影边界优化分支时，涉及阴影边界的损失在 L_s 和 L_c 中都被删除。

表 6.16 方法对于主要网络模块的消融结果

消融结构	ISTD＋			SRD		
	S	NS	ALL	S	NS	ALL
Full Model	5.9	2.4	3	5.8	2.7	3.6
w/o IM	6.1	2.4	3	6.2	2.9	3.8
w/o IM and BO	6.50	2.4	3.1	6.6	2.9	3.9

在 ISTD＋数据集上，没有交互模块的模型阴影区域的 RMSE 比完整模型增加了 0.2，在删除阴影边界优化分支后阴影区域的 RMSE 增加了 0.6。在 SRD 数据集上，删除交互模块和阴影边界优化分支显著降低了 BA-ShadowNet 的阴影去除准确性。在没有交互模块的情况下，阴影区域和整个图像的 RMSE 分别增加了 0.4 和 0.2，在删除阴影边界优化分支后增加了 0.8 和 0.3。以上实验证明，阴影边界优化分支和分支交互操作都有助于提高模型在阴影区域去除方面的准确性。需要注意的是，在大多数测试图像中，非阴影区域要比阴影区域大得多，因此阴影区域中 RMSE 值的降低对整个区域的影响有限。

实验还测试了不同损失函数项对 BA-ShadowNet 性能的影响，测试结果在表 6.17 中展示。此时，需在完整结构下训练网络，分别使用所有损失项、不使用边界损失项 L_b（标记为 w/o L_b）、无阴影一致性损失项 L_c（标记为 w/o L_c）及两者的损失项（标记为 w/o L_b and L_c）。从表 6.17 的第二行可以看出，边界损失明显提高了模型在两个数据集上的阴影区域去除准确性，分别提高了7.8%和7.9%，表明阴影边界优化过程有助于去除内部阴影。这也证明了对阴影边界的不平衡监督确实降低了阴影去除的准确性。消除无阴影一致性损失项会增加阴影和非阴影区域的错误。在ISTD+数据集上，阴影区域和非阴影区域的RMSE值分别增加了0.5和0.1。在SRD数据集上，阴影区域和非阴影区域的RMSE值分别增加了0.4和0.3。结果表明，保持阴影与非阴影区域的一致性有助于网络学习更多的全局场景信息，从而完全去除阴影区域。当两个损失项都被消除时，误差进一步增加。

表6.17　测试不同损失函数项对BA-ShadowNet性能的影响的结果

消融结构	ISTD+			SRD		
	S	NS	ALL	S	NS	ALL
使用所有损失项	5.9	2.4	3	5.8	2.7	3.6
w/o L_b	6.4	2.4	3.1	6.3	2.9	3.8
w/o L_c	6.4	2.5	3.2	6.2	3.0	3.9
w/o L_b and L_c	6.7	2.5	3.2	6.5	3.2	4.1

为了进一步研究出现在式(6.31)中的权重参数w_b对模型性能的影响，以5为步长从0到20采样w_b的值，然后在ISTD+数据集上使用不同的w_b对模型进行训练。训练得到模型的RMSE值在表6.18中展示，结果表明10是使模型表现最佳的参数值。这主要是因为ISTD+数据集和SRD数据集中整个图像中阴影边界的平均比例约为8.5%，将w_b设置为10可以在训练过程中使边界损失项与其他两个损失项具有相同的作用。

表6.18　训练得到的模型的RMSE值

权重取值	Shadow	Nonshadow	All
$w_b=0$	6.4	2.4	3.1
$w_b=5$	6.3	2.4	3.1
$w_b=10$	5.9	2.4	3
$w_b=15$	6.20	2.4	3
$w_b=20$	6.3	2.5	3.1

第7章 室外场景虚实景物的阴影相互投射与融合

将计算机生成的虚拟景物融入真实场景时，虚拟景物可能进入真实场景的阴影区域，考虑和不考虑阴影交互效果的对比如图7.1所示，虚拟佛像被放置在了树影中，此时若不进行特别处理便会得到图7.1(b)所示的结果。显然，阳光撒在位于树影中的佛像上并不符合客观规律，同时，佛像产生的阴影也明显暗于周围的阴影。正确的情况应当如图7.1(c)所示，树木会遮住大部分阳光，在佛像表面产生阴影，佛像也会向地面投射阴影，但是佛像的阴影不会令原本的树影区域变得更暗。因此，为了得到真实的虚实融合效果，必须要模拟虚实场景的阴影交互效果，主要包括：虚拟景物在真实场景中的投影和真实景物在虚拟景物表面的投影。针对上述问题，本章首先在7.1节中介绍将虚拟景物的阴影投射在真实场景中的方法；7.2节将给出一种基于阴影体的虚实阴影交互方法，主要包括真实阴影在虚拟景物表面的投射及虚拟阴影与真实阴影的融合方法；7.3节则介绍另外一种基于阴影纹理的虚实阴影交互方法，以解决树影等复杂阴影的虚实投射问题。

(a) 输入图像　　(b) 不考虑阴影交互　　(c) 考虑阴影交互

图7.1　考虑和不考虑阴影交互效果的对比

7.1 虚拟景物在真实景物表面的阴影投射

将虚拟景物放入真实场景时，虚拟景物的阴影会投射至真实场景中。理论上来说，利用真实感绘制算法，在获取了真实场景的几何之后即可通过绘制来获取虚拟景物在真实场景中的阴影，但是重建真实场景的精确几何具有较大难度。为此，本节将针对室外场景介绍一种根据太阳方向和投影面的位置将虚拟景物投射到投影面上形成阴影的方法。

7.1.1 阴影投射方法

想要使用投影的方法实现虚拟景物到真实物体的阴影投射，需要先拟合出场景中的地面。使用深度相机或者即时定位与地图构建（Simultaneous Localization And Mapping，SLAM）算法得到的地面3D数据由于软硬件设备的限制，难免会包含噪声点。现在有很多平面拟合方法，它们可以根据给定的目标方程来求解最佳的模型参数。但是这些方法都不能剔除待处理数据中的异常值。

随机抽样一致性（Random Sample Consensus，RANSAC）算法通过多次迭代的方法对待处理数据进行数学模型拟合，迭代过程中会采用随机采样的方法除去异常点。使用RANSAC算法可以得到理想的地面拟合参数，所以本节采用该算法对地面进行拟合。地面拟合公式如下所示：

$$\boldsymbol{N} \cdot \boldsymbol{P}_g + d = 0 \tag{7.1}$$

其中，$\boldsymbol{N}$ 为地面的法向量，$\boldsymbol{P}_g$ 为地面上3D点的坐标，d 为平面方程的常数项，决定了地面与原点的距离和偏移方向。根据地面拟合公式，利用太阳方向和地面参数推导出投影矩阵，通过投影矩阵可以将虚拟景物的顶点投射到地面上。

投影法生成虚拟景物的示意图如图7.2所示，$\boldsymbol{l}$ 代表的是太阳光入射方向向量，$\boldsymbol{v}$ 是虚拟物体上一点 v 的3D点坐标，p 是虚拟物体上点 v 投射到地面上的点，记其坐标为 $\boldsymbol{p}$。可以通过太阳位置和虚拟物体上的3D点得到 p 的坐标：

$$\boldsymbol{p} = \boldsymbol{l} + (\boldsymbol{v} - \boldsymbol{l})t \tag{7.2}$$

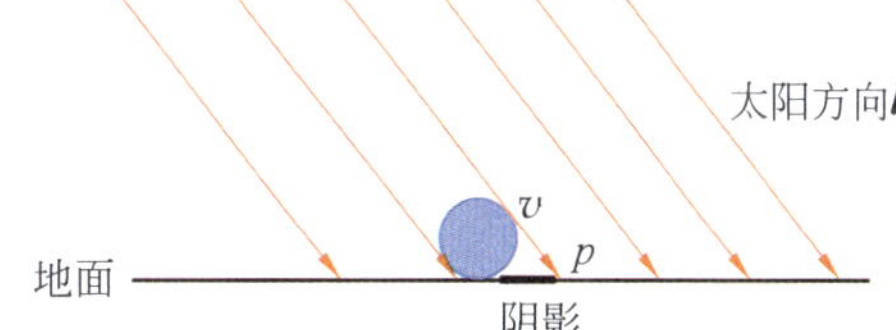

图7.2 投影法生成虚拟景物的示意图

其中，t 为需要求解的未知参数。因为 p 为地面上的点，所以可以将式(7.2)代入式(7.1)中求得 t：

$$t = -\frac{\boldsymbol{N} \cdot \boldsymbol{l} + d}{\boldsymbol{N} \cdot (\boldsymbol{v} - \boldsymbol{l})} \tag{7.3}$$

将 t 代入式(7.2)中得：

$$\boldsymbol{p} = \boldsymbol{l} - \frac{\boldsymbol{N} \cdot \boldsymbol{l} + d}{\boldsymbol{N} \cdot (\boldsymbol{v} - \boldsymbol{l})} \cdot (\boldsymbol{v} - \boldsymbol{l}) \tag{7.4}$$

将式(7.4)的推导按照各坐标分量展开，可以得到将虚拟景物投影到地面上的投影矩阵：

$$\boldsymbol{P}_{\text{shadow}} = \begin{bmatrix} \boldsymbol{N} \cdot \boldsymbol{l} + d - l_x N_x & -l_x N_y & -l_x N_z & -l_x d \\ -l_y N_x & \boldsymbol{N} \cdot \boldsymbol{l} + d - l_y N_y & -l_y N_z & -l_y d \\ -l_z N_x & -l_z N_y & \boldsymbol{N} \cdot \boldsymbol{l} + d - l_z N_z & -l_z d \\ -N_x & -N_y & -N_z & \boldsymbol{N} \cdot \boldsymbol{l} \end{bmatrix} \tag{7.5}$$

其中，N_x、N_y、N_z 对应于向量 $\boldsymbol{N}$ 的3个坐标分量，l_x、l_y、l_z 对应于向量 $\boldsymbol{l}$ 的3个坐标分量。在实验中，$\boldsymbol{P}_{\text{shadow}}$ 矩阵可以将虚拟景物投射到地面上从而实现虚拟景物的阴影到地面的投射。需要说明的是,在使用 $\boldsymbol{P}_{\text{shadow}}$ 进行投影时,均采用齐次坐标,虚拟景物上的点的齐次坐标的第四个分量的值设为 1。

7.1.2 软影生成方法

之前使用平行光源模拟太阳光,故无法产生软影,可采用高斯滤波对阴影边缘进行处理以解决这一问题。不难发现,当投影点与其对应阴影接受面的距离越大时,软影宽度越宽,反之,软影宽度则越窄。软影宽度计算示意图如图 7.3 所示,γ_s 为太阳高度角,α_s 为太阳的观察视角,其值约为 0.53 度,h 为 p 点高度,根据这些信息,p 投射在地面所产生的软影宽度 l 可通过下式计算:

$$l=\frac{h}{\tan\gamma_s}-\frac{h}{\tan(\gamma_s+\alpha_s)} \tag{7.6}$$

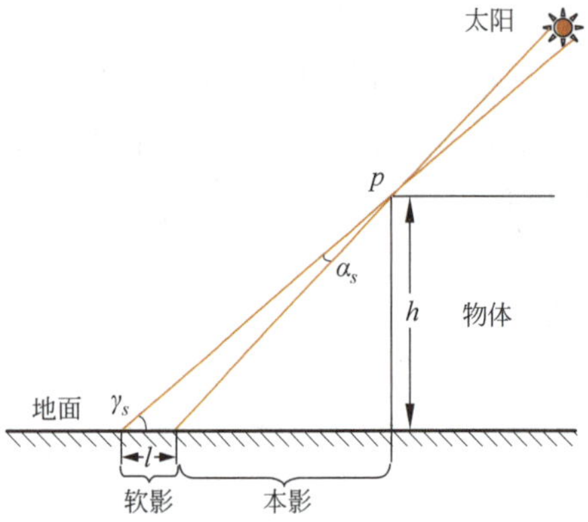

图 7.3 软影宽度计算示意图

根据上面的讨论,需要采用不同的滤波半径对阴影边缘区域进行滤波,具体方法如下。

(1) 检测绘制图像中虚拟物体阴影的边缘。

(2) 计算边缘点对应于模型中阴影投射点的高度,滤波半径便为软影宽度变换到图像平面之后的对应值。

需要说明的是,在计算阴影边缘点所对应阴影投射点高度时,可预先计算模型上各顶点距离地面的高度,并将其记录下来,阴影边缘点所对应的虚拟物体上阴影投射点的高度则可由其附近虚拟景物顶点投射的阴影点所对应的虚拟景物的顶点距离地面的高度插值求得。经本节方法处理后的阴影如图 7.4 所示,本节方法可以得到真实的软影。

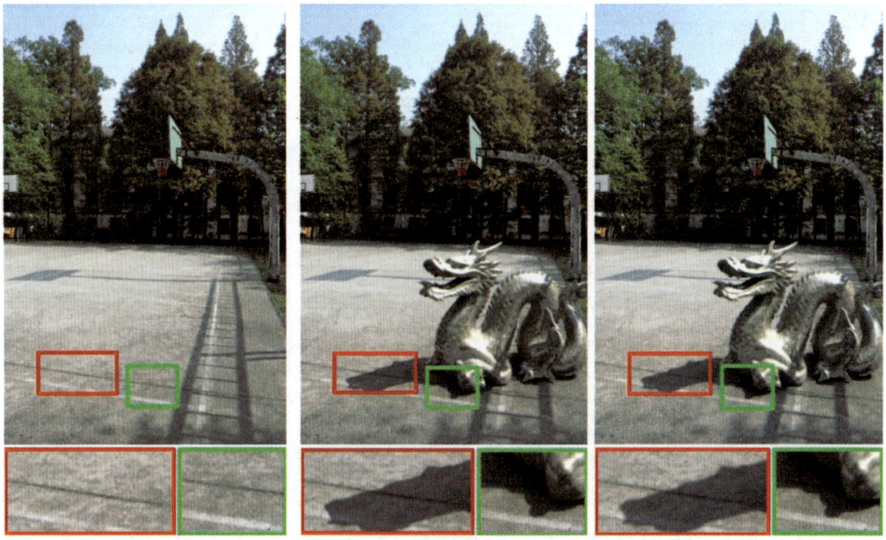

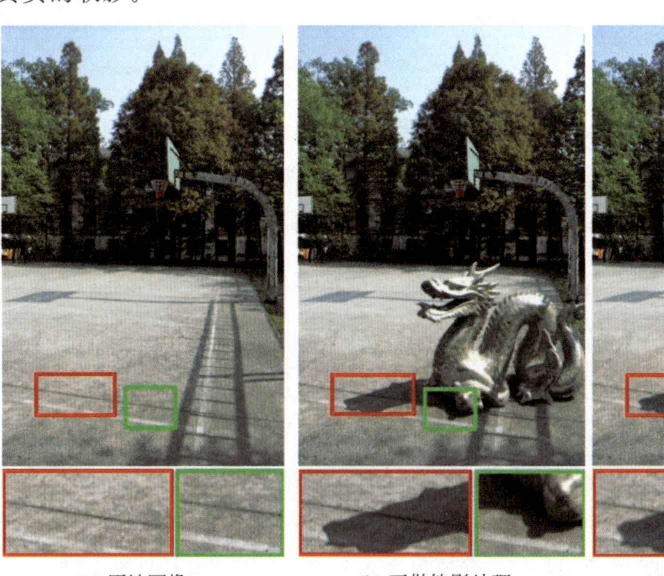

(a) 原始图像　(b) 不做软影处理　(c) 本节方法的结果

图 7.4 本节方法处理后的阴影

7.2 基于阴影体的虚实场景阴影交互

阴影体是计算机图形学中生成阴影的主要方法之一，其基本原理是从光源出发沿着遮挡体的轮廓发射射线从而形成一个放射状的几何体，位于遮挡体之后的区域就是该遮挡体投射的阴影区域，因此，通过判断场景中的对象是否在阴影体内可以确定它是否受遮挡体阴影的影响。在真实户外场景中，重建物体的精确几何难度较大，但是，场景中阴影区域的边缘可以为构建阴影体提供遮挡体的位置、形状等信息，再结合太阳方向就可实现真实场景阴影体的构建。本节将介绍根据检测到的阴影边缘信息构建和优化阴影体的方法，以及如何根据阴影体实现虚实场景阴影的正确交互。

7.2.1 阴影体的构建与优化方法

1. 阴影体的构建方法

利用阴影边缘和太阳方向生成阴影体的原理如图 7.5 所示，其具体步骤如下。

(1) 将场景中的太阳方向表示为方向向量 $\boldsymbol{d}_1$，从 3D 阴影边缘上的一个点沿着太阳方向 $\boldsymbol{d}_1$ 发射一条射线，在这条射线上以阴影点为起点取一条长度很长的线段(在实验中设长度为 1000)。

(2) 对 3D 阴影边缘上的点均执行上述操作。得到所有的线段以后，依次使用相邻的两条线段构成一个四边形面片。

(3) 这些四边形面片相互连接构成本节实验所需要的阴影体。

在这个方法中，阴影体表面是由一系列相互平行的四边形面片来近似表示的。当遮挡体部分可见或者全部不可见的时候，生成的阴影体会被图像边界所截断，因此实验中形成的阴影体可以视为一个闭合的几何体。

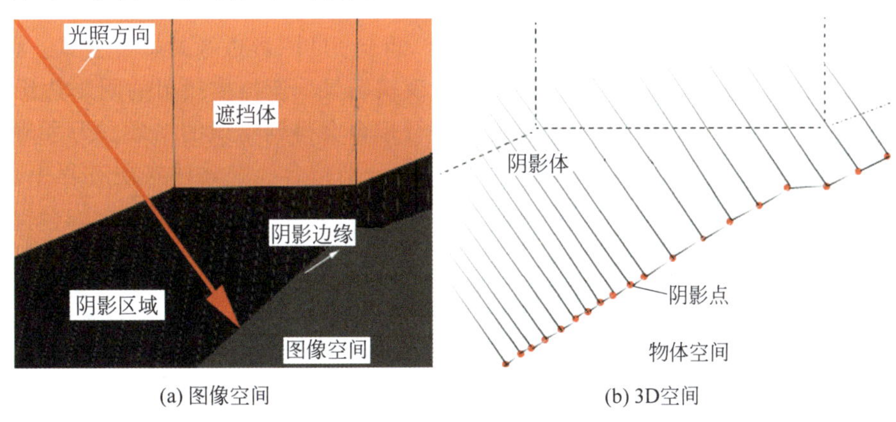

(a) 图像空间　　(b) 3D空间

图 7.5 利用阴影边缘和太阳方向生成阴影体的原理

当阴影体渲染完成之后，即可通过 Z-Fail 算法来判断虚拟景物的各个部分是否受到场景中遮挡体阴影的影响，从而在虚拟物体上投射真实阴影。未开启多重采样的效果如图 7.6(a)所示，利用上述方法在虚拟物体上投射的真实阴影边缘存在锯齿，严重影响用户的视觉体验。为了解决这个问题,尝试开启多重采样来消除这些锯齿,但是,开启多重采样后锯齿依然存在,效果如图 7.6(b)所示。通过分析发现,虚拟物体上阴影与非阴影的交界处是虚拟物体表面与阴影体表面的交线。锯齿形成主要是因为 3D 阴影边缘的采样率过低,使得构建阴影体的四边形面片数太少,以至于不能趋近成一个光滑的曲面。为了能让遮挡体在虚拟景物上投影出光滑的阴影边缘,可通过对 3D 阴影边缘进行重采样增加四边形面片数来得到一个光滑的阴影体。

(a) 未开启多重采样的效果

(b) 开启多重采样的效果

图 7.6　未开启多重采样和开启多重采样的效果

2. 阴影体的优化方法

1) 3D 阴影边缘拟合

为了使遮挡体对应的阴影体表面光滑,本节采用“以直代曲”的思想来构造光滑的阴影体。其根本目的是增加构成阴影体的四边形面片的数量,当有足够多的四边形面片后,即可逼近光滑的阴影体。由于构建阴影体的四边形面片数由 3D 阴影边缘中的像素数目决定,因此可以通过增加 3D 阴影边缘的采样点数目来解决这个问题。为了增加 3D 阴影边缘的采样点数量,可以对 3D 阴影边缘进行拟合,然后通过拟合曲线增加采样点的数量。

贝塞尔曲线可以通过很少的控制点生成复杂平滑的曲线。针对贝塞尔曲线这一特点,本节先利用贝塞尔曲线对 3D 阴影边缘进行拟合,得到 3D 阴影边缘的拟合公式。但是,贝塞尔曲线仅适用于拟合曲率变换不大的曲线,而现实场景中遮挡体投射的阴影边缘一般呈现复杂的形状,因此直接利用贝塞尔曲线对其进行拟合会得到错误的结果。为了解决这一问题,可对 3D 阴影边缘进行排序分段,再在每段上分别拟合。在具体实现过程中,可先在 2D 阴影边缘上进行排序分段操作,然后将排序分段情况映射到 3D 阴影边缘上。

首先是对 2D 阴影边缘的排序。为了得到 2D 阴影边缘的拓扑结构,本节采用图像的深度遍历算法(Depth First Search,DFS)对阴影边缘进行排序。利用 DFS 算法可以按 2D 阴影边缘的走势对像素点进行排序。对 2D 阴影边缘排好序后,由于场景中的阴影边缘并不是简单曲线,因此需要对复杂的阴影边缘进行分段,使得每一段都是简单曲线。

曲线的曲率可以用来表现曲线与直线的接近程度,当曲线越接近直线的时候,曲率半径越大,在这一点上的曲率越小。在真实阴影边缘上,当某一像素点的曲率越大,其弯曲的程度也越大。因此可以利用曲率来确定其分段点,具体做法如下。

(1) 求出阴影边缘上每一个像素点的曲率,由于在图像上所检测到的阴影边缘是由离散的像素点组成的,因此可根据阴影排序结果选取相邻的离散点来构成近似三角形。

(2) 在构成的三角形上通过余弦定理计算曲率，从而获得阴影边缘上每一个像素点的曲率。

(3) 通过阈值方法筛选出曲率大的点作为分段点，分段点确定后可以对阴影边缘进行分段，然后利用2D空间与3D空间的转换关系将分段情况映射到3D阴影边缘上。

3D阴影边缘分段结束后，便可对3D阴影边缘的每一条分段进行贝塞尔曲线拟合。具体做法如下。

(1) 将分段边缘的起点和终点设置为贝塞尔曲线的控制点 P_0、P_2。

(2) 在分段阴影边缘像素坐标已知的情况下，使用二次贝塞尔曲线公式进行最小二乘法求解以得到控制点 P_1，二次贝塞尔曲线的定义为：

$$B(t)=\sum_{k=0}^{2}p_k B_{k,1}(t)=(1-t)^2P_0+2t(1-t)P_1+t^2P_2 \tag{7.7}$$

(3) 通过控制点 P_0、P_1、P_2 可以确定出所对应的分段曲线的贝塞尔公式，根据参数确定的贝塞尔公式，可以对与其对应的分段边缘进行采样。

2) 自适应采样

接下来需要利用拟合公式对分段阴影边缘进行采样，每条分段阴影边缘的采样数量都能影响最终阴影体的渲染效果和效率。对拟合出来的曲线进行采样的时候，首要目标是利用足够多的采样点生成光滑的阴影边缘。为了保证程序的效率，规定采样点的个数在满足光滑的前提下应该尽可能小。

人类在观察物体的时候，对近处物体的关注度会比对远处物体的关注度高。借鉴人类的这种习惯，本节提出了一种基于视觉的自适应采样策略。从人类对图像中不同区域的关注程度、2D阴影边缘和3D阴影边缘之间的相对关系来确定每条分段阴影边缘的最终采样点数量。具体做法如下。

(1) 对于2D空间中每一个分段阴影边缘 l，其有 n 个像素点。将分段边缘 l 的第一个像素点标记为 P_{2d}^1，分段边缘 l 的最后一个像素点标记为 P_{2d}^n，P_{2d}^1 和 P_{2d}^n 的欧式距离标记为 $d(P_{2d}^1,P_{2d}^n)$。

(2) 假设与 l 对应的3D阴影边缘的第一个点为 P_{3d}^1，最后一个点为 P_{3d}^n，两个3D点间的距离标记为 $d(P_{3d}^1,P_{3d}^n)$。

(3) 比值 $d(P_{3d}^1,P_{3d}^n)/d(P_{2d}^1,P_{2d}^n)$ 代表了在 l 所属的区域内，2D空间中两个相邻像素之间的距离在3D空间中对应的3D距离。采样点数目与比值 $d(P_{3d}^1,P_{3d}^n)/d(P_{2d}^1,P_{2d}^n)$ 成反比。

(4) 采样点的数目与 $d(P_{3d}^1,P_{3d}^n)$ 成正比，与这段阴影边缘的平均深度成反比。所以每一个分段阴影边缘的采样点数目 m 由下式得到：

$$m=\max\left(\frac{d(P_{2d}^1,P_{2d}^n)}{d(P_{3d}^1,P_{3d}^n)}\times\frac{d(P_{3d}^1,P_{3d}^n)}{\sum_{i}^{n}d_i/n},\dot{o}\right) \tag{7.8}$$

其中，d_i 为第 i 个点的深度，$\dot{o}$ 是采样点数目的最小下限，在实验中将其设置为 $2n$。图7.7展示了对3D阴影边缘进行重采样前、后的阴影边缘对比结果。

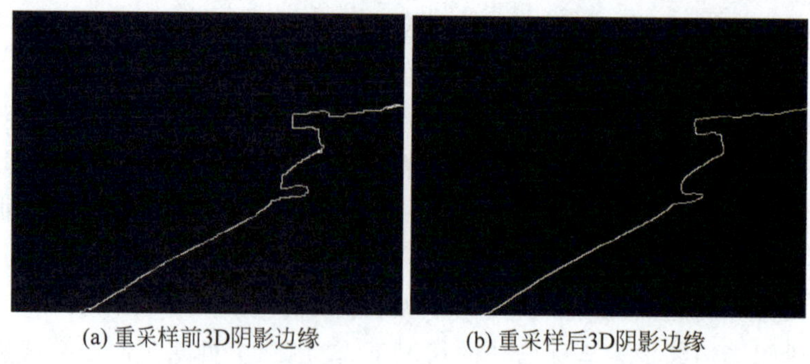

(a) 重采样前3D阴影边缘　　(b) 重采样后3D阴影边缘

图 7.7　对 3D 阴影边缘进行重采样前后的阴影边缘对比结果

7.2.2　基于阴影体的虚实阴影交互与融合方法

本节将讨论如何根据生成的阴影体实现虚实场景阴影的正确交互与融合。为生成逼真的虚实融合效果，本节使用 4.6 节介绍的方法来求解太阳光和天空光参数，然后根据估计的光照绘制虚拟景物。在获得了真实场景的阴影体后，使用 Z-Fail 算法渲染虚拟景物投射的阴影和虚拟景物的深度图，通过深度值判断虚拟景物的各个部分是否位于场景的阴影体内从而在虚拟景物上投射真实阴影，最终形成虚拟景物及其阴影的掩膜图像(图 7.8(a)所示)。对于虚拟景物，图 7.8(a)中红色像素区域为真实场景中遮挡体投射到虚拟景物上的阴影，深蓝色像素区域为虚拟景物上未被遮挡的部分。对于虚拟景物投射的阴影，可以分为与场景中的阴影相互重叠的部分(简称为重叠阴影)和与场景中的阴影相分离的部分(简称为分离阴影)。图 7.8(a)中绿色区域为重叠阴影，浅蓝色为分离阴影。下面将分别从虚拟景物、虚拟景物的投射阴影两方面对融合过程进行阐述。

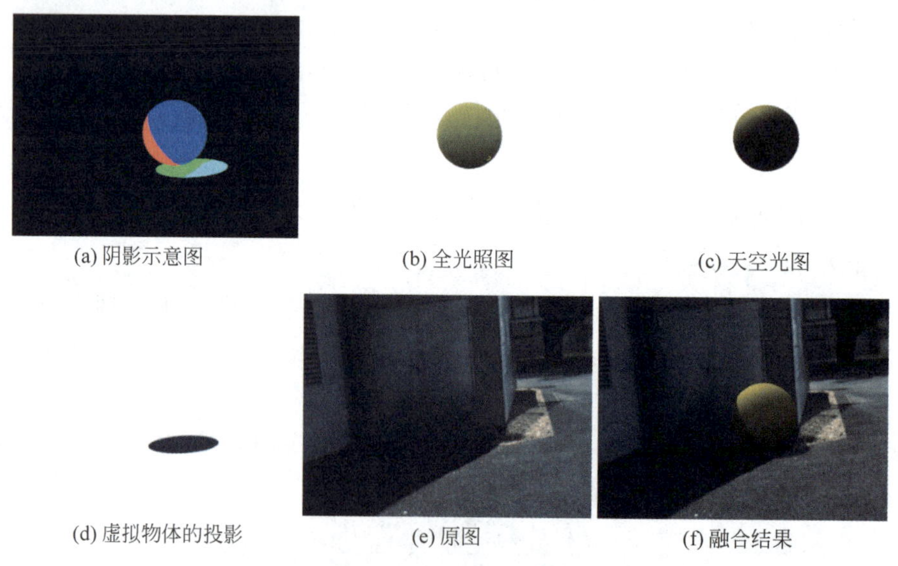

(a) 阴影示意图　　(b) 全光照图　　(c) 天空光图

(d) 虚拟物体的投影　　(e) 原图　　(f) 融合结果

图 7.8　阴影交互虚实融合过程

为了将虚拟景物融入真实场景，需要分别渲染虚拟景物在全光照(太阳光和天空光)下的图像(图 7.8(b))和虚拟物体在天空光下的图像(图 7.8(c))。再根据虚拟景物在其掩膜图像中不同颜色的指示将背景中相应的像素替换为对应的虚拟景物像素，从而实现虚拟景物与背景的合成。

为了将虚拟景物的投射阴影加入真实场景，先渲染出虚拟景物的阴影(图 7.8(d))。对于分离阴影部分，直接按照传统虚实融合方法对于阴影的处理方法融合即可。由于虚拟景物的加入不会过多改变原本就存在的真实阴影区域，因此，对于虚拟景物投射阴影的重叠阴影部分只需保留原始背景中的阴影即可。最终的融合结果如图 7.8(f)所示。

7.2.3 实验结果

为了证明本节方法的有效性，拟从以下两个方面对本节方法进行验证和分析。

(1) 通过在真实场景中模拟虚实阴影的交互，从视觉效果上来验证本节方法的有效性。

(2) 由于从真实场景中难以获取虚实场景阴影交互结果的真值，因此无法进行虚实融合阴影处理效果的定量评价，为此，我们将使用虚拟场景，通过对比绘制的真值和本节方法生成的虚实融合图像来实现对于阴影交互效果的量化评价。

1. 真实场景中的阴影交互模拟效果

本节在 3 个真实场景中进行了实验，虚实对象阴影交互模拟结果如图 7.9 所示，场景从上往下依次为“建筑”“道路”和“地面”。这些示例场景具有不同的纹理复杂性、柔和阴影、大幅相机移动及由刚性和非刚性物体投射的阴影。在实验中，场景的深度数据和相机校准是通过各种方法获得的。例如，在图 7.9(a)中显示的“建筑”场景中，RGBD 数据是使用立体摄像机 Bumblebee2 获取的，该摄像机的内部参数已知；图 7.9(b)和图 7.9(c)显示的“道路”和“地面”场景，摄像机的姿态和场景深度数据是通过 ORB-SLAM 2 获得的。利用深度数据和相机姿态，本节方法使用 RANSAC 来拟合最大的平面表面，并将该平面视为放置虚拟

(a) 在“建筑”场景中插入了一个虚拟的移动球

(b) 在“道路”场景中插入了一个虚拟的移动机器人

(c) 在“地面”场景中集成了一个虚拟的篮球

图 7.9 虚实对象阴影交互模拟结果

对象的地面。在前两个场景中，每个视频中的实际阴影都是由部分可见的建筑物投射的，相比之下，最后一列“地面”场景中的阴影是由完全不可见的人和完全不可见的建筑物投射的。

图 7.9 展示了基于本节方法模拟的虚实对象阴影交互效果，可以看到，本节提出的面向 AR 的虚实阴影交互方法不仅可以实现真实阴影到虚拟景物上的投射，还可以实现虚拟景物的阴影到真实场景的投射，很好地完成了移动视点下的虚实阴影交互，提高了最后融合结果的真实性。在 3 个场景中，投射阴影的遮挡物仅部分可见或完全不可见，但是这种情况并不会影响虚实阴影的交互效果。本节的方法不仅适用于不同的场景，还能将遮挡体的阴影投射到不同形状的虚拟景物上。这些都表明了本节方法的有效性。

2. 虚拟场景中的阴影交互模拟效果

在现实世界的场景中，特别是在包含移动物体的视频中，很难获取阴影交互的真实情况。为了评估阴影交互模拟的性能，本节使用渲染的场景“飞机”将合成结果与真实情况进行比较。与真实效果的对比如图 7.10 所示，图 7.10(a)、图 7.10(c)和图 7.10(e)为将虚拟

(a) 第56帧的真实值

(b) 第56帧的实验结果

(c) 第181帧的真实值

(d) 第181帧的实验结果

(e) 第190帧的真实值

(f) 第190帧的实验结果

图 7.10　与真实效果的对比

飞机放入背景场景中进行绘制得到的视频序列，反映了虚实阴影交互的真值；图 7.10(b)、图 7.10(d)和图 7.10(f)则为利用本节方法将虚拟飞机融入背景场景视频的合成结果。可以看到，本节提出的方法能很好地实现 AR 中的光影模拟。

为了定量评估本节方法的准确性，本节从虚拟飞机表面阴影区域的面积和边缘位置两方面进行评判，为此，将真实结果中的阴影面积和合成结果中的阴影面积(阴影面积用阴影区域中的像素个数表示)分别表示为 A_1 和 A_2。为了评判阴影边缘位置的相似性，先手动在图像中标出一条阴影边缘标识线，再分别计算出真实结果和合成结果中的阴影边缘距离标识线的平均距离，并且用 D_1 和 D_2 表示。实验结果的准确率(Accuracy of Generated Shadow，AGS)可通过下式计算：

$$\mathrm{AGS}=1-\left(\frac{\mathrm{abs}(A_2-A_1)}{A_1}\times\frac{\mathrm{abs}(D_2-D_1)}{D_1}\right) \tag{7.9}$$

可以算出，本节提出的虚实阴影交互模拟方法的 AGS 为 0.9。

7.3 基于阴影纹理的虚实阴影交互

室外场景中存在大量形状复杂的景物，如树木、花草、假山、雕像等，这些景物投射的阴影往往也具有复杂的形状和外观，例如，树木投射的阴影，由于阳光可穿透部分树叶，往往会呈现出斑驳陆离的状态。7.2 节提出的方法虽然实现了虚实阴影的交互，但是面对上面提到的复杂阴影时，构建准确的阴影体来描述阴影的几何形状和明暗程度仍具有较大的难度。

纹理映射技术是在 20 世纪 70 年代中期由 Catmull 提出的，在计算机图形学中，该技术主要用于生成物体表面复杂的纹理细节。根据其定义域的不同，可分为 2D 纹理和 3D 纹理，本节主要讨论 2D 纹理。一般来说，2D 纹理定义在一个平面区域上，它可以用数学表达式来表达，也可以记录为一幅数字化图像。2D 纹理映射即纹理从 2D 平面映射到 3D 景物表面的过程。纹理映射技术的核心是确定景物表面任一可见点 P 在纹理平面上的对应位置(u,v)，取(u,v)处的纹理值作为景物表面 P 点的纹理属性。本节将采用这一技术来建立虚拟景物表面同场景画面中阴影区域对应点的关系，并据此实现任意形状复杂阴影向虚拟景物表面的投射，同时通过巧妙的图像融合方式来解决虚拟景物阴影与真实世界阴影的正确融合问题。该方法无须重建投影景物的准确几何，并可以模拟虚拟景物与真实世界中的树影等复杂阴影的交互效果，阴影的绘制和融合过程也适用于现有的绘制软件，便于普通用户使用。

7.3.1 真实阴影向虚拟景物表面的投射方法

本节介绍如何把真实场景中的阴影投射在虚拟景物表面。本节方法需要使用场景的粗略几何信息(主要指场景中的地面或者放置虚拟景物的水平平面)，并按照 Levin 等人的方法抠取场景画面的阴影掩膜图，方便起见，将该图记为 M_S^{img}。

对于加入场景的虚拟物体，取其顶点 v，从 v 出发，沿太阳入射方向 r 发射一条射线，记该射线同地面的交点为 i，投影关系示意图如图 7.11 所示。如果点位于阴影区域，则意味着沿着太阳入射方向 r、射向 i 的光线在某处被遮挡，因此如果顶点 v 同交点 i 之间不存在其他真实遮挡物，则点 v 也一定位于阴影之中，所以，点 v 是否位于阴影之中可以通过点 i 的状态来判断。

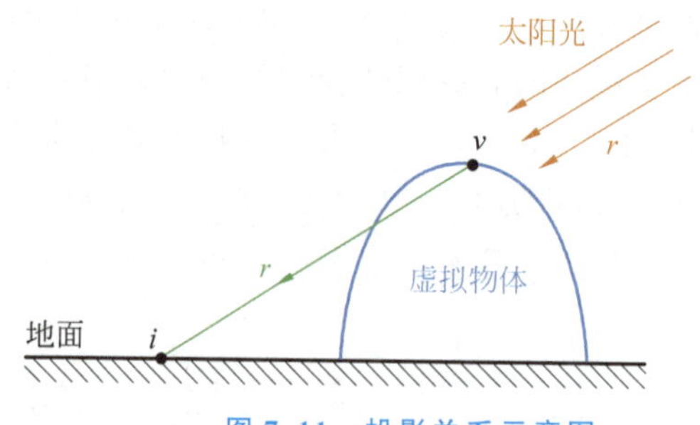

图 7.11　投影关系示意图

接下来的问题便是如何将阴影效果绘制在虚拟景物之上。注意到，模型上的每一顶点 v 都对应于地面上的一点 i，而 i 可通过相机参数变换为图像平面上的一点 p，因此，模型顶点 v 同图像平面上的点便建立了一种映射关系，这正是前面介绍的纹理映射。方法将抠取的阴影掩膜图 M_S^{img} 当作纹理图映射到虚拟景物之上，绘制之后便可生成一幅虚拟物体的阴影掩膜图 M_S^{obj}。为了得到最终用以合成的虚拟景物，需要对虚拟景物绘制两次，一次仅使用太阳光，另一次只使用环境光，将两次的绘制结果分别记为 I_{obj}^{sun} 和 I_{obj}^{env}，最终虚体景物的绘制结果可由下式表示：

$$I_{obj} = M_S^{obj} \odot I_{obj}^{sun} + I_{obj}^{env} \tag{7.10}$$

其中，$\odot$表示 Hadamard 积，其结果为一幅图像，该图像的像素值为参与运算图像对应像素点的乘积，式(7.10)使用的图像如图 7.12 所示。

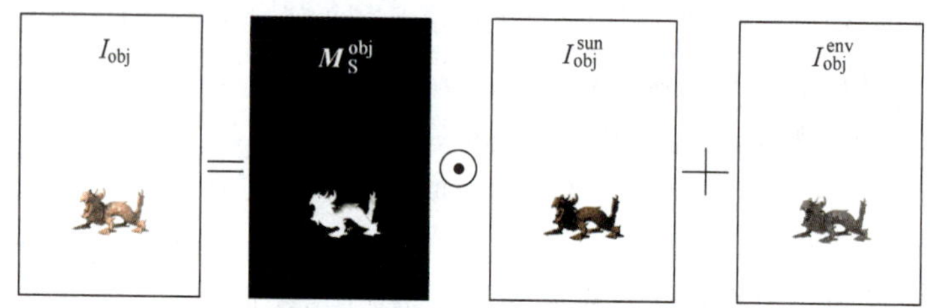

图 7.12　式(7.10)使用的图像

注意，上面的方法没有考虑虚拟表面顶点 v 与地面点 i 间存在其他遮挡物 O 的情况，方法可能会将 O 在地面生成的阴影错误地投射在 v 上。为了避免这种错误，在缺乏遮挡物 O 几何信息的情形下，用户需要手动抹去明显不可能对虚拟景物产生影响的阴影。实际上，此种情况还会面临一个更为复杂的问题，那就是虚拟景物必定会将阴影投射在真实物体 O 之上。为了彻底解决这一问题，必须获取物体 O 的几何信息，具体处理方法本书不进行详细讨论。图 7.13 展示了真实阴影向虚拟景物的投影结果，其中图 7.13(b)为本节方法使用的场景阴影掩膜图，图 7.13(c)为本节方法生成的虚拟景物阴影掩膜图，图 7.13(d)为最终融合效果。

上面的方法仅讨论了真实阴影投射在地面上的情形，实际上，只要知道了场景中阴影表面的几何信息，采用上述方法仍然可以实现真实阴影向虚拟物体表面的投射。由于本方法通过纹理映射技术确定真实阴影在虚拟物体表面对应的投射点，因此将本节方法称为基于阴影纹理的虚实阴影交互方法。

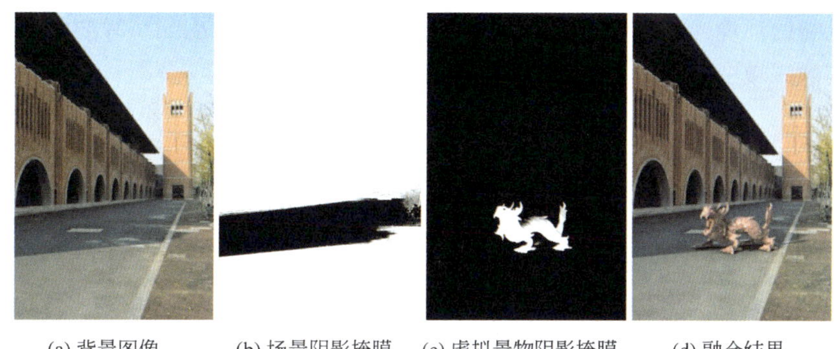

(a) 背景图像　(b) 场景阴影掩膜　(c) 虚拟景物阴影掩膜　(d) 融合结果

图 7.13　真实阴影向虚拟景物的投影结果

7.3.2　虚实阴影融合方法

本节将介绍一种虚实阴影融合方法，以正确处理虚实阴影的交叠区域。在下面的内容中，将首先介绍这一处理方法，之后再根据方法中使用的图像组合公式对算法原理进行分析。

为了正确处理虚实阴影的重叠部分，共需要绘制 4 幅图像，其中两幅是使用太阳光和环境光对重建场景绘制的结果 $I_{\text{scene}}^{\text{sun}}$ 和 $I_{\text{scene}}^{\text{env}}$；另外两幅则为将虚拟景物加入场景后，分别使用太阳光和环境光绘制的结果 $I_{\text{v-scene}}^{\text{sun}}$ 和 $I_{\text{v-scene}}^{\text{env}}$。结合场景阴影掩膜图 $M_{\text{S}}^{\text{img}}$，便可生成一幅场景增强阴影掩膜图 I_{S}：

$$I_{\text{S}}(p)=\frac{M_{\text{S}}^{\text{img}}\odot I_{\text{v-scene}}^{\text{sun}}+I_{\text{v-scene}}^{\text{env}}}{M_{\text{S}}^{\text{img}}\odot I_{\text{scene}}^{\text{sun}}+I_{\text{scene}}^{\text{env}}} \tag{7.11}$$

以图 7.13 所示的场景为例，对式(7.11)使用的图像进行说明(见图 7.14)，在此例中虚拟景物的阴影仅投射在地面上，因此在阴影处理的时候重建地面即可；另外，重建场景中不必包含材质信息。

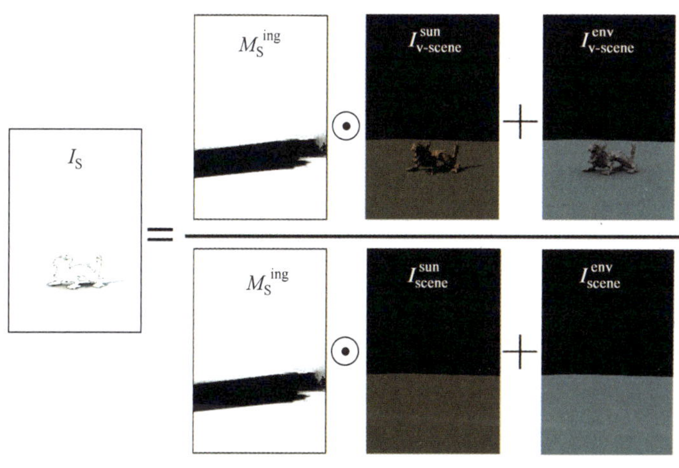

图 7.14　式(7.11)使用的图像

根据式(7.11),对于某一像素 p,如果它位于真实的阴影区域,则有 $M_S^{img}(p)=0$。那么,无论虚拟景物是否会在 p 处产生太阳光投射阴影,都不会影响 $I_S(p)$的值,$I_S(p)$的值仅与虚拟景物的环境光阴影相关。太阳光的阴影仅会在 $M_S^{img}(p)\neq 0$ 时产生作用,即不会使原本的阴影区域变得更暗。

在获取了 7.2.2 节虚拟景物的绘制结果 I_{obj} 及增强后的场景阴影掩膜图 I_S 后,虚拟景物便可按照下式被正确地加入真实场景中:

$$I_{final}=M\odot I_{obj}+(1-M)\odot I_S\odot I \tag{7.12}$$

其中,M 为虚拟物体的掩膜图,其值在虚拟景物处为 1,否则为 0 和 1 之间的一个实数。式(7.12)使用的图像如图 7.15 所示。

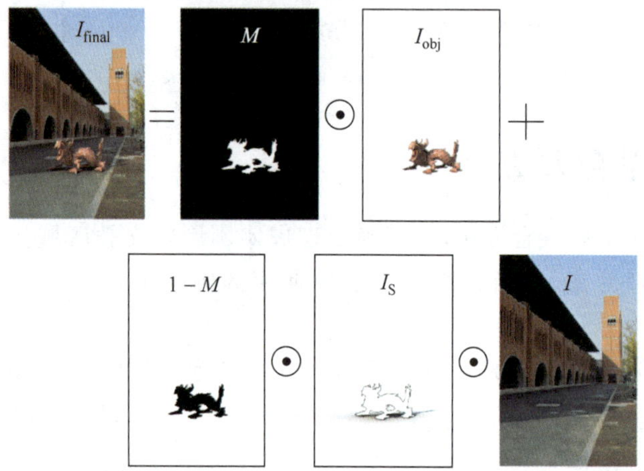

图 7.15　式(7.12)使用的图像

7.3.3 实验结果

为了验证本节方法的正确性,选择了一些室外场景的图像,并向其中加入虚拟景物,虚实场景的融合结果如图 7.16 所示。可以看到,本节方法成功地将树木的阴影投射在虚拟景物上,阴影效果非常自然。

为了进一步验证方法的正确性,又将两段虚拟景物动画加入真实图像中,图 7.17 展示了从动画中挑选出来的几帧融合画面,图 7.17(a)中滚动的篮球为加入的虚拟景物,图 7.17(b)则加入了一个跳跃的足球。

为了与已有方法进行比较,将本节方法得到的融合结果同 Karsch 等人提出的方法的合成结果做了对比,对比结果如图 7.18 所示,其中圆环为虚拟景物。可以看到,本节方法在软影效果的模拟上远强于 Karsch 等人的方法。

实验中测试的机器配置为 Core2 Duo E7400 2.80GHz CPU,3GB 运行内存。本节主要统计了真实阴影向虚拟景物投射过程中纹理映射操作的消耗时间,结果如表 7.1 所示。显然,纹理映射所耗时间是由虚拟景物顶点数目决定的,实验中均使用了较为复杂的模型,所以运行速度没能达到实时,对于较为简单的 3D 模型,达到实时则很容易。其实,本节的阴影投射算法是支持并行计算的,因此可通过使用 GPU 来提高执行效率。

(a) 画面1原始图像

(b) 画面1融合结果

(c) 画面2原始图像

(d) 画面2融合结果

图 7.16 虚拟场景的融合结果

(a) 篮球为加入的虚拟景物

(b) 足球为加入的虚拟景物

图 7.17 从动画中挑选出来的融合画面

(a) Karsch等人方法的融合结果

(b) 本节方法的融合结果

图 7.18 本节方法同 Karsch 等人提出的方法的融合结果的对比

表 7.1 纹理映射操作消耗的时间

模型	顶点数	时间消耗(ms)
Dragon	50000	538
Lucy	263144	2826
Buddha	49990	534
XYZRGB dragon	112796	1217

参 考 文 献

请扫描下方二维码查阅相关文献。